全球生物安全发展报告

（2021 年度）

王 磊 张 珂 王 华 ◎ 主编

科学技术文献出版社
SCIENTIFIC AND TECHNICAL DOCUMENTATION PRESS

·北京·

图书在版编目（CIP）数据

全球生物安全发展报告.2021年度/王磊，张珂，王华主编.—北京：科学技术文献出版社，2023.11

ISBN 978-7-5235-1117-6

Ⅰ.①全⋯　Ⅱ.①王⋯　②张⋯　③王⋯　Ⅲ.①生物工程—安全管理—研究报告—世界—2021　Ⅳ.①Q81

中国国家版本馆 CIP 数据核字（2023）第 247911 号

全球生物安全发展报告（2021年度）

策划编辑：崔　静　梅　玲　责任编辑：李晓晨　公　雪　责任校对：张　微　责任出版：张志平

出　版　者	科学技术文献出版社
地　　　址	北京市复兴路15号　邮编 100038
出　版　部	（010）58882943，58882087（传真）
发　行　部	（010）58882868，58882870（传真）
邮　购　部	（010）58882873
官 方 网 址	www.stdp.com.cn
发　行　者	科学技术文献出版社发行　全国各地新华书店经销
印　刷　者	北京虎彩文化传播有限公司
版　　　次	2023 年 11 月第 1 版　2023 年 11 月第 1 次印刷
开　　　本	787×1092　1/16
字　　　数	256千
印　　　张	14.25
书　　　号	ISBN 978-7-5235-1117-6
定　　　价	88.00元

《全球生物安全发展报告（2021 年度）》 编写人员

主　编：王　磊　张　珂　王　华

副主编：张　音　李丽娟　刘　术　陈　婷

编　者：（按姓氏笔画排序）

马文兵　王　瑛　王　磊　尹荣岭

朱志华　刘　术　刘　伟　李丽娟

李晓倩　宋　蔷　张　音　张京晋

陈　婷　苗运博　金雅晴　周　巍

祖　勉　黄　翠　梁慧刚　蒋丽勇

　　2021年度，国际生物威胁继续呈多样化态势发展，新冠疫情依然肆虐全球，多国出现埃博拉、鼠疫、尼帕病毒病等疫情，实验室泄漏、外来物种入侵、微生物耐药等生物安全威胁仍然存在。特别是新冠疫情给世界各国人民健康和社会经济造成严重威胁，凸显了生物安全的重要性。美国持续推动"全球卫生安全议程"，并发布《新冠肺炎应对和防范国家战略》等，俄罗斯成立应对新发传染病机构，持续强化传染病大流行的国家应对和防御能力。各国积极推动生物安全治理和军控履约，生物安全设施建设、检测诊断和疫苗药物研发等取得积极进展。

　　本书聚焦2021年度全球重要生物安全事件，以及新冠病毒病原与流行病学研究、病毒检测、疫苗药物研发、临床研究进展等重要科技进展，并针对美国《阿波罗生物防御计划》、世界卫生组织发布两用性研究报告、联合国裁军研究所专家探索科技审议机制新模式等进行专题分析，希望能对从事生物安全领域研究与管理的专家学者全面系统了解全球生物安全发展趋势和前沿动态，提供有益的参考。

　　本书由国内生物安全领域多家单位的专家共同编撰完成。因时间紧张，水平有限，书中内容难免有疏漏之处，敬请读者批评指正。

编　者

2022 年 6 月

目录

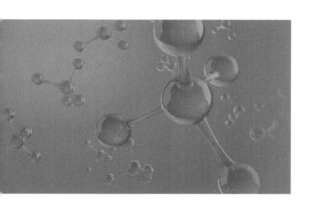

第一篇
领域发展综述

第一章　全球生物安全威胁形势

　　2021 年，新冠病毒感染造成的大流行依然肆虐全球，给世界各国人民健康和社会经济造成严重威胁。生物技术谬用与误用、实验室生物安全、外来物种入侵及微生物耐药的威胁依然存在。

一、重大传染病疫情

　　2021 年，新冠病毒大流行仍是国际关注的突发公共卫生事件，全球疫情传播风险非常高。刚果（金）多次发生埃博拉疫情，几内亚和科特迪瓦也发生此疫情。刚果（金）和马达加斯加均报告疑似肺鼠疫病例。印度发生第五次尼帕疫情。中东地区持续报告中东呼吸综合征病例。全球登革热总体疫情平稳。印度多个邦报告寨卡病毒感染病例，不排除病毒传播或输出的潜在风险。非洲地区和亚洲部分国家霍乱疫情持续。疫苗衍生型 II 型脊髓灰质炎的影响范围扩大。全球季节性流感态势不容忽视。非洲西部和中部地区的黄热病疫情、俄罗斯的人感染 H5N8 型禽流感、几内亚的马尔堡病毒病、刚果（金）和尼日利亚的猴痘及肯尼亚的裂谷热疫情都值得关注。

（一）新冠疫情

　　全球疫情仍持续蔓延。根据世界卫生组织（WHO）2022 年 1 月 6 日发布的周报，截至欧洲中部时间 2022 年 1 月 2 日，全球报告新冠病毒感染确诊病例 288 867 634 例，死亡 5 437 636 人。2021 年全球报告新增病例出现四次高峰：第一次发生在 1 月前后，主要由美洲区域和欧洲区域疫情引起；第二次发生在 4 至 5 月，主要由印度等东南亚区域疫情引起；第三次发生在 8 月，与 Delta（德尔塔）变异株成为全球主要流行株有关；第四次发生在 12 月至次年 1 月。

WHO 分区中，美洲区域和欧洲区域仍是疫情中心。美洲区域和欧洲区域累计报告病例数分别占全球总病例数的 36% 和 36%，累计报告死亡人数分别占全球总死亡人数的 44% 和 31%。根据周报数据：全球周新增病例数最多的 5 个国家是美国、英国、法国、西班牙和意大利。美洲区域的美国、阿根廷和加拿大报告周病例数最多，美国、巴西和墨西哥报告周死亡人数最多；欧洲区域的英国、法国和西班牙报告周病例数最多，俄罗斯、波兰和德国报告周死亡人数最多；东南亚区域的印度、泰国和斯里兰卡报告周病例数最多，印度、泰国和斯里兰卡报告周死亡人数最多；东地中海区域的黎巴嫩、阿联酋和约旦报告周病例数最多，伊朗、约旦和埃及报告周死亡人数最多；西太平洋区域的澳大利亚、越南和韩国报告周病例数最多，越南、韩国和菲律宾报告周死亡人数最多；非洲区域的南非、埃塞俄比亚和莫桑比克报告周病例数最多，南非、津巴布韦和阿尔及利亚报告周死亡人数最多[1]。

2021 年 11 月 9 日，南非确认首例 B.1.1.529 感染病例，并于 11 月 24 日向 WHO 报告。11 月 26 日，WHO 命名 B.1.1.529 为 Omicron（奥密克戎），并列入"值得关注的变异株"（Variants of Concern，VOC）[2]。截至 2021 年 11 月 26 日，VOC 增至 5 个：Alpha、Beta、Gamma、Delta、Omicron。现有证据表明，与 Delta 变异株相比，Omicron 变异株具有显著的传播优势。在出现 Omicron 变异株社区传播的国家和地区，其传播速度明显快于 Delta 变异株，倍增时间为 2 ~ 3 天。南非、英国和丹麦的早期研究数据表明，Omicron 变异株导致的住院风险低于 Delta 变异株[3]。

（二）埃博拉病毒病

2021 年 2 月 7 日，刚果（金）宣布北基伍省暴发埃博拉疫情。首例病例为居住在 Biena 卫生区的一名 42 岁女性，于 1 月 25 日出现症状，2 月 3 日死亡。WHO 风险评估认为：刚果（金）再次发生疫情并不意外，存在扩散至其他卫生区的风险[4]。2021 年 5 月 3 日，刚果（金）宣布埃博拉疫情结束。2 月 7 日至 5 月 3 日，4 个卫生区（Biena、Butembo、Katwa 和 Musienene）共报告病例 12 例（确诊病例 11 例，可能病例 1 例），

---

[1]　Weekly epidemiological update on COVID-19-6 January 2022[EB/OL].[2022-01-06]. https://www.who.int/publications/m/item/weekly-epidemiological-update-on-covid-19---6-january-2022.

[2]　Classification of Omicron（B.1.1.529）：SARS-CoV-2 variant of concern[EB/OL].[2021-11-26]. https://www.who.int/news/item/26-11-2021-classification-of-omicron-（b.1.1.529）-sars-cov-2-variant-of-concern.

[3]　Weekly epidemiological update on COVID-19-28 December 2021[EB/OL].[2021-12-28]. https://www.who.int/publications/m/item/weekly-epidemiological-update-on-covid-19---28-december-2021.

[4]　Ebola virus disease-Democratic Republic of the Congo[EB/OL].[2021-02-10].https://www.who.int/emergencies/disease-outbreak-news/item/2021-DON310.

死亡 6 人，病死率为 50%。12 例病例中有 2 名医务人员遭受影响。这是刚果（金）历史上发生的第十二次疫情[①]。

2021 年 2 月 14 日，几内亚宣布暴发埃博拉疫情，Nzérékoré 区报告 7 例病例（确诊病例 3 例，可能病例 4 例）。首例病例为一名护士，已死亡，其余 5 人为首例病例的家庭成员和 1 名曾看过病的医生。死亡 5 人，病死率为 71.4%。WHO 风险评估认为：国家传播风险水平为非常高。由于 Nzérékoré 区与塞拉利昂和利比亚接壤，存在人口流动，区域传播风险为高水平[②]。这是几内亚自 2014—2016 年西非疫情之后首次报告病例。该起疫情于 2021 年 6 月 19 日结束。2 月 14 日至 6 月 19 日，几内亚共报告病例 23 例（确诊病例 16 例，可能病例 7 例），死亡 12 人，病死率为 52.2%。其中，5 名医务人员（死亡 2 人）遭受影响[③]。

2021 年 8 月 14 日，科特迪瓦阿比让确诊 1 例病例，为一名 18 岁女性。该病例从几内亚的 Labe 区前往科特迪瓦阿比让，途径几内亚的 Nzérékoré 区，途中已出现症状。截至疫情结束，科特迪瓦阿比让只报告 1 例确诊病例[④]。

2021 年 10 月 8 日，刚果（金）北基伍省 Beni 卫生区报告 1 例实验室确诊病例，为一名 3 岁男童，已死亡。这是该国在上次疫情结束 5 个月后又暴发的新疫情。2021 年 12 月 16 日，刚果（金）宣布疫情结束。10 月 8 日至 12 月 16 日，Beni 卫生区共报告病例 11 例（确诊病例 8 例，可能病例 3 例），死亡 9 人，病死率为 81.8%。8 例确诊病例中有 4 例为 5 岁以下儿童[⑤]。

（三）鼠疫

从 2021 年 4 月 22 日开始，刚果（金）的伊图利省 Fataki 卫生区报告疑似肺鼠疫聚集性发病。患者出现头痛、发热、寒战、咳嗽有时带血、呼吸困难、吐血等症状。截至 2021 年 6 月 27 日，该区报告疑似肺鼠疫病例 37 例，死亡 12 人，病死率为 32.4%[⑥]。截

[①] Ebola virus disease-Democratic Republic of the Congo[EB/OL].[2021-05-04].https://www.who.int/emergencies/disease-outbreak-news/item/2021-DON325.

[②] Ebola virus disease-Guinea[EB/OL].[2021-02-17].https://www.who.int/emergencies/disease-outbreak-news/item/2021-DON312.

[③] Ebola virus disease-Guinea[EB/OL].[2021-06-19].https://www.who.int/emergencies/disease-outbreak-news/item/2021-DON328.

[④] Weekly bulletins on outbreaks and other emergencies，Week36：30 August-5 September 2021[EB/OL].[2021-09-05].https://apps.who.int/iris/bitstream/handle/10665/345001/OEW36-300805092021.pdf.

[⑤] Weekly bulletins on outbreaks and other emergencies, Week 51：13-19 December 2021[EB/OL].[2021-12-19].https://apps.who.int/iris/bitstream/handle/10665/350880/OEW51-1319122021.pdf.

[⑥] Weekly bulletins on outbreaks and other emergencies，Week34：16-22 August 2021[EB/OL].[2021-08-22]. https://apps.who.int/iris/bitstream/handle/10665/344445/OEW34-1622082021.pdf.

至2021年12月26日，伊图利省8个卫生区共报告疑似肺鼠疫病例138例，死亡14人，病死率为10.1%[①]。

2021年8月29日，马达加斯加收到Itasy区关于肺鼠疫的警报。2021年9月1日至11月2日，该区共报告疑似肺鼠疫病例48例，其中确诊病例10例，死亡8人，病死率为16.7%[②]。马达加斯加每年都会报告腺鼠疫或肺鼠疫病例，一般每年9月至次年4月为疾病传播风险增大的季节。

（四）尼帕病毒病

2021年9月4日，印度喀拉拉邦报告1例尼帕病毒感染病例，为一名12岁男性，已死亡。这是印度第五次暴发尼帕疫情。WHO风险评估认为：国家和区域传播风险为低水平[③]。截至2021年9月15日，该病例140名密切接触者（包括其父母和给予治疗的医务人员）的检测结果均为阴性[④]。

（五）中东呼吸综合征

2021年全球报告中东呼吸综合征确诊病例数明显低于往年。中东国家特别是沙特阿拉伯，持续报告病例。2021年1月1日至12月31日，全球报告实验室确诊病例19例（沙特阿拉伯17例、阿联酋2例），死亡20人。沙特阿拉伯报告病例均为原发病例，其中10例报告了骆驼接触史。2012年4月至2021年12月30日，全球共报告确诊病例2600例，死亡943人，病死率为36.3%[⑤]。

（六）登革热

登革热影响美洲、西太平洋和东南亚等热带和亚热带地区。东南亚和南亚的柬埔寨、越南、老挝、菲律宾、新加坡和马来西亚等国家登革热活动与去年同期相比有不同

---

① Weekly bulletins on outbreaks and other emergencies，Week3：10-16 January 2022[EB/OL].[2022-01-16]. https://apps.who.int/iris/bitstream/handle/10665/351110/OEW03-1016012022.pdf.

② Weekly bulletins on outbreaks and other emergencies，Week2：3-9 January 2022[EB/OL].[2022-01-09]. https://apps.who.int/iris/bitstream/handle/10665/351001/OEW02-0309012022.pdf.

③ Nipah virus disease-India[EB/OL].[2021-09-24]. https://www.who.int/emergencies/disease-outbreak-news/item/nipah-virus-disease---india.

④ Communicable disease threats report, 12-18 September 2021, week 37[EB/OL].[2021-09-17]. https://www.ecdc.europa.eu/en/publications-data/communicable-disease-threats-report-12-18-september-2021-week-37.

⑤ Communicable disease threats report，2-8 January 2022，week 1[EB/OL].[2022-01-07]. https://www.ecdc.europa.eu/en/publications-data/communicable-disease-threats-report-2-8-january-2022-week-1.

程度的下降 [1]。巴基斯坦 2021 年受登革热疫情影响比往年大，截至 2021 年 11 月 25 日，巴基斯坦 4 个省共报告病例 48 906 例，死亡 183 人，病死率为 0.4%。其中 Punjab 省报告病例 24 146 例（占 4 个省报告总病例的 49.4%），死亡 127 人（占 4 个省报告总死亡人数的 69.4%），病死率为 0.5% [2]。

截至 2021 年 12 月 25 日，美洲地区报告病例 1 179 311 例，死亡 391 人，较 2020 年同期低。报告病例数排名前五的国家分别是巴西、哥伦比亚、秘鲁、尼加拉瓜和墨西哥 [3]。

（七）寨卡病毒病

2021 年 7 月 8 日，印度喀拉拉邦确诊一例病例，为一名 24 岁孕妇。这是喀拉拉邦首次报告寨卡病毒确诊病例。截至 2021 年 11 月 5 日，喀拉拉邦报告病例 90 例。2021 年 7 月 31 日，马哈拉施特拉邦也报告了该邦首例确诊病例，为一名 50 岁女性，检测结果显示寨卡病毒和基孔肯雅热病毒阳性。2021 年 10 月 23 日至 11 月 10 日，北方邦报告病例 109 例 [4]。WHO 风险评估认为：由于易感人群、伊蚊高密度、生态气候等因素，印度国家传播风险为中等水平；区域和全球传播风险为低水平 [5]。

（八）霍乱

2021 年非洲之角和亚丁湾地区霍乱疫情仍持续，非洲的东部、中部、南部和西部均遭受影响，包括索马里、埃塞俄比亚、肯尼亚、刚果（金）、乌干达、布隆迪、坦桑尼亚、莫桑比克、喀麦隆、尼日利亚、尼日尔和贝宁、多哥、马里等国家。亚洲一些地区也遭受影响。除也门外，我国周边的印度、阿富汗、尼泊尔、孟加拉国和马来西亚也发生霍乱疫情。

（九）脊髓灰质炎

2021 年，野生型脊髓灰质炎和疫苗衍生型脊髓灰质炎的流行强度均低于去年同期水平。2021 年全年，全球报告野生型脊髓灰质炎病例 5 例：巴基斯坦 4 例，阿富汗 1

---

[1] Communicable disease threats report，21-27 November 2021，week 47[EB/OL].[2021-11-26].https://www.ecdc.europa.eu/en/publications-data/communicable-disease-threats-report-21-27-november-2021-week-47.

[2] Dengue fever-Pakistan[EB/OL].[2021-12-14].https://www.who.int/emergencies/disease-outbreak-news/item/dengue-fever-pakistan.

[3] Communicable disease threats report，2-8 January 2022，week 1[EB/OL].[2022-01-07]. https://www.ecdc.europa.eu/en/publications-data/communicable-disease-threats-report-2-8-january-2022-week-1.

[4] Communicable disease threats report，7-13 November 2021，week 45[EB/OL].[2021-11-12]. https://www.ecdc.europa.eu/en/publications-data/communicable-disease-threats-report-7-13-november-2021-week-45.

[5] Zika virus disease-India[EB/OL].[2021-10-14]. https://www.who.int/emergencies/disease-outbreak-news/item/zika-virus-disease-india.

例。2021 年全年，全球 20 个国家报告疫苗衍生型 II 型脊髓灰质炎病例 575 例：尼日利亚 388 例，阿富汗 43 例，塔吉克斯坦 32 例，刚果（金）19 例，塞内加尔 17 例，埃塞俄比亚 10 例，尼日尔 10 例，也门 10 例，南苏丹 9 例，巴基斯坦 8 例，几内亚 6 例，塞拉利昂 5 例，贝宁 3 例，喀麦隆 3 例，几内亚比绍 3 例，利比里亚 3 例，布基纳法索 2 例，刚果（布）2 例，索马里 1 例，乌克兰 1 例。全球报告疫苗衍生型 I 型脊髓灰质炎病例 14 例：也门 3 例，马达加斯加 11 例[①]。

（十）季节性流感

据 WHO 2021 年 12 月 20 日流感监测报告，全球范围内，流感活动水平仍然较低，但继续处于上升趋势，尤其在北半球温带地区。北半球温带地区，A 型和 B 型流感均有检出。南半球温带地区的流感活动与前几个流行季相比处于低水平。全球范围内，A 型和 B 型流感病毒共同流行。北美地区流感检出量增加，以 A（H3N2）流感为主，但是总体上处于低水平。欧洲地区流感活动持续增加，以 A（H3N2）流感为主。东亚地区流感活动呈上升趋势，以 B（Victoria）系流感为主。南亚地区流感检出量呈下降趋势，以 A（H3N2）流感为主。新冠病毒的流行可能不同程度地影响着各国人群就医行为、监测哨点人员配备和日常检测工作能力等方面。各国为减少新型冠状病毒的传播而采取的防控措施也可能对流感病毒的传播产生影响。因此，应谨慎解读目前的报告数据[②]。

（十一）其他主要传染病

1. 黄热病

2021 年，非洲区域有 9 个国家报告了实验室确诊的黄热病病例：喀麦隆、乍得、中非、科特迪瓦、刚果（金）、加纳、尼日尔、尼日利亚和刚果（布）。截至 2021 年 12 月 20 日，共报告可疑病例 300 例，其中确诊病例 88 例。300 例可疑病例中，6 个国家报告死亡 66 人，分别是：加纳 42 人，喀麦隆 8 人，乍得 8 人，尼日利亚 4 人，刚果（布）2 人，刚果（金）2 人，病死率为 22%。2021 年 10 月和 11 月，加纳和乍得发生疫情，需要国际援助。WHO 风险评估认为：区域传播风险为高水平，全球传播风险为低水平[③]。

2. 人感染 H5N8 型禽流感

2021 年 2 月 18 日，俄罗斯向 WHO 报告 7 例人类感染 H5N8 型禽流感病例，这

---

① Communicable disease threats report，16-22 January 2022，week 3[EB/OL].[2022-01-21]. https://www.ecdc.europa.eu/sites/default/files/documents/Communicable-disease-threats-report-22-jan-2022.pdf.

② Influenza update N° 409[EB/OL].[2021-12-20]. https://cdn.who.int/media/docs/default-source/influenza/influenza-updates/2021/2021_12_20_surveillance_update_409.pdf?sfvrsn=8abac64a_7&download=true.

③ Yellow fever-West and Central Africa[EB/OL].[2021-12-23]. https://www.who.int/emergencies/disease-outbreak-news/item/yellow-fever---west-and-central-africa.

是全球首次发现人类感染该型禽流感病毒。病例为俄罗斯南部养殖场的一名员工。该养殖场于 2020 年 12 月发生动物疫情，这些病例曾参与疫情应对。7 例病例的年龄在 29 ～ 60 岁，其中 5 人为女性。WHO 风险评估认为：目前，7 例病例没有临床症状，对所有密切接触者进行临床监测，没有出现临床症状，人类感染 H5N8 型禽流感的可能性为低水平。对病禽采样、捕杀和处理受感染的禽类、蛋和垃圾，以及清洁被污染的环境时，应该做好个人防护、正确使用个人防护装备。当地卫生部门对参与这些工作的人员进行登记并密切监测 7 天 [①]。

3. 马尔堡病毒病

几内亚于 2021 年 8 月 6 日报告该国西南部发生 1 例马尔堡病毒病确诊病例，已死亡，其所在村庄邻近塞拉利昂和利比里亚。这是几内亚和西非首次报告马尔堡病毒病病例。截至 2021 年 8 月 7 日，已明确的 4 名高危密切接触者均无症状。WHO 风险评估认为：几内亚国家传播风险高；几内亚和塞拉利昂、利比里亚之间的人口流动可能会增加跨境传播风险，因此区域传播风险为高水平；全球传播风险为低水平 [②]。2021 年 9 月 16 日，几内亚宣布疫情结束，8 月 3 日至 9 月 16 日，该国累计共报告 1 例确诊病例 [③]。

4. 猴痘

截至 2021 年 12 月 19 日，刚果（金）2021 年共报告疑似猴痘病例 3087 例，病例数低于 2019 年和 2020 年同期。死亡 83 例，病死率为 2.7%，死亡人数低于 2019 年和 2020 年同期 [④]。

尼日利亚自 2017 年 9 月宣布暴发猴痘疫情以来，一直持续报告散发病例。截至 2021 年 11 月 30 日，尼日利亚 2021 年报告疑似病例 93 例，其中确诊病例 31 例，无死亡病例 [⑤]。

英国于 2021 年 5 月 25 日向 WHO 报告 1 例实验室确诊猴痘病例。截至 2021 年 6 月 15 日，报告确诊病例 3 例 [⑥]。首例病例此前在尼日利亚 Delta 州生活和工作，于 2021

[①] Human infection with avian influenza A（H5N8）-Russian Federation[EB/OL].[2021-02-26]. https://www.who.int/emergencies/disease-outbreak-news/item/2021-DON313.

[②] Marburg virus disease-Guinea[EB/OL].[2021-08-09]. https://www.who.int/emergencies/disease-outbreak-news/item/2021-DON331.

[③] Marburg virus disease-Guinea[EB/OL].[2021-09-17]. https://www.who.int/emergencies/disease-outbreak-news/item/marburg-virus-disease---guinea.

[④] Communicable disease threats report, 2-8 January 2022，week 1[EB/OL].[2022-01-07]. https://www.ecdc.europa.eu/en/publications-data/communicable-disease-threats-report-2-8-january-2022-week-1.

[⑤] Weekly bulletins on outbreaks and other emergencies Week52：20-26 December 2021[EB/OL].[2021-12-26]. https://apps.who.int/iris/bitstream/handle/10665/350957/OEW52-2026122021.pdf.

[⑥] Monkeypox-United Kingdom of Great Britain and Northern Ireland[EB/OL].[2021-07-08]. https://www.who.int/emergencies/disease-outbreak-news/item/monkeypox---united-kingdom-of-great-britain-and-northern-ireland.

年 5 月 8 日同家人返回英国。旅行时无症状，2021 年 5 月 10 日出现皮疹[①]。第二例和第三例为同一家庭成员。

美国于 2021 年 7 月 17 日确诊 1 例输入病例，该病例于 2021 年 6 月 25 日从美国前往尼日利亚 Lagos 州，2021 年 6 月 29 日至 7 月 3 日在 Oyo 州停留。2021 年 6 月 30 日出现症状，于 2021 年 7 月 9 日返回美国。这是美国首次在回国旅行者中检测出猴痘病毒，也是美国自 2003 年以来首次报告确诊病例[②]。2021 年 11 月 16 日，美国报告 1 例输入病例，近期有尼日利亚旅行史，在尼日利亚期间已出现症状[③]。

5. 裂谷热

肯尼亚裂谷热疫情开始于 2020 年 11 月 19 日，Isiol 和 Mandera 县发生人类疫情，Isiolo、Mandera、Murang'a 和 Garissa 县发生动物疫情。两个县报告人类感染病例 32 例（其中确诊病例 14 例），死亡 11 人，病死率为 34.4%，大多数患者为牧民，当地有动物疫情。WHO 风险评估认为：此前该国已暴发 4 次疫情。这次的人类和动物疫情与洪水有关。接触受感染动物与人类感染相关，以下人群感染风险较高：牧民、农民、屠宰场工人、兽医及其他从事动物和动物相关产品工作的人员[④]。截至 2021 年 3 月 9 日，两个县共报告病例 32 例（其中确诊病例 14 例），死亡 11 人，病死率为 34.4%[⑤]。

二、生物技术谬用与误用

（一）重大事件或研究进展

1. 美国研究人员开发出 CRISPR/Cas9 变种植物基因组编辑器[⑥]

《自然·植物》（*Nature Plants*）杂志于 2021 年 1 月 26 日发表题为 "PAM-less Plant

① Monkeypox-United Kingdom of Great Britain and Northern Ireland[EB/OL].[2021-06-11]. https://www.who.int/emergencies/disease-outbreak-news/item/monkeypox---united-kingdom-of-great-britain-and-northern-ireland-ex-nigeria.

② Monkeypox-United States of America[EB/OL].[2021-07-27]. https://www.who.int/emergencies/disease-outbreak-news/item/monkeypox---the-united-states-of-america.

③ Monkeypox-United States of America[EB/OL].[2021-11-25]. https://www.who.int/emergencies/disease-outbreak-news/item/2021-DON344.

④ Rift valley fever-Kenya[EB/OL].[2021-02-12]. https://www.who.int/emergencies/disease-outbreak-news/item/2021-DON311.

⑤ Weekly bulletins on outbreaks and other emergencies, Week20：10-16 May 2021[EB/OL].[2021-05-16]. https://apps.who.int/iris/bitstream/handle/10665/341343/OEW20-1016052021.pdf.

⑥ REN Q, SRETENOVIC S, LIU S, et al. PAM-less plant genome editing using a CRISPR-SpRY toolbox[J]. Nat Plants, 2021, 7（1）: 25-33.

Genome Editing Using a CRISPR-SpRY Toolbox"的文章，来自美国马里兰大学和中国电子科技大学的研究人员开发出一种 CRISPR/Cas9 的新变种 CRISPR-SpRY 植物基因组编辑器。该工具从本质上消除了基因编辑中的靶向范围限制，因而功能更强大、更易获得、更通用。这将对作物育种产生重大影响，并将在食品营养和安全方面发挥重要作用。

2. 英国研究团队开发出新的基因突变检测方法[①]

英国惠康信托基金会桑格研究所（Wellcome Sanger）于 2021 年 4 月 29 日发布消息称，其开发出一种新的基因测序法 "Nanorate Sequencing"。该测序法具备前所未有的精度，首次使人类能够准确地研究任何人体组织的 DNA 变化及体细胞的基因突变。该方法具有在所有细胞中观察基因突变的能力，能更快、更大规模地研究致癌物对健康细胞的影响，将极大提升研究人员对致癌方式的理解，为癌症和衰老研究开辟新途径。

3. 澳大利亚科学家开发出综合操控病毒新技术[②]

Doherty 研究所网站于 2021 年 6 月 9 日发布消息称，澳大利亚昆士兰大学、QIMR Berghofer 医学研究所、Peter Doherty 感染和免疫研究所及莫纳什大学的研究人员开发出一种综合操控病毒的技术。研究人员使用病毒遗传物质片段的副本，在试管中成功组装病毒基因组，使科学家能快速生成病毒变种，并评估其逃逸抗病毒治疗和疫苗诱导免疫的潜在可能。该工具可帮助监测病毒变化，快速分析和绘制新的潜在变异病毒。

4. 美国研发出高效升级单碱基编辑器[③]

2021 年 6 月 28 日，美国博德研究所的刘如谦，加州大学旧金山分校的 Britt Adamson 及 Jonathan S. Weissman 在《自然·生物技术》（*Nature Biotechnology*）杂志在线发表题为 "Efficient C·G-to-G·C Base Editors Developed Using CRISPRi Screens, Target-library Analysis, and Machine Learning" 的研究论文，描述了一套与机器学习模型配对的工程 CGBE，以实现高效、高纯度的 C·G 到 G·C 碱基编辑。该研究开发出具有不同编辑配置特征的 CGBE，并在哺乳动物细胞中进行了运用。研究结果表明，这些 CGBE 能够以高于 90% 的精度（平均 96%）和高达 70% 的效率校正 546 个与疾病相关的颠换单核苷酸变体（SNV）的野生型编码序列。

---

① ABASCAL F, HARVEY L M R, MITCHELL E, et al. Somatic mutation landscapes at single-molecule resolution[J]. Nature, 2021（593）: 405-410.

② A vital tool to study virus evolution in the test tube[EB/OL]. [2022-01-16]. https://www.doherty.edu.au/news-events/news/a-vital-tool-to-study-virus-evolution-in-the-test-tube.

③ KOBLAN WL, ARBAB M, SHEN WM, et al. Efficient C·G-to-G·C base editors developed using CRISPRi screens, target-library analysis, and machine learning[J]. Nat Biotechnol, 2021, 39（11）: 1414-1425.

5. Intellia 与 Regeneron 开展首个人体内 CRISPR 临床试验 [①]

Pharmaphorum 网站于 2021 年 6 月 28 日报道称，来自 Intellia Therapeutics 公司和再生元制药公司（Regeneron Pharmaceuticals）的研究人员开展了涉及体内 CRISPR 人类基因编辑的临床试验，相关研究结果发表在《新英格兰医学》（*The New England Journal of Medicine*）杂志上。研究人员开发一种用于治疗转甲状腺素蛋白淀粉样变性病（ATTR 淀粉样变性）的 CRISPR 技术，并进行了一期临床试验，对 6 名患者实施名为"NTLA-2001 疗法"的治疗。

转甲状腺素蛋白淀粉样变性病是一种遗传性疾病，涉及 TTR（转甲状腺素蛋白）的错误折叠的蛋白质：患者神经细胞周围有蛋白质堆积，在大多数情况下致命。在该研究中，研究人员试图通过编辑 TTR 基因来治疗这些患者。试验中，患者被分成几组，每组接受不同剂量的 NTLA-2001 治疗。结果表明，接受 0.1 毫克治疗的患者的 TTR 蛋白质水平降低了 52%，接受 0.3 毫克治疗的患者降低了 87%。研究人员指出，接受更高剂量的患者的治疗结果优于接受名为"Patisiran 药物治疗"的患者，接受 Patisiran 药物治疗的这些患者的 TTR 蛋白质水平平均降低 80%，但不足以阻止疾病的发展。NTLA-2001 疗法只需要一剂，而 Patisiran 药物治疗必须定期给药。研究人员还发现，临床试验中没有患者报告对 NTLA-2001 疗法的任何不良反应。

研究人员表示，他们的治疗方法值得进一步测试，下一步将是给患者更高剂量的 NTLA-2001，看看它是否会降低蛋白质水平，以阻止疾病的发展。如果这些测试成功，该小组计划在更多患者身上测试该疗法。

6. 科学家利用 CRISPR/Cas 系统编辑超级细菌 [②]

物理学家组织网站（Phys.org）于 2021 年 7 月 22 日发布消息称，香港大学研究人员报道了一个可转移和整合的 I 型 CRISPR 平台的开发，该平台可以有效地编辑铜绿假单胞菌（*Pseudomonas aeruginosa*）的多种临床分离株，铜绿假单胞菌是一种能够感染各种组织和器官的超级细菌，也是医院感染的主要来源。该技术可以加速多重耐药（MDR）病原体耐药决定因素的识别和新型抗耐药策略的开发。

此前，该团队已在临床 MDR 铜绿假单胞菌菌株 PA154197 中鉴定出一种高活性 I-F 型 CRISPR/Cas 系统。PA154197 是从香港玛丽医院的血液感染病例中分离出来的。研

---

① Intellia, Regeneron ace first trial with 'in vivo' CRISPR drug[EB/OL]. [2022-01-16]. https://pharmaphorum.com/news/intellia-regeneron-ace-first-trial-with-in-vivo-crispr-drug/.

② Scientists harness the naturally abundant CRISPR-Cas system to edit superbugs with the hope of treating infections caused by drug resistant pathogens[EB/OL]. [2022-01-26]. https://www.sciencedaily.com/releases/2021/07/210722112850.htm.

究人员对该 CRISPR/Cas 系统进行了表征，并基于该天然 I-F 型 CRISPR/Cas 系统成功开发了一种适用于 MDR 分离株的基因组编辑方法。该方法能够快速识别 MDR 临床分离株的耐药决定因素并开发新的抗耐药策略。

为了克服将复杂的 I 型 Cascade 转移到异源宿主的障碍，在这项研究中，该团队将整个 I-F 型 Cas 操纵子（Operon）克隆到载体 mini-CTX 中，并通过共轭的方式送入异源宿主体内，这是自然界中常见的 DNA 转移方法。mini-CTX 载体能够将整个 Cascade 整合到异源宿主基因组中的保守的 *attB* 基因位点上，使它们能够拥有可以稳定表达和发挥功能的"天然"型 I-F CRISPR/Cas 系统。该团队表明，与可转移 Cas9 系统相比，转移型 I-F Cascade 显示出明显更强的 DNA 干扰能力和更高的菌株稳定性，可用于高效（>80%）和简单的基因组编辑。

此外，该团队还开发了一种先进的可转移系统，其中包括高活性 I-F Cascade 和重组酶，以促进该系统在同源重组能力差的菌株、没有基因组序列信息的野生铜绿假单胞菌和其他假单胞菌种中的应用，引入的基因可以从宿主基因组中轻松去除，从而在宿主细胞中进行无痕基因组编辑。研究还展示了可转移系统在基因抑制中的应用，突出了开发的转移型 I-F CRISPR/Cas 系统的强大和多样化的应用。

7. 我国学者证明 NgAgo 蛋白在体外和体内可以进行 RNA 编辑 [①]

CRISPR/Cas 系统具有编辑 DNA 和 RNA 靶标的强大能力。然而，CRISPR/Cas 系统对特定识别位点、PAM 的需求限制了其在基因编辑中的应用。一些 Argonaute（Ago）蛋白在 5' 磷酸化或羟基化引导 DNA（gDNA）的引导下具有核酸内切酶功能。格氏嗜盐碱杆菌 Ago（NgAgo）蛋白可能在 37 ℃ 下进行 RNA 基因编辑，表明其在哺乳动物细胞中的应用潜力；然而，其机制尚不清楚。

2021 年 7 月 23 日，华中科技大学的罗迪贤及南华大学的胡政共同在《分子生物技术》（*Molecular Biotechnology*）杂志在线发表题为 "Identification of a Novel Cleavage Site and Confirmation of the Effectiveness of NgAgo Gene Editing on RNA Targets" 的研究论文，证实 NgAgo 蛋白在体外和体内可以进行 RNA 编辑。

该研究设计了体外 RNA 切割系统，并通过测序验证了切割位点。此外，将 NgAgo 蛋白和 gDNA 转染到细胞中以切割细胞内靶序列。该研究在体外和体内证明了 NgAgo 蛋白以 gDNA 依赖性方式靶向降解 GFP、HCV 和 AKR1B10RNA，但未观察到其对 DNA 的影响。测序表明切割位点位于目标 RNA 的 3' 端，被 gDNA 的 5' 序列识别。这些结果证实 NgAgo-gDNA 切割的是 RNA 而非 DNA。

---

① 　QU J T, XIE Y L, GUO Z Y, et al. Identification of a novel cleavage site and confirmation of the effectiveness of NgAgo gene editing on RNA targets[J]. Mol Biotechnol, 2021, 63（12）: 1183-1191.

8. NIH 提供 1.85 亿美元用于研究人类基因组功能 [①]

美国国立卫生研究院（NIH）网站于 2021 年 9 月 9 日报道称，NIH 将在 5 年内向基因组变异对功能的影响联盟（IGVF）提供约 1.85 亿美元。该联盟由 NIH 国立人类基因组研究所（NHGRI）发起和资助。NHGRI 将为美国 30 个研究机构的 25 项研究提供资金。IGVF 的研究人员将致力于了解基因组变异如何改变人类基因组功能，以及这种变异如何影响人类健康和疾病。

两个不同人类个体的基因组序列有 99.9% 以上是相同的，但这 0.1% 的差异与环境和生活方式相结合，最终塑造了一个人的整体身体特征和疾病风险。研究人员已经确定了数以百万计的人类基因组变异，其中包括数以千计的与疾病相关的变异。通过整合实验方法和先进的计算机模型，IGVF 将确定基因组中哪些变异与健康和疾病有关，这些信息对临床医生来说至关重要。

IGVF 将为他们的研究结果和方法制定一个目录。该联盟产生的所有信息将通过一个网络门户免费提供给研究界，以协助未来的研究项目。由于有数以千计的基因组变异体与疾病相关，而且不可能在每个生物环境中单独操纵每个变异体，所以联盟的研究人员还将开发计算模型方法，以预测变异体对基因组功能的影响。

9. 研究表明 CRISPR 基因编辑技术有助于实现性别选择 [②]

2021 年 12 月 3 日，英国弗朗西斯·克里克研究所和肯特大学的研究人员在《自然·通讯》（*Nature Communications*）杂志发表了题为 "CRISPR/Cas9 Effectors Facilitate Generation of Single-sex Litters and Sex-specific Phenotypes" 的研究论文。

该研究利用 CRISPR 基因编辑技术，以小鼠为模型，开发了一种合成致死的双组分 CRISPR/Cas9 策略，可以让小鼠 100% 产生雄性或雌性，该技术还可能适用于其他脊椎动物物种。

CRISPR/Cas9 基因编辑系统由两部分组成：用来切割 DNA 的 Cas9 酶和用来识别靶向特定 DNA 序列的 sgRNA。为了实现让小鼠只产生特定性别后代的目的，就需要消除一种性别的胚胎。研究团队将 CRISPR 的两个组分 Cas9 和 sgRNA 分别放到两个亲本中；然后，他们需要找到一个能够有效消除胚胎的分子靶标，这个靶标必须在发育过程中高水平表达且在正确的时间表达。

---

① PRABARNA GANGULY. The newly launched Impact of Genomic Variation on Function（IGVF）consortium to include 30 U.S. sites[EB/OL]. [2022-01-16]. https://www.genome.gov/news/news-release/NIH-providing-185-million-dollars-for-research-to-advance-understanding-of-how-human-genome-functions.

② DOUGLAS C，MACIULYTE V，ZOHREN J，et al. CRISPR/Cas9 effectors facilitate generation of single-sex litters and sex-specific phenotypes[J]. Nat Commun，2021，12（1）：6926.

研究团队选择了拓扑异构酶 1 基因（*TOP1* 基因），该基因是细胞分裂的关键，如果敲除该基因，胚胎会在早期快速死亡。研究团队将编码靶向 *TOP1* 基因的 sgRNA 的 DNA 序列插入到雌性小鼠基因组中，并将编码 Cas9 酶的 DNA 序列插入到雄性小鼠的 Y 染色体上；然后，让这两种小鼠交配，当携带 Y 染色体的精子和卵子结合时，Cas9 酶和靶向 *TOP1* 基因的 sgRNA 结合，进而敲除 *TOP1* 基因，导致雄性胚胎在还只有几十个细胞时就死亡，最终只产生雌性小鼠。而如果把编码 Cas9 酶的 DNA 序列插入到雄性小鼠的 X 染色体上，则产生完全相反的结果，即只产生雄性小鼠。

正常情况下，小鼠的出生性别比接近 1∶1，而这种 CRISPR 基因编辑策略可以实现 100% 产生雄性小鼠后代或 100% 产生雌性小鼠后代。

10. 新型基因编辑技术可将整个基因插入人类细胞 [①]

《自然·生物技术》（*Nature Biotechnology*）杂志于 2021 年 12 月 9 日发表麻省理工学院博德研究所和哈佛大学的研究文章，称研究人员开发了一种新的、名为双引导编辑（twinPE）的基因编辑技术，该技术通过两个相邻的启动子进行基因编辑，可在基因组的特定位置引入较大的 DNA 序列，而且很少产生不必要的副产品。该技术很有可能成为一种新的基因疗法，以安全和高度针对性的方式插入治疗性基因，以取代变异或缺失的基因。

twinPE 基因编辑技术解决了引导编辑（Prime Editing，PE）基因编辑技术的局限性，引导编辑基因编辑技术只能编辑几十个碱基对。然而，某些遗传疾病的研究或治疗可能需要编辑更大的基因片段。twinPE 基因编辑技术使用一个主编辑蛋白和两个主编辑向导 RNA，进行引导编辑。每一个向导 RNA 都可以引导编辑蛋白在基因组中不同目标位点的 DNA 中形成单链缺口，从而避免产生双链断裂的副产物。与原始的 PE 基因编辑技术一样，twinPE 基因编辑技术也不会通过在同一位置同时切割两条链来完全切断 DNA 双螺旋。

使用该方法，研究人员能够插入、替换或删除高达 800 个碱基对的序列。为了编辑更大的序列，研究人员使用 twinPE 基因编辑技术在基因组中为位点特异性重组酶安装"着陆点"，重组酶催化基因组中特定位点的 DNA 整合；然后，研究人员用重组酶处理细胞，并将长 DNA 片段引入基因组，结合 twinPE 基因编辑技术和重组酶，研究人员可以编辑数千个碱基对长的序列（整个基因的长度）；随后，研究人员通过在人类细胞中编辑与亨特氏综合征相关的基因证明了 twinPE 基因编辑技术的治疗潜力。

---

① ANZALONE V A, GAO X D, PODRACKY J C, et al. Programmable deletion, replacement, integration and inversion of large DNA sequences with twin prime editing[EB/OL]. [2022-01-16]. https://pubmed.ncbi.nlm.nih.gov/34887556/.

（二）风险性评估

1. 美国学者发文称 CRISPR 基因编辑存在潜在风险①

2021 年 4 月 12 日，哈佛医学院 David Pellman 团队等在《自然·遗传学》（*Nature Genetics*）杂志发表论文。通过单细胞全基因组测序，发现 CRISPR/Cas9 基因编辑会破坏细胞核结构，导致微核和染色体桥的出现，最终导致染色体碎裂。这项研究表明，目前对 CRISPR/Cas9 基因编辑技术的安全风险及相关机制的认识仍有欠缺，在 CRISPR 基因编辑技术的安全性评估上还需谨慎。

2. WHO 呼吁建立人类基因编辑研究的全球数据库②

Medical Xpress 网站于 2021 年 7 月 12 日发布消息称，WHO 就人类基因组编辑问题发布了新的建议，呼吁建立一个全球登记系统，以追踪"任何形式的基因操纵"，并提出了一种举报机制。

WHO 在两份报告中指出，所有涉及人类基因组编辑的研究都应该公开，不过该委员会指出，这并不一定会阻止无原则的科学家。专家小组还表示，联合国机构应该制定方法来识别任何可能涉及基因编辑的试验，并表示应该建立一种机制来报告违反科研诚信的行为。不过，该小组承认，随着基因编辑技术变得更便宜和更容易使用，WHO 监测此类研究的能力有限。即使是在新冠病毒大流行导致的公共卫生紧急情况下，该组织也没有权力强迫各国合作。

3. 美军研究人员阐述基因技术的武器化能力与战略作用③

2021 年 8 月 30 日，美国西点军校研究人员在《战略研究季刊》上发表文章《基因战技术与国际政治》，阐述基因技术的武器化、运载和精准度方面的能力提升及使用基因武器的战略价值，并给出遏制基因技术武器化的监管对策。

报告指出，在基因武器能力方面，合成生物学、人工智能、生物信息学、纳米和机器人等新兴技术的发展提高了基因技术的武器化、运载和精准化攻击能力。

一是与传统武器相比，基因武器能力得到提升。在基因技术武器化方面，基因编辑技术可使生物剂更具传染性和杀伤力，可制造全新的生物剂和毒素；人工智能技术可实现基因技术的武器化模拟；合成生物学可选择性地改变生物体基因，使生物系统成为可编程的制造系统，制造基因武器。在基因武器的运载方面，基因编辑和合成生物学技

---

① LEI BOWITZ L M, PAPA THANASIOU S, DOERFLER A P, et al.Chromothripsis as an on-target consequence of CRISPR–Cas9 genome editing[J]. Nature genetics，2021，53（6）：895–905.

② UN calls for global database of human gene editing research[EB/OL]. [2022-01-16]. https://medicalxpress.com/news/2021-07-global-database-human-gene.html.

③ 薛晓芳 . 美研究人员阐述基因技术的武器化能力与战略作用 [EB/OL].[2022-02-14]. https://baijiahao.baidu.com/s?id=1711325204605967837&wfr=spider&for=pc.

术可克服生物剂的遗传不稳定性；纳米技术可为基因武器提供环境耐受的载体和可靠的运载机制；基因编辑和纳米载体可将工程化基因进行结合、包装并运送，使生物剂更耐用、高效和精确；合成生物学可将基因的生物功能与生物的合成制造、运载和靶向系统相结合，制造出"智能微生物"，以及特定毒素或病原体。在基因武器的精准度方面，利用不同种群携带的不同频率等位基因或非编码区来识别个体或种群，定制针对特定群体或个人的致命基因制剂，实现精确的靶向攻击；将纳米生物合成制剂作用于特定动植物，实现高精度种群攻击；利用表型技术生产针对个人或种群的基因武器；利用基因驱动技术或基因编辑技术对目标实施延迟攻击，可攻击特定种群或个体的后代。

二是基因武器比核武器更危险。国家或非国家行为体可权衡战略突袭与威慑效用来选择披露或隐藏基因武器能力；有核国家或非国家行为体隐藏其基因武器能力，可获得潜在优势。

三是应加强监管基因技术武器化。可根据核武器和化学武器的监管政策，提出遏制基因技术武器化的监管对策。主要包括：建立基因技术的政府与军事透明度；建立科学透明度与自治；在全球生物实验室建立活体传感器网络，识别并提醒具有武器化潜力的技术进步；加强政府与科学家合作；加强政府监管；建立全球范围的基因技术规范。

4. 美国研究人员认为 CRISPR 基因编辑技术暂难达到威胁安全的程度 [1]

《防扩散评论》（*The Nonproliferation Review*）杂志于 2021 年 10 月 5 日发表的一篇文章《从基因编辑婴儿到超级士兵：CRISPR 带来的挑战与安全威胁》（"From CRISPR Babies to Super Soldiers：Challenges and Security Threats Posed by CRISPR"），称 CRISPR 基因编辑技术通常被描述为一种安全威胁，因为理论上它能让科学家或业余爱好者编辑各种生物的基因组，从而可能对人类和动、植物造成伤害，基因编辑婴儿事件更是加剧了人们对这一问题的担忧。

该文章回顾了基因编辑婴儿事件的时间线，评估了 CRISPR 基因编辑技术被用于恶意目的的风险。文章结论认为，尽管 CRISPR 基因编辑技术被滥用的可能性很高，但要想基因编辑达到危害安全的程度，其技术障碍仍然很大。

5. 美国商务部提议对基因编辑软件实施新的出口管制 [2]

美国商务部工业与安全局（BIS）于 2021 年 11 月 6 日发布了一份《规则制定建议

---

[1] Sonia Ben Ouaghram-Gormley. From CRISPR babies to super soldiers：challenges and security threats posed by CRISPR[EB/OL]. [2022-01-16]. https://www.tandfonline.com/doi/abs/10.1080/10736700.2020.1880712?journalCode=rnpr20.

[2] Commerce department proposes new export controls on gene-editing software that will also expand the scope of mandatory CFIUS filing obligations[EB/OL]. [2022-02-10]. https://www.jdsupra.com/legalnews/commerce-department-proposes-new-export-60439/.

通知》，以征求公众对基因编辑设备中某些软件的最新管制建议的意见。这一拟议规则标志着第一个生物技术子类将受到《2018 年出口管制改革法案》（授权定义和控制"新兴技术"）的管制。拟议的规则将增加一个新的出口管制分类号，以控制某些用于"受2B352.j 控制的核酸编译器和合成器的操作，这些操作能够从数字序列数据中设计和构建功能性遗传元件"。若潜在的核酸编译器和合成器都是"部分或完全自动化的"及"设计用于生成长度大于 1.5 kb 的连续核酸，且单次运行的错误率低于 5%"，则该软件将受到管制。

BIS 解释说，这种软件可能被用于生物武器目的，因为它可能被用于某些核酸编译器和合成器，不需要获得受管制的遗传元件和生物体，就可以产生病原体和毒素。全球新冠病毒大流行加剧了这一担忧。

拟议中的新规则将影响美国从事开发或使用自动化基因编辑设备的相关软件企业。首先，除目的地为阿根廷、意大利、英国等在内的 42 个国家外，向大多数国家出口、再出口或转让相关软件或技术需要获得 BIS 的许可；其次，除来自上述 42 个国家的外国国民外，新的管制措施将影响美国国内外的研究和开发活动，原因是对"视为出口"（向位于美国境内的外国国民出口）和"视为再出口"（向位于外国的第三国外国国民转移／释放）的担忧；最后，根据美国外国投资委员会（CFIUS）的条例，开发相关软件或技术的美国企业将被视为"关键技术"公司。因此，涉及美国业务的投资交易各方可能被要求在结束投资前向 CFIUS 提交强制性申报。

6.《自然·通讯》发文称基因编辑技术会产生癌基因突变 [1]

2021 年 11 月 11 日，《自然·通讯》（*Nature Communications*）杂志发表美国国家癌症研究所、桑福德·伯纳姆·普雷比斯医学发现研究所和马里兰大学的研究人员联合发表的研究论文。研究表明，基于 CRISPR/Cas9 的基因编辑（尤其是基因敲除）或许会让细胞产生与癌症相关的基因突变形式，这一发现强调了对接受 CRISPR/Cas9 基因治疗的患者进行癌症相关基因突变监测的必要性。提示在使用基于 CRISPR 的基因疗法时需谨慎，特别是在治疗具有 p53 或 K-ras 基因潜在突变的个体时。

7. 美国网站发文分析基因编辑武器化可能性及应对 [2]

"国土安全通讯"（Homeland Security News Wire）网站于 2021 年 11 月 15 日发表文章称，对生物恐怖分子利用基因编辑技术设计病毒并发起袭击表示担忧。文章称，随着

---

[1] SINHA S，BARBOSA K，CHENG K，et al. A systematic genome-wide mapping of oncogenic mutation selection during CRISPR-Cas9 genome editing[J]. Nat Commun，2021，12（1）：6512.

[2] LAU. Zombie apocalypse? How gene editing could be used as a weapon-and what to do about it[EB/OL]. [2021-12-05].https://www.homelandsecuritynewswire.com/dr20211115-zombie-apocalypse-how-gene-editing-could-be-used-as-a-weapon-and-what-to-do-about-it.

基因编辑技术的发展，生物恐怖分子可能会设计出改变人类行为的病毒，将人类变成对周遭环境没有感知的"僵尸"，而人类可能并未对此做出充分准备。

这种"僵尸"或许听起来非常牵强，但在自然界中的确存在一些"僵尸化"的例子，如最近发现的一种黄蜂可以通过在蜘蛛（*Anelosimus eximius*）腹部产卵，将其变成"僵尸"。产生的幼虫会附着在蜘蛛身上以之为食，而被其附着的、群居习性的蜘蛛则离开群体，准备独自死亡。其他来自自然界的"僵尸化"案例还包括非洲昏睡病（一种由昆虫传播的寄生虫导致的致命神经系统疾病）等。

CRISPR/Cas9 基因编辑技术已经被证明能够在治疗镰状细胞病、β-地中海贫血症及其他诸多遗传病方面发挥作用。但理论上，CRISPR/Cas9 也可用于生物恐怖主义，如改造病原体，使其更具传播性或致命性；也可以把非病原体改造成致病病毒。虽然基因编辑技术用于制造感染人类的"僵尸病毒"仍处于理论猜测阶段，但随着生物技术的进步，生物恐怖主义的风险也在增加。

此外，该文章指出，应当重新审视相关国际公约中的具体条款以适应不断变化的环境，包括暂停将基因编辑作为生物武器工具进行的实验等。

8. 美国 CDC 拟对新冠病毒实验及嵌合病毒制备展开监管[①]

2021 年 11 月 17 日，Federal Register 网站发表文章称，美国疾病预防控制中心（CDC）发布了一项临时最终规则，任何有意操纵新型冠状病毒（SARS-CoV-2）与 SARS 病毒（SARS-CoV）毒力因子核酸结合而产生的 SARS-CoV/SARS-CoV-2 嵌合病毒，将被添加到美国卫生与公众服务部（HHS）管制生物剂和毒素清单中。此外，制备这种嵌合病毒的工作是一项"限制性实验"，在进行实验之前需要获得美国 CDC 的事先批准。

三、实验室生物安全

（一）法国宣布暂停朊病毒研究[②]

"科学"（Science）网站于 2021 年 7 月 28 日发布消息称，在一名过去处理过朊病

[①] Health and Human Services Department.Possession，use，and transfer of select agents and toxins-addition of SARS-CoV/SARS-CoV-2 chimeric viruses resulting from any deliberate manipulation of SARS-CoV-2 To incorporate nucleic acids coding for SARS-CoV virulence factors to the HHS list of select agents and toxins[EB/OL].[2022-02-01].https://www.federalregister.gov/documents/2021/11/17/2021-25204/possession-use-and-transfer-of-select-agents-and-toxins-addition-of-sars-covsars-cov-2-chimeric.

[②] BARBARA CASASSUS. France issues moratorium on prion research after fatal brain disease strikes two lab workers[EB/OL].[2021-09-02].https://www.science.org/content/article/france-issues-moratorium-prion-research-after-fatal-brain-disease-strikes-two-lab.

毒的退休实验室工作人员被诊断出患有克雅氏病（Creutzfeldt-Jakob Disease，CJD）后，法国 5 家公共研究机构暂停 3 个月的朊病毒研究。

5 家机构分别是法国食品、环境与职业健康安全署（ANSES），法国原子能和替代能源委员会（CEA），法国国家科学研究中心（CNRS），法国国家农业食品与环境研究院（INRAE）和法国国家健康与医学研究院（INSERM）。禁令的目的是"研究该患者患病与以前的专业活动有关的可能性，并在必要时调整研究实验室的预防措施"。

（二）专家发文称实验室制造的潜在大流行病原体存在风险 [①]

The Bulletin 网站于 2021 年 9 月 9 日发表军备控制和防扩散中心的高级科学研究员 Lynn Klotz 博士的题为 "The Grave Risk of Lab-created Potentially Pandemic Pathogens" 的文章，该文章认为，人类在实验室创造出的病原体具有严重的危险性，极有可能导致大流行。

2012 年，荷兰学者荣·费奇教授和美国威斯康星大学的河冈义裕教授发表了关于使禽流感通过空气在哺乳动物中传染的研究。在 Science 杂志 2005 年的一篇文章中，美国 CDC 的研究员 Terrence Tumpey 和他的合著者描述了他们如何复活 1918 年导致约 5000 万人死亡的大流行性流感病毒。研究人员称，复活该病毒的目的是"研究与其非凡毒力相关的特性"。该研究证实了它是一种极其危险的病原体。

荣·费奇教授认为，禽流感可能会自然演变成空气传播对人类构成威胁，科学家需要证明这种潜力。研究人员认为创造一种具有大流行潜力的病原体是合理的。在荣·费奇和河冈义裕的研究之前，H5N1 禽流感并没有有效地通过空气传播。

Lynn Klotz 博士通过计算认为，评估 H5N1 禽流感和人类流感病毒经哺乳动物空气传播的研究表明，至少有一种病毒从实验室释放到社区的可能性为 15.8%。社区传播将引发大流行的保守估计为 15%。因此，病毒从实验室释放到社区中引发大流行的概率为 2.5%，这个数字令人担忧。因此，人为错误可能会导致释放致命病毒事件。

（三）加拿大政府发布 2020 年实验室暴露事故监测报告 [②]

2021 年 10 月 14 日，加拿大政府在《加拿大传染病报道》（Canada Communicable

---

① KLOTZ L. The grave risk of lab-created potentially pandemic pathogens[EB/OL]. [2022-01-16]. https://thebulletin.org/2021/09/the-grave-risk-of-lab-created-potentially-pandemic-pathogens/.

② ATCHESSI N，STRIHA M，EDJOC R，et al. Surveillance of laboratory exposures to human pathogens and toxins，Canada 2020[J]. Can Commun Dis Rep，2021，47（10）：422-429.

Disease Report）杂志发布了《2020 加拿大人类病原体和毒素实验室暴露监测报告》
（"Surveillance of Laboratory Exposures to Human Pathogens and Toxins，Canada 2020"），
介绍了 2020 年加拿大实验室事故通报监测系统（Laboratory Incident Notification Canada
Surveillance System）依据加拿大《人类病原体和毒素法》和《人类病原体和毒素条例》
所报告的实验室暴露事故及受到影响的个体。

报告对 2020 年加拿大持有执照的实验室发生的实验室暴露事故进行了分析，计算
了事故暴露率并进行了描述性统计。报告依照活动类型、事故类型、根本原因及病原体
/ 毒素类别等对暴露事故进行了分析；依照受教育程度、接触途径、实验室经验等对受
影响的个体进行了分析。

报告指出，2020 年加拿大实验室事故通报监测系统共接到了 42 起事件报告，涉
及 57 人，其中没有疑似或确诊的实验室获得性感染。每年事故暴露率为每 100 个有
效许可证有 4.2 个事件。大多数暴露事故发生在微生物学活动期间（*n*=22，52.4%）或
由医院部门报告（*n*=19，45.2%）。程序问题（*n*=16，27.1%）和利器相关事件（*n*=13，
22.0%）是最常见的事故类型。大多数受影响者担任技术人员职位（*n*=36，63.2%），
暴露方式为吸入（*n*=28，49.1%）。标准操作程序问题是最常见的事故原因（*n*=24，
27.0%）。从事故发生到报告日期之间时间差的中位数为 6 天。

（四）《卫生安全》杂志刊登病原微生物实验室事故报告 [①]

2021 年 11 月 24 日，《卫生安全》（*Health Security*）杂志在线刊登题为《2020 年病原
微生物实验室事故报告要求与实践》（"Results of a 2020 Survey on Reporting Requirements
and Practices for Biocontainment Laboratory Accidents"）的文章，系统介绍了一项有关病原
微生物实验室事故报告的调查工作。

文章指出，生物安全实验室事故是实验室管理的范畴，但基于目前已有的报告标
准和流程，此类事故的发生频率尚不清楚。为了更好地理解实验室事故报告情况，该研
究根据美国生物安全协会的意见，开展了一项调查研究，其中包括一系列关于实验室事
故报告与否的标准、要求和可能动机。

共有 60 名生物安全官员参与完成了该项调查工作。受访者们报告称，他们在实验
室与 5000 多人合作共事，众多实验室中包括 40 余个生物安全三级实验室或动物生物安
全三级实验室，这些实验室均涉及高风险病原体。大多数受访者来自美国、加拿大或新

① MANHEIM D B. Results of a 2020 survey on reporting requirements and practices for biocontainment laboratory accidents[J].Health Secur，2021，19（6）：642-651.

西兰，或者没有表明具体位置。

该研究有如下 3 项主要发现：

①实验室事故上报机制不健全。接受调查的生物安全官员中有 97% 的官员负责监管实验室部分病原体暴露情况。然而，63% 的受访者表示，事故报告通常不会递交到事故发生机构以外的其他单位。

②信息化报告系统待升级。55% 的受访者表示他们使用了纸质报告，其余的人表示使用了计算机系统。使用纸质报告的实验室中，67% 的受访者表示纸质报告与信息化报告系统一起使用，或将信息输入计算机系统。

③多重因素阻碍实验室事故上报。虽然有 82% 的生物安全官员表示实验室工作人员理解事故报告对保障其自身安全的重要性，但同时 82% 的受访者也表示存在各种因素阻碍实验室工作人员常规的事故上报，包括担心失业和经济损失。

四、外来物种入侵与保护生物多样性

（一）《生物多样性公约》第十五次缔约方大会领导人峰会召开

2021 年 10 月 12 日，《生物多样性公约》第十五次缔约方大会（COP15）领导人峰会在我国昆明以线上线下结合方式举行，联合国秘书长古特雷斯、俄罗斯总统普京、埃及总统塞西、土耳其总统埃尔多安、法国总统马克龙、哥斯达黎加总统阿尔瓦拉多、吉尔吉斯斯坦总统扎帕罗夫、巴布亚新几内亚总理马拉佩、英国王储查尔斯等以视频方式出席。

中国国家主席习近平在 2021 年 10 月 12 日下午以视频方式出席峰会并发表主旨讲话。习近平指出，生物多样性使地球充满生机，也是人类生存和发展的基础。保护生物多样性有助于维护地球家园，促进人类可持续发展。昆明 COP15 为未来全球生物多样性保护设定目标、明确路径，具有重要意义。国际社会要加强合作，心往一处想、劲往一处使，共建地球生命共同体[①]。

（二）《爱知目标》无一完全实现，全球生物多样性保护面临严峻挑战

2021 年 10 月 11—15 日，COP15 第一阶段会议在云南昆明召开。2021 年 10 月 10 日，

---

① 中华人民共和国中央人民政府.习近平出席《生物多样性公约》第十五次缔约方大会领导人峰会并发表主旨讲话 [EB/OL]. [2021-10-12].http://www.gov.cn/xinwen/2021/10/12/content_5642065.htm.

COP15 召开首场媒体通气会。公约秘书处副执行秘书大卫·库伯明确指出，目前全球在生物多样性的保护方面，面临史无前例的严峻挑战。

联合国《生物多样性公约》自 1993 年 12 月 29 日生效起已召开了 14 次缔约方大会和 1 次特别大会。其中，2010 年在日本名古屋召开的第十次缔约方大会具有里程碑意义，大会不仅通过了《名古屋议定书》，还通过了《2011—2020 年生物多样性战略计划》及《爱知目标》。

《爱知目标》分为 5 个战略目标和 20 个行动目标，是全球第一个以 10 年为期的生物多样性保护目标。然而，10 年过去了，全球生物多样性保护进展远低于预期，《爱知目标》成绩单不如人意。2019 年出版的第五版《全球生物多样性展望》指出，在全球层面，《爱知目标》提出的 20 个行动目标没有一个完全实现，仅有 6 个部分实现；60 个具体要素中，只有 7 个实现，38 个有进展。

大卫·库伯表示，应当从过去的失败中学到教训。在生物多样性的保护上，需要精心设计的战略目标和具体目标；需要加强政府、社区、不同族群之间的互动；需要有整体的规划和执行方法；需要定期、有效地检查国家活动，更重视执行工作，并向各国提供持续而有针对性的支持。

大卫·库伯还提出了全球生物多样性保护的新目标，包括生态系统稳定性提高 15%、物种灭绝率降低 90%、物种濒危率下降一半、物种内基因多样性维持在 90% 等 [①]。

（三）2021 年 1—8 月中国海关截获检疫性有害生物超 4 万种次

据中国海关总署官网消息，2021 年 1—8 月，全国海关共截获检疫性有害生物 288 种，41 644 种次。依据口岸截获情况，向外方发出违规通报 974 份，涉及 50 个国家（地区）；依法退回或销毁不合格农产品 377 批，涉及 33 个国家（地区）。自 2021 年以来，海关积极开展"国门绿盾 2021"行动，加强口岸动植物疫情监测，严防外来物种入侵，坚决维护国门生物安全。1—8 月，在邮件、快件、旅客携带物等非贸渠道截获外来物种、种子苗木等禁止进境活体动植物 5868 批次，其中在进境邮包中多次截获活体甲虫、蚂蚁、蛙类等外来物种。

同时，海关严防各类动物疫病输入，加强进口动物境外预检，严格源头检疫把关，确保进口种用动物安全卫生。1—8 月共计进口活动物 254 849 头，同比增长 38.56%，境外预检淘汰不合格动物 8.06 万头。持续加强非洲猪瘟、高致病禽流感、沙漠蝗等重

① 《爱知目标》无一完全实现，全球生物多样性保护面临严峻挑战 [EB/OL]. [2021-10-10].https://www.sohu.com/a/494317167_161795.

大动植物疫情口岸防控工作，发布禁令公告 21 份，涉及 18 个国家（地区）；发布警示通报 14 份，涉及 13 个国家（地区）[1]。

（四）物种入侵是澳大利亚环境面临的最严重威胁

2021 年 11 月，澳大利亚联邦科学与工业研究组织（CSIRO）和入侵物种解决方案中心（CISS），研究了入侵物种对澳大利亚本土野生生物产生的影响。结果表示，外来入侵物种是澳大利亚野生生物面临的第一大威胁[2]。

CSIRO 在其官网上发布了研究报告 "Fighting Plagues and Predators"。报告指出，自欧洲人到澳大利亚定居以来，外来入侵物种已经消灭了 79 种本土动植物。自 20 世纪 60 年代以来，外来入侵物种已经成为几乎所有物种灭绝的主要驱动因素，让它们变得"比栖息地破坏和气候变化更糟糕"。澳大利亚有 80% 以上的国家级濒危动植物和栖息地，都受到外来物种入侵的威胁。如果不采取任何行动，到 2050 年，澳大利亚将面临新一轮本土物种灭绝浪潮。

报告认为，兔子是最具破坏性的入侵物种，兔子侵扰了澳大利亚 2/3 的地区，其次是野猫、猪、狐狸和甘蔗蟾蜍。同时，入侵植物还对农田、森林和热带稀树草原造成严重破坏。报告强调，气候变化加剧了外来物种构成的威胁，自然灾害为野生动物的扩散创造了机会。

该报告还称，过去 60 年里，澳大利亚已花费 3900 亿澳元（约合人民币 1.8 万亿元）来应对入侵物种造成的破坏。目前，澳大利亚每年花费 250 亿澳元（约合人民币 1000 亿元）来对抗入侵物种，但是，预计这个数字每 10 年将增加 6 倍，这意味着，到 2031 年，每年的账单可能达到 1500 亿澳元（约合人民币 6000 亿元）。

五、微生物耐药

（一）WHO 报告指出新抗生素短缺加剧耐药性泛滥

2021 年 4 月 15 日，WHO 在其官网发布了年度"候选抗生素报告"，概述并分析了当前处于临床测试阶段及早期产品开发阶段的抗生素。该报告显示，最近批准的抗生素

---

[1] 中华人民共和国海关总署 . 1—8 月海关截获检疫性有害生物超 4 万种次 [EB/OL]. [2021-09-27]. http://www.customs.gov.cn/customs/ztzl86/302414/302415/gmzy/2879222/3904088/index.html.

[2] CSIRO. Fighting plagues and predators[EB/OL]. [2021-11-30]. https://www.csiro.au/-/media/News-releases/2021/Fighting-plagues-and-predators/Final-FightingPlaguesPredators_WEB_211126.pdf.

中，82% 是耐药性已经很普遍的现有抗生素类别的衍生物，这些新药预计很快就会产生耐药性。

WHO 在报告中指出，目前全球候选抗生素开发近乎处于静止的状态。近年来，只有很少的抗生素被监管机构批准。临床研发和最近批准的抗生素，不足以应对日益增长的抗生素耐药性出现和扩散带来的挑战。在目前临床开发的 43 种抗生素中，没有一种能够充分解决世界上最危险细菌的耐药性问题。WHO 负责抗生素耐药性（AMR）的助理总干事 Hanan Balkhy 博士指出，开发、制造和分发有效的新抗生素的持续失败进一步加剧了抗生素耐药性的影响，并威胁到成功治疗细菌感染的能力[1]。

（二）白喉杆菌因进化出抗生素耐药性可能再次成为全球重大威胁

英国剑桥大学领导的一个英印联合研究小组警告称，白喉杆菌正在进化出对某些类别抗生素的耐药性，并可能在未来导致疫苗逃逸，致使白喉再次成为全球性的重大威胁。相关研究发表在 2021 年 3 月 8 日的《自然·通讯》（*Nature Communications*）上。

白喉感染通常可以用某些抗生素来治疗，虽然已经有白喉杆菌对抗生素产生耐药性的报道，但这种耐药性产生的原因在很大程度上仍然未知。研究人员研究了 122 年来 16 个国家和地区 502 个白喉杆菌分离株的基因组变异情况。在寻找可能导致白喉杆菌产生抗生素耐药性的基因时，他们发现每个基因组的平均抗生素耐药性基因数量每十年都在增加。在从近十年（2010—2019 年）的感染中分离出来的细菌基因组中，每个基因组的抗生素耐药性基因平均数量几乎是 20 世纪 90 年代的 4 倍。

在研究过程中，研究人员发现了白喉毒素基因的 18 种不同变体，其中一些具有改变白喉毒素结构的潜力。研究人员表示，白喉疫苗旨在中和毒素，因此，任何改变毒素结构的遗传变异都可能影响疫苗的有效性。但这并不能证明目前使用的疫苗无效，只是毒素变体越来越多的事实表明，需要定期对疫苗及针对毒素的治疗方法进行评估[2][3]。

（三）OIE 报告显示各国动物抗生素使用量有所减少

2021 年 7 月 27 日，世界动物卫生组织（OIE）发布的一份新报告显示，全球动物

① WHO. 2020 antibacterial agents in clinical and preclinical development：an overview and analysis[EB/OL].[2021-04-15]. https://www.who.int/publications/i/item/9789240021303.

② University of Cambridge. Diphtheria risks becoming major global threat again as it evolves antimicrobial resistance[EB/OL]. [2021-03-08]. https://www.eurekalert.org/news-releases/613986.

③ Nature Communications. Spatiotemporal persistence of multiple，diverse clades and toxins of Corynebacterium diphtheriae[EB/OL]. [2021-03-08]. https://www.nature.com/articles/s41467-021-21870-5.

的抗生素使用量在下降。报告指出，在已提交 2015—2017 年数据的 69 个国家中，观察到动物抗生素使用量总体下降了 34%，从 174.01 mg/kg 下降到 114.84 mg/kg。在已提交 2017 年数据的 102 个国家中，动物抗生素使用量约为 107.68 mg/kg。

报告强调，2021 年共有 160 个国家为该报告提交了数据（参与率提高了 23%），创下历史新高。根据报告所做的调查结果，有 112 个国家（70%）在提交数据时表示，无论是否存在国家立法，本国没有使用任何促进动物生长的抗生素。23 个国家称，缺乏监管框架、人力资源限制和缺乏信息技术工具是报告动物抗生素使用量所面临的挑战。鉴于这些挑战，OIE 建议在解释数据时要谨慎。报告表示，OIE 仍然坚定致力于支持其成员建立健全和透明的抗生素使用量报告机制，但决不能低估许多成员国面临的挑战[①]。

（军事科学院军事医学研究院　陈　婷、周　巍）

（中国人民解放军疾病预防控制中心　李晓倩）

（中国科学院武汉文献情报中心　梁慧刚、黄　翠）

---

① Global report indicates decreasing trend in antimicrobials intended for use in the animal sector[EB/OL]. [2021-07-27].https://www.oie.int/en/global-report-indicates-decreasing-trend-in-antimicrobials-intended-for-use-in-the-animal-sector/#：~：text=27%20July%202021%20The%20World%20Organisation%20for%20Animal，on%20Antimicrobial%20Agents%20Intended%20for%20Use%20in%20Animals.

第二章　国际生物安全治理

新冠疫情蔓延全球，对现有国际生物安全治理体系带来巨大挑战。在卫生安全治理领域，以 WHO 和《国际卫生条例》为核心的全球公共卫生治理机制在新冠疫情防控中发挥了重要作用。随着疫苗研发的持续推进，多国发布疫苗分配计划。但 WHO 仍遭遇逆流，其在经历"美国退群"、新冠病毒溯源结果遭质疑等压力之后，"政治化"风险令人担忧。以《禁止生物武器公约》（以下简称《公约》）为核心的国际生物军控多边进程取得有效成果，由中国天津大学和美国约翰斯·霍普金斯大学牵头，多国科学家共同商讨达成的《科学家生物安全行为准则天津指南》获多方支持。因新冠疫情推迟举行的《公约》2020 年专家组会和缔约国大会最终于 2021 年顺利召开。

一、全球卫生安全治理

（一）WHO 在全球卫生治理领域中发挥着重要作用

1. WHO 积极推动全球抗击新冠疫情行动

一是制订应对战略和计划，有效发挥核心领导作用。2021 年 2 月，WHO 发布"2021 年新冠疫情战略准备和应对计划"，确定了 6 个主要目标：遏制疫情传播；减少暴露；打击虚假信息；保护脆弱群体；减少死亡率和发病率；加快疫苗、诊断和治疗等新应对工具的公平分配。2021 年 9 月 WHO 发布的中期评估报告显示，该计划启动多个项目推进新冠病毒感染应对产品研发，并通过 COVAX 疫苗分配机制协调资源公平共享。截至 2021 年 12 月，全球共 194 种新冠病毒疫苗处于临床开发阶段，132 种新冠病毒疫苗处于临床试验阶段；截至 2021 年 11 月 26 日，全球 170 个国家向 WHO 上报了新冠病毒疫苗接种数据，各区域完成接种的人数分别为：欧洲区域 351 579 609 人，非洲区域 29 282 748 人，美洲区域 28 4685 358 人，东地中海区域 33 235 460 人，东南亚区域 656 630 368 人，西太平洋区域 49 953 089 人。

二是组织和领导生物研究项目，倡导成果公平分配。WHO 与各国家和地区紧密合作，组织和领导"抗击新冠肺炎工具加速器"（ACT-Accelerator）项目，重点关注诊断、治疗、疫苗研发，同时强化卫生系统和社区网络等重要力量，为有效遏制新冠疫情传播提供支撑。2021 年，该项目拓宽了其关注重点，着力解决低收入国家和地区在获取新冠病毒感染防护产品中的不公平现象。作为当前全球范围内唯一的端到端防疫产品共享平台，ACT-Accelerator 项目为低收入国家输送了大量抗疫资源。截至 2021 年 11 月中旬，全球 75 亿剂次新冠病毒疫苗中的 0.6% 分配给了低收入国家和地区。因病毒不断变异，疫情进入新的阶段，WHO 将继续推进 ACT-Accelerator 项目，紧密合作伙伴之间的关系，巩固全球抗疫防线。2022 年，WHO 预计在 ACT-Accelerator 项目框架下，采购 9.88 亿次新冠病毒检测产品，协助低收入国家病毒检测效率。WHO 还预计收治 1.2 亿例病例，接种疫苗 50 亿剂次；针对性开展血清学检查，了解个体免疫情况，确定高危人群，优化疫苗接种方案。

WHO 启动 mRNA 疫苗技术转让中心计划，并于 2021 年 6 月宣布，将与非洲疾病预防控制中心（CDC）和生物制药公司合作，在南非建立首个 mRNA 疫苗技术转让中心，为解决非洲疫苗短缺提供途径。

WHO 积极推动 COVID-19 技术获取池。COVID-19 技术获取池计划（COVID-19 Technology Access Pool）在得到 WHO 40 个成员国支持的基础上，由 WHO 和哥斯达黎加政府共同倡议发起。该计划旨在让所有人都能通过疫苗、现代化检测技术等最新研究成果来抗击新冠病毒感染，秉承自愿原则，倡导公平分享科学知识和研究成果。该计划主要涉及五方面内容：①公开基因序列和数据；②公开临床试验结果；③鼓励政府和资助方秉承和发扬公平分配原则；④考虑全球民众对防疫产品的可负担性；⑤促进开放式模式创新和技术转让。

三是组织专家对新冠病毒进行科学溯源。WHO 新冠病毒（SARS-CoV-2）溯源研究联合专家组于 2021 年 1 月 14 日至 2 月 10 日进驻武汉，就 SARS-CoV-2 溯源问题展开调查，并于 2021 年 3 月 30 日公布联合研究报告。该报告共 120 页，评估了新冠病毒传人的 4 种路径，推断中国首例新冠病毒感染病例出现的时间，并就未来进一步调查取证提出了建议。报告认为，新冠病毒"比较可能至非常可能"经中间宿主传人，"可能至比较可能"直接传人，"可能"通过冷链食品传人，"极不可能"通过实验室传人。部分早期病例与华南海鲜市场无关，说明市场不是疫情源头；至于市场在疫情暴发初期的作用及传染病如何传入市场，目前尚无法得出确切结论。报告称，新冠疫情可能在 2019 年 9 月底至 12 月初暴发。专家组认为，关于新冠病毒的确切源头目前尚无定论，建议建立全球统一数据库，在全球范围内继续寻找早期病例，在多国多地寻找可能成为新冠病毒宿主的动物物种，进一步了解冷链及冷冻食品在病毒传播过程中的作用等。

WHO 总干事谭德塞（Tredos Adhanom Ghebreyesus）在简报会上对专家组的报告表示认同，但也提出尚有待完善之处，评估范围有待拓展。美国、英国、加拿大等 14 个国家发表联合声明，对报告的客观性表示质疑。白宫新闻秘书简·普萨基（Jen Psaki）于 2021 年 3 月 30 日在新闻发布会上批评 WHO 溯源报告不完整，并无端指责中方提供的数据和访问权限不足。

四是开展网络培训，深化民众防疫基础。WHO 召集了临床管理、实验室和病毒学、感染预防和控制、数学建模、血清流行病学，以及诊断制剂、治疗方法和疫苗研发等方面的国际专家网络。该机构开放学习平台（OpenWHO）通过 44 种媒介语言，提供 140 多门支持新冠病毒感染防护的免费课程，主题涵盖临床管理、疫苗、感染预防与控制等 22 个领域。截至 2021 年 12 月 31 日，课程注册人数达 600 万人。

2. 第 74 届世界卫生大会关注大流行全球防御能力建设

2021 年 5 月 24—31 日，第 74 届世界卫生大会以视频方式顺利举行。会议决定，将制定大流行防范全球协议提上日程。2021 年 11 月 29 日至 12 月 1 日，世界卫生大会第二届特别会议以线上线下相结合的混合模式召开。来自 WHO 成员国及非政府组织共 600 余名代表参会。WHO 总干事谭德塞呼吁各方携手应对大流行，共同改善全球公共卫生治理体系，构筑大流行防范和应对法律保障。会议通过决议，决定建立政府间谈判机构，负责大流行防范应对国际文书的起草和磋商工作。

3. WHO 发布指南以规范和加强新兴领域卫生安全治理

2021 年 6 月 28 日，WHO 正式发布 "WHO 卫生健康领域人工智能伦理与治理指南"（Ethics and Governance of Artificial Intelligence for Health：WHO Guidance）。该指南依托 WHO 任命的卫生健康领域人工智能（AI）伦理与治理专家组编写，中国科学院自动化研究所的曾毅研究员作为 WHO 卫生健康领域 AI 伦理与治理专家组成员参与了指南编写及发布的全过程。

该指南指出，AI 可提高疾病诊断和筛查速度及准确性，加强药物研发，支持疾病监测、疫情响应。相关部门应谨慎设计 AI 系统，以反映社会经济和卫生保健环境的多样性，并在人权义务和伦理、法律和政策指导下使用。

为降低 AI 风险，该指南提出确保 AI 符合国家公共利益的 6 项原则。

一是保护人类自主权，应确保人类继续掌控医疗决策过程和对医疗系统的控制权力，充分尊重和保护个人隐私。

二是促进人类福祉、安全和公共利益。AI 设计应确保对医疗安全性、准确性和有效性的监督，提供质量控制措施及对质量优化的有效评估。

三是确保透明度和可理解性。在 AI 设计和技术应用之前，应对风险和利益做出充分解释和说明，并就设计方式、使用说明及技术应用必要性等问题提交公众判断和讨论。

四是明确责任，严格问责。就 AI 使用过程中造成的负面效应及产生的原因严格问责。

五是确保包容性和公平性。鼓励 AI 技术的公平运用，不应因个人的年龄、性别、收入、种族、性取向、能力等不同而区别对待。

六是推进具有回应性特征的持续性 AI 系统。设计和开发人员应在 AI 应用过程中持续评估 AI 的有效性，减少对环境的影响，提高能源利用效率。

参与指南编写的专家称，紧急公共卫生危机期间的 AI 应用可能会带来风险和伦理挑战。新冠疫情对公共卫生的挑战是全球性的，也更凸显了 WHO 发布"世界卫生组织卫生健康领域人工智能伦理与治理指南"的意义。未来，相关指南和原则将在不同国家和地区落地实施，在促进人类卫生健康共同体的形成方面发挥重要作用。

4. WHO 倡导各国构建有韧性的公共卫生系统

2021 年 10 月 19 日，WHO 发布了一份关于建立有韧性的公共卫生系统的文件。文件强调，各国应及时做好准备，使其卫生系统能够在突发公共卫生事件发生之前、期间和之后持续抵御各种形式的公共卫生风险，消除健康威胁。WHO 提出 7 条具体建议：

①利用当前应对措施改善公共卫生系统，加强大流行防范能力；

②加大对基础公共卫生功能建设的投资；

③构建坚实的初级卫生保障基础；

④构建和完善面向全体社会成员的制度化参与机制；

⑤为研究创新创造有利环境；

⑥加大对国内和全球卫生系统基础及应急风险管理的投资；

⑦解决不公平问题。

（二）《生物多样性公约》缔约方大会取得重要成果

2021 年 10 月 11—15 日，《生物多样性公约》第十五次缔约方大会（COP15）第一阶段会议在昆明顺利召开。10 月 13 日下午，会议正式通过《昆明宣言——生态文明：共建地球生命共同体》（以下简称《昆明宣言》）。《昆明宣言》由中方起草，本着开放、透明、包容的态度，各缔约方积极贡献智慧，提出了许多建设性意见和建议，使宣言内容更加充实和完善，体现了各国共同采取行动，遏制和扭转生物多样性丧失趋势的强烈意愿。在两轮意见征询过程中，共收到 57 个缔约方 400 多条意见，并有 49 个国家的各类机构参与到《昆明宣言》的修改之中，整个过程体现了主席国对国际社会共同广泛参与议事规则的尊重，更体现了中国为最终可以达成目标与共识做出的政治协调与努力。

《昆明宣言》呼吁各方采取行动，共建地球生命共同体。《昆明宣言》承诺，确保制定、通过和实施一个有效的"2020 年后全球生物多样性框架"，扭转当前生物多样性丧失趋势并确保最迟在 2030 年使生物多样性走上恢复之路，进而全面实现"人与自然和谐共生"的 2050 年愿景；加快并加强制定、更新生物多样性保护战略与行动计划，优化和建立有效的保护地体系，积极完善全球环境法律框架，增加为发展中国家提供实施"2020 年后全球生物多样性框架"所需的资金、技术和能力建设支持，进一步加强与现有多边环境协定的合作与协调行动，推动陆地、淡水和海洋生物多样性的保护和恢复。

值得关注的是，《昆明宣言》第二部分提出了 17 点具体承诺，"2020 年后全球生物多样性框架"谈判也会将上述承诺纳入考虑之中。2021 年 7 月，《生物多样性公约》秘书处发布了"2020 年后全球生物多样性框架"的第一份正式草案，该框架提出了 21 项目标、10 个里程碑。主要目标包括：全球至少 30% 的陆地和海洋区域，尤其是对生物多样性及其对人类的贡献特别重要的区域得到保护；进一步将外来入侵物种的引入率降低 50%，并控制或根除这些物种以消除或减少其影响；将流放到环境中的富营养物质至少减少一半，将杀虫剂至少减少 2/3，并消除塑料废物的排放；通过基于自然的方法，每年至少为全球气候变化减缓工作做出相当于减排 100 亿吨二氧化碳的贡献等。

《生物多样性公约》《卡塔赫纳生物安全议定书》《名古屋议定书》等构成了全球生物多样性多边进程的基石，《昆明宣言》也将在全球生物多样性保护事务中发挥重要作用。

（三）美国持续推动"全球卫生安全议程"

2021 年 10 月，美国政府发布"全球卫生安全议程"（GHSA）2020 年度工作报告，总结了 2020 年相关项目开展情况和取得的成果，介绍了美国政府在全球卫生安全能力建设中的做法和经验，肯定了美国国防部在推动美国卫生外交进程中所发挥的积极作用，指出 GHSA 仍是美国协调各部门和利益相关者在卫生安全领域开展全球合作的最佳模式。

GHSA 是美国一系列卫生安全倡议的延续和综合。2014 年 2 月，美国政府首次提出 GHSA，意在融合多方合作，强化各国履行《国际卫生条例（2005）》（IHR）、《禁止生物武器公约》等框架和协议的能力，维护世界安全，免受传染病带来的全球性健康威胁。为实施 GHSA，2015 财年奥巴马提出 4.07 亿美元的财政请求，包括合作生物参与计划 2.57 亿美元、美国国际开发署"新发疫情威胁"项目 0.5 亿美元、疾病预防控制中心全球卫生安全部 1 亿美元。2020 年，美国政府在 GHSA 拨款中提供了超过 4.8 亿美元的资金，协助伙伴国完善和提高卫生安全能力。

2018 年，GHSA 成员国提出第二个"五年计划"（2019—2024 年），即"GHSA 2024"。2020 年，美国与 40 多个国家，包括 19 个 GHSA 成员国建立了合作关系，全球 70 多个国家、国际组织、非政府组织和私营实体机构参与 GHSA 相关合作项目，获得了必要的运行和技术援助，卫生安全能力大幅跃升。

1. GHSA 在伙伴国新冠疫情应对中发挥了重要作用

2020 年新冠疫情蔓延全球，GHSA 援建的卫生安全平台和相关项目在伙伴国家组织新冠病毒感染响应行动中发挥了重要作用，取得了突出成果。

19 个 GHSA 伙伴国家中有 15 个国家的"应急运行中心"在新冠疫情全国响应行动中发挥了核心作用。在埃塞俄比亚，"应急运行中心"在病例调查和接触者追踪、入境点疾病筛查、呼叫中心管理及指南和规范的制定中发挥了领导作用。15 个 GHSA 伙伴国家通过"风险沟通项目"公告新冠病毒感染相关消息。19 个 GHSA 伙伴国家中有 13 个国家大力推广"感染预防与控制"项目，以改善分诊和隔离与废物管理。14 个伙伴国家的"全国实验室系统"提高了新冠病毒感染诊断检测能力，包括样本输送能力。

在人才队伍构建方面，16 个伙伴国家报告称，在多次响应活动中，所有"现场流行病学培训项目"（FETP）的毕业生都参与了响应活动，包括数据采集、应对和追踪新冠病毒感染病例和接触者，以及在全国、地区和地方层面提供边境筛查、风险沟通和响应协调方面的支持。在快速响应和接触者追踪方面，团队响应迅速。非洲 CDC 协调整个非洲大陆的新冠病毒感染响应行动。2020 年 2 月 22 日，非洲 CDC 召集各国卫生部部长召开紧急会议，针对新冠病毒感染制定"非洲大陆联合战略"。此后，非洲 CDC 开始在整个非洲大陆实施 6 个流行病响应计划，聚焦于检测和试验、医疗物资可用性、卫生和社会措施、旅行和经济、基因组学和疫苗。非洲大陆具有新冠病毒感染诊断能力的国家数量从 3 个上升到 49 个。非洲 CDC 将整个非洲的监测系统连接起来，形成覆盖整个非洲大陆的流行病信息视图；创建了工作组，加快了疫苗采购流程。此外，美国政府协助伙伴国家构建了"基于事件监测"（EBS）的能力，被广泛应用于新冠病毒感染的早期预警和响应。

2. "共同健康"做法的实践和推广卓有成效

塞拉利昂"共同健康"做法改善了野生动物疾病监测。塞拉利昂农业林业部建立了"野生动物单位"和"国家野生动物监测系统"，制定了"全国野生动物监测战略规划（2020—2025 年）"。这些工作对塞拉利昂提升应对传染病威胁的能力起到了积极作用。2020 年，塞拉利昂政府对野生动物栖息地附近的 6 个社区做了关于传染病传播路径、重要人畜共患疾病的预防与控制，以及如何安全地与动物（家养和野生）共存的宣传。社区宣传会议由塞拉利昂农业林业部、"共同健康国家项目"和"黑猩猩保护区"共同组织。另外，为 35 名监督员（20 名女性和 15 名男性）提供了关于野生动物死亡、发病和异常情况的监测与报告，样本采集，实验室样本的安全处理和储存，以及生物安全和生物安保等方面的培训。上述监督员在野生动物和家养动物共存地带实施结核病、沙门氏菌病和其他重要人畜共患疾病的动态监测和检测方面将发挥重要作用。塞拉利昂农业林业部和野生动物单位管理及研究单位的参与将有助于在塞拉利昂建立更加强大的动物疾病监测网络。

2020 年 5 月，肯尼亚使用"共同健康"方法调查和诊断了不明原因导致的一系列骆驼死亡案例。2020 年 1 月 8 日，在通知并确认阿约斯地区的两例猴痘病例之后，喀麦隆畜牧、渔业与动物产业部，卫生部及国家抗击新发和再发人畜共患疾病项目（NPCZD）践行"共同健康"理念，开展野外调查，共捕获了 10 个不同物种的 49 只啮齿动物，采集样本用于实验室分析。所有样本的猴痘病毒检测结果均为阴性。在多方协助下，喀麦隆畜牧、渔业与动物产业部组织了由当地社区成员及人类和动物卫生工作者参加的宣传会议，会议主题包括猴痘病例的定义、生物安全、感染控制、病例隔离及如何避免与病毒相关的风险行为（如野味的烹饪和安全处理）。

3. 协助多国有效控制埃博拉疫情蔓延

从 2018 年 8 月到 2020 年 6 月，刚果（金）经历了第十次，也是世界历史上第二大规模的埃博拉疫情暴发事件。现场流行病调查等项目针对性地培训了数千名医务工作者，毕业学员被部署到各个疫区，组织调查了埃博拉疑似病例，监督了接触者追踪活动，并编制了每日报告，汇报疾病暴发态势。此外，为 30 多万人接种了埃博拉疫苗（rVSVG-ZEBOV-GP）。自 2014 年埃博拉暴发事件以来，美国政府与几内亚卫生部合作构建卫生安全能力，提高了疫情监测、工作队伍建设、实验室、风险沟通及应急管理和响应行动能力。

GHSA 在帮助伙伴国家建设和维持针对各种传染病威胁的预防、侦测和响应能力方面发挥了关键作用。但疫情的蔓延，意味着各国仍未就传染病做好应对准备。进一步完善卫生防控体系、提高传染病应对能力，仍是 GHSA 的未来关注重点。彻底摒弃长期以来国际社会在应对流行病和大流行病方面的恐慌和疏忽态度，倡导各国持续关注全球卫生安全，确保各方始终将卫生安全作为优先事项，必须保证持续经费支持，以构建和维持国家卫生安全能力。

2020 年 GHSA 主席国泰国呼吁制定量化标准，以实现"GHSA 2024"目标，即至少在 5 个技术领域提高卫生安全能力。美国将继续与伙伴国家合作，号召捐赠者做出更大的贡献；继续加强《国际卫生条例（2005）》（IHR）及相关监督和评估工具的具体落实，强调多部门协作引领"动员全政府"和"跨部门协作"的做法，以预防、侦测和响应未来的流行病和大流行病，采取大胆、果断、公平和创新的措施，构建一个更安全、更有保障的世界。

（四）美国和俄罗斯强化面对传染病大流行时的国家应对和防御能力

1. 美国发布《新冠肺炎应对和防范国家战略》

2021 年 1 月 21 日，美国总统拜登签发《新冠肺炎应对和防范国家战略》。该战略阐释了美国政府要达到的 7 个目标，为美国应对公共卫生危机提供了路线图，同时附带了 12 项行政命令。美国政府在疫情快速蔓延之际发布该战略，旨在加强新冠病毒检测、加快疫苗研发及疫苗接种进程、为各州提供资金和指导，在有效遏制疫情蔓延的同时，重获美国民众的支持，其具体措施包括以下几个方面。

一是通过建立新冠疫情构架应急响应框架、定期发布疫情报告和数据分析，提高信息透明度来恢复美国民众对政府的信任。

二是通过公平分配疫苗、严格监控疫苗有效性和安全性来持续推进全民疫苗接种工作。

三是及时更新公共卫生指南、加强病毒检测能力和完善新冠病毒感染救治研发计划等来有效控制新冠病毒感染的进一步传播。

四是加强紧急援助，实施《国防生产法》，解决医疗物资供应短缺问题。

五是发布严格安全指南、扩大公共卫生应急响应队伍，放开学校、商业和旅行限制。

六是有效利用大数据，加强对高风险人群的识别和防护，跟踪资源分配，正确处理美国民众因种族、地理位置及性取向等因素在新冠疫情应对中遭遇的不公平现象。

七是重建美国与 WHO 之间的关系，加强生物威胁防御能力，恢复美国在全球卫生安全治理领域的领导地位。

2. 美国发布国家传染病大流行应对计划

2021 年 9 月 2 日，美国白宫网站发布《美国流行病应对准备能力：革新我们的能力》报告。该报告是美国政府检视新冠疫情应对措施及美国政府生物防御和流行病应对准备能力的过渡性报告，重点介绍了 5 个关键目标。

一是从疫苗、治疗和诊断方法研发的角度，保障和提升国家医疗准备和防御能力。

二是构建和完善传染病早期预警系统，提高实时监测能力，强化态势感知能力。

三是提高公共卫生紧急事件的响应能力，完善美国的公共卫生系统，更新公共卫生基础设施，以有效预防、响应和控制生物威胁。

四是研发个人防护装备、保持库存和供应链稳定、预防灾难性生物事件、提高管理效能，增强生物安全防御核心能力建设。

五是强化职业纪律和道德教育，倡导兢兢业业的敬业态度和严于律己的责任意识，建立强大、统一的任务规划机构，确保美国流行病应对准备能力项目的可问责性。

美国政府拟投资 653 亿美元用以强化其流行病应对准备能力，其中疫苗和医疗设施研发经费分别为 242 亿美元、118 亿美元，二者占总费用比例超过 55%，投资期为 7~10 年。上述经费将划拨至美国卫生与公众服务部任务规划办公室，由其负责经费管理、监管项目的执行并问责。美国目前的科技发展是其提升传染病大流行应对准备能力的重要支撑。未来，美国将动员政府机构，整合分散于各部门的卫生事务处置力量，完成报告目标。下一步，美国政府还将制定和发布《生物防御和流行病应对准备能力战略》。

3. 俄罗斯成立应对新发传染病机构

俄罗斯总统普京于 2020 年 10 月 12 日签署第 620 号总统令，批准在俄罗斯联邦安全会议建立新发传染病国家防护系统工作跨部门委员会，旨在更好应对新发传染病对国家、社会及公民造成的安全威胁。该委员会设主席 1 名，副主席 2 名。由俄罗斯总统直接担任主席，副主席由俄罗斯联邦安全会议副主席提名并需经过俄罗斯总统批准，负责主持委员会各项工作。主席不在时由一名副主席行使主席职责。委员会成员主要由俄罗斯联邦政府有关单位的负责人组成，根据俄罗斯联邦安全会议所属机关领导人提名，由俄罗斯联邦安全会议副主席批准。此前下设有 8 个跨部门委员会，分别负责社会、经济、军事、生态、信息等相关领域安全问题。该委员会主席、副主席和其他成员不领取工作报酬。

根据俄罗斯总统普京同时签发通过的《建立新发传染病国家防护系统工作跨部门委员会工作条例》，该委员会的职能和任务包括：

①评估与传染病传播相关，且对个人、社会和国家利益造成危害的国内和国外威胁，研究以前未出现过的新发传染病发病机制；

②系统监督传染病传播，在利用遗传信息和科学研究成果的基础上，系统分析和评估俄罗斯公民的群体免疫力；

③评估新发传染病防护系统，包括评估保证疫苗、药品和相关疾病治疗方法有效性和安全性的措施，提出完善这些措施的建议；

④为预防、诊断和治疗相关疾病研制新的抗病毒和抗微生物药品、诊断系统和技术设备，组织实施综合科学研究，制定工艺方案和基础设施方案；

⑤就防止传染病传播的战略、解决公民健康问题的措施、相关工作财政预算编制、协调各机构之间的工作等方面向俄罗斯联邦安全会议提出意见和建议；

⑥就俄罗斯联邦安全会议制定的防止传染病传播措施，分析相关机构执行后的效果；

⑦参与制定和落实与防止传染病传播相关的战略规划文件；

⑧按规定程序审议俄罗斯联邦国家规划草案中该委员会职权范围内的相关问题，评估落实国家规划的效果；

⑨审议与防止传染病传播相关的法律规范文件草案；

⑩根据俄罗斯联邦安全会议的委托，对俄罗斯联邦行政机关和各俄罗斯联邦主体行政机关与防止传染病传播有关的决定草案进行鉴定。

该委员会按计划开展工作，每季度至少举行一次委员会会议。委员会为行使其职能，有权进行以下活动：

①就职权范围内的问题，与俄罗斯总统办公厅相关部门和单位协调工作，按规定程序征询上述部门和单位的意见，并获得必要的材料和信息；

②按规定程序使用国家信息系统；

③根据委员会职权范围建立工作小组，成员包括委员会成员、俄罗斯著名学者（非委员会成员）、俄罗斯联邦国家机关及各俄罗斯联邦主体国家机关的代表；

④提出与科研机构和专业人员按规定程序签订合同的建议，委托科研机构和专业人员开展防止传染病传播相关工作；

⑤汇总委员会职权范围内的相关信息，并呈送俄罗斯总统。

二、国际生物军控多边进程

（一）《禁止生物武器公约》多边进程取得多项成果

1. 2020 年专家组会深入探讨国家履约、国际合作等核心议题

《禁止生物武器公约》（以下简称《公约》）2020 年专家组会于 2021 年 9 月 8 日在瑞士日内瓦万国宫闭幕。

会议期间共召开 5 场专题会议。

第一场专题会议（2021 年 8 月 30—31 日）由芬兰代表基莫·劳克南（Kimmo Laukanen）主持，重点研讨如何依托《公约》第十条相关规定，加强缔约国之间的合作和援助等问题。具体议题包括：审议缔约国与《公约》第十条相关的履约情况报告；审议援助与合作数据库建设及运行情况、数据库更新和维护措施；以和平为目的的生物科技国际合作、援助及交流活动面临的挑战；资源利用指导原则和程序要求；开展相关教育、培训及合作课程，加强人才储备的途径和方法；通过国际合作，促进生物安全和生物安保、传染病预防和监测、生物武器袭击防控能力建设；与国际组织协调，积极开展区域和亚区域合作，加强《公约》履约工作。

第二场专题会议（2021 年 9 月 1—2 日）由日本代表中井和弘（Kazuhiro Nakai）主持，重点审议与《公约》有关的科技进展，主要议题包括：强化《公约》条款，强调风险评估和管理；制定生物科学家行为准则等。

第三场专题会议（2021 年 9 月 3 日）由哈萨克斯坦代表阿曼·拜苏万诺夫（Arman Baissuanov）主持，主要审议与《公约》第三条、第四条相关的措施，议题包括：建立信任措施宣布材料的数量和质量；提高透明度及建立信任的方式方法；《公约》第十条规定的国际合作与援助的作用；与《公约》第三条有关的出口限制措施等。

第四场专题会议（2021 年 9 月 6—7 日）由马其顿大使艾莲娜·库兹曼诺夫斯卡·拜恩迪克（Elena Kuzmanovska Biondic）主持，主要研讨援助、响应及准备问题，核心议题包括：实施《公约》第七条可能面临的挑战和解决办法；依托《公约》第七条，提交援助申请的程序和表格文件；援助数据库建设和使用原则；与 WHO、世界动物卫生组织和联合国粮食及农业组织等国际组织的协调与合作；流动生物医学单位及其在国际援助、生物安全事件响应和准备事务中的作用；缔约国或缔约国集团在应对传染病暴发方面的能力建设；恶意生物安全事件的应对准备及援助。

第五场专题会议（2021 年 9 月 8 日）由巴拿马代表格里塞尔·德尔·卡门·罗德里格斯·拉米雷斯（Grisselle Del Carmen Rodriguez Ramirez）主持，重点审议通过法律

手段或框架内措施来加强《公约》履约的方法。

中国裁军大使李松在第五场强化《公约》机制专题会议上发表讲话，明确指出重启核查议定书谈判势在必行。李松表示，《公约》作为全球生物安全治理的重要支柱，对促进国际和平、安全与发展发挥着不可替代的作用，推动《公约》得到全面、平衡、有效的执行，符合广大缔约国和国际社会共同利益。核查机制是确保遵约、建立互信最有效的手段。

美国代表团把国际社会的共识称为"老调重弹"，声称美方不会接受重启核查议定书谈判。李松呼吁美国重新考虑上述立场，支持重启谈判的多边努力。美国是当今世界从事生物军事化活动最多的国家，其国内以陆军传染病医学研究所为典型代表的德特里克堡生物防御基地，及其遍布全球的 200 多个生物安全实验室严重缺乏透明，是国际社会的重大关切。李松敦促美方本着公开、透明、负责任的态度，履行《公约》义务，对本国境内外生物化军事化活动进行全面澄清。

中国关于重启核查议定书谈判的主张得到了广泛响应，不结盟集团代表作共同发言，敦促美国重启核查议定书谈判；俄罗斯、巴西、巴基斯坦、古巴、印度等缔约国代表也纷纷表达了加强《公约》履约核查机制的重要性和紧迫性。

2. 2020 年缔约国大会关注《公约》普遍性问题

《公约》缔约国大会于 2021 年 11 月 22—25 日在日内瓦召开。会议由肯尼亚驻联合国日内瓦办事处大使兼常驻代表克利奥帕·基隆佐·迈卢（Cleopa Kilonzo Mailu）担任主席，由立陶宛常驻联合国副代表罗伯塔·罗西纳斯（Robertas Rosinas）和德国常驻裁军谈判会议代表托马斯·戈贝尔大使（Thomas Göbel）担任副主席，履约支持机构负责人丹尼尔·费克斯（Daniel Feakes）担任会议秘书。会议包含 12 项议程，涉及议事规则、专家组会审议报告、《公约》普遍性、履约支持机构年度工作报告、预算和财务及第九次审议大会筹备等问题。

106 个缔约国代表团参加了会议，乍得、吉布提、以色列和纳米比亚以观察员身份参会，联合国裁军研究所、联合国区域间犯罪和司法研究所、联合国裁军事务厅和 13 个非政府组织及研究机构列席会议。

56 个缔约国在一般性讨论阶段发言。美国负责军备控制和国际安全的副国务卿博纳·丹尼斯·詹金斯（Bonne Denise Jenkins）在缔约国大会上发言。詹金斯认为，《公约》是防范大规模杀伤性武器威胁的主要国际安全协定之一，但近二十年来在加强履约方面取得的进步有限。她提出通过构建科技审议机制、深化生物安全和生物安保合作、扩大履约支持机构设置并增加人员配备、建立履约核查专家组等措施来打破政治僵局，只字未提"重启核查议定书谈判"事宜。可以预见，美国仍将是未来"重启核查议定书谈判"取得实质性进展的最大障碍。

3. 履约支持机构从多方面持续推进国际生物军控进程

一是举办多场网络研讨会。2021年5—6月，履约支持机构分别针对《公约》第十条（国际合作与援助）、《公约》中与科技审议相关条款及国家履约等议题举行多场研讨会，涉及议题包括跨区域合作和援助、非洲能力建设、全球青年生物安全网络、科学家行为准则、科技审查机制、建立信任措施及国家履约联络点等。在由俄罗斯在索契主办的"全球生物安全挑战"国际会议上，该国外交部副部长谢尔盖·里亚布科夫（Sergey Ryabkov）和联合国裁军事务厅高级代表中满泉（Izumi Nakamitsu）均发表了声明。2021年5月4日、12日及6月2日，由法国出资，履约支持机构与联合国裁军研究所共同主持，就数据库构建问题举行了3场网络研讨会，涉及内容包括数据库构建的优势、目的、功能及数据库研发和维护等相关问题。数据库构建提案是由法国和印度在2016年第八次审议大会上提出的。

二是关注《公约》相关事务中的女性力量。2021年5月30日，国际性别平等裁军影响小组（International Gender Champions Disarmament Impact Group）和履约支持机构共同组织多方研讨，旨在倡议和促进女性参与《公约》相关的各项工作。据统计，在2019年缔约国大会中，仅有20%的代表团由女性领导，22%的国家陈述由女性完成，女性在《公约》相关会议中的占比仅为1/3左右。性别是生物医学研究及疾病应对事务效果评估中的重要变量。基于女性在救护及心理安抚中的作用，提升女性在《公约》相关事务中的参与度，从微观的角度看，可能会减少人员创伤后应急障碍发生的概率；从宏观的角度看，有望引导各方以更柔性的手段处理现有分歧。

三是积极敦促缔约国提交建立信任措施材料。截至2021年7月6日，履约支持机构已收到76个缔约国提交的建立信任措施材料，高于2020年同期数量。

（二）《科学家生物安全行为准则天津指南》获多方认可

2021年7月7日，国际科学院组织（InterAcademy Panel on International Issues）发表声明，对由中国天津大学和美国约翰斯·霍普金斯大学（Johns Hopkins University）牵头，多国科学家共同商讨达成的《科学家生物安全行为准则天津指南》（以下简称《天津指南》）表示认可。

1. 制定《天津指南》的背景

中国政府最早于2015年向《公约》缔约国大会提交了关于制定生物科学家行为准

则的工作文件，并于 2016 年在公约第八次审议大会上，与巴基斯坦联合提交由中国天津大学起草的《生物科学家行为准则（范本）》。自 2021 年 1 月以来，天津大学、约翰斯·霍普金斯大学及国际科学院组织会同各国科学家，将中巴文件改编成一套指导原则和行为标准，最终形成《天津指南》。

2.《天津指南》基本内容

《天津指南》内含 10 个部分。

一是道德基准。科学家应尊重人的生命和相关社会伦理，通过和平利用生物科学以造福人类，要弘扬负责任的生物科学文化，要防止滥用生物科学，包括避免生物科研破坏环境。

二是法律规范。科学家应了解并遵守与生物研究相关的国内法律法规、国际法律文书及行为规范，包括《公约》。鼓励科学家及专业机构为推动建立并完善相关立法做出贡献。

三是科研责任。科学家应提倡科学诚信，防止不当行为。应认识到生物科学有多种潜在用途，包括可能被用于发展生物武器。应采取措施，防止生物制品、数据、专业知识或设备被滥用并产生消极影响。

四是研究对象。科学家有责任保障人类和非人类研究对象的权利，并在充分尊重研究对象的前提下，基于最高伦理标准开展研究活动。

五是风险管理。科学家在追求生物研究效益时，应识别并管控潜在风险。在科学研究的全过程中，应考虑潜在生物安全关切。科学家及科研机构应建立预防、减缓和应对风险的监督机制和操作规程，并致力于构建生物安全文化。

六是教育培训。科学家应与相关行业协会一道，努力维持业务精湛、训练有素的各层级科研人员队伍。研究人员应精通法律法规、国际义务和准则。相关教育和培训应由社会科学、人类科学等跨领域专家来实施，以便研究人员更深刻地理解生物研究的影响。科学家应定期接受科研伦理培训。

七是成果传播。科学家应意识到，他们的研究若被滥用可能引发生物安全风险。为此，传播研究成果应平衡兼顾效益最大化和危害最小化，既要广泛宣传研究的益处，又要最大限度减少发布研究成果的潜在风险。

八是公众参与。科学家和科学组织应发挥积极作用，促进公众对生物科技的理解和关心，包括了解生物科技的效益及风险。应向公众澄清事实、释疑解惑，以保持公信力。研究人员及研究机构应倡导基于和平性质及伦理规范开展生物科学应用，并共同努力防止滥用专业知识、工具和技术。

九是监管责任。研究机构、出资机构及监管机构等应了解生物科研被滥用的风险，并确保在生物科研的各个阶段，专业知识、设备或设施不被用于非法、有害或恶意的目的。应建立适当的机制和程序，监测、评估并减缓研究活动及成果传播中潜在的薄弱环节和威胁。

十是国际合作。鼓励科学家及研究机构开展国际合作，共同致力于生物科学的和平创新和应用。应加强学习与交流，分享生物安全最佳实践。积极提供专业知识与协助，以应对生物安全威胁。

3.《天津指南》潜在影响

国际科学院组织认为，《天津指南》中规定的指导原则和行为标准具有基础性和内在适应性，将填补国家和机构层面的生物安全治理实践在科学家行为准则规范方面的空白，鼓励践行和传播《天津指南》。在生物科学技术发展日新月异的现代社会，以基因编辑和合成生物学为典型代表的现代生物技术被谬用的风险增大。此时，发表《天津指南》不但及时，而且很必要。国际科学院组织鼓励科学研究人员积极遵循上述指南，提高生物安全意识，防止生命科学技术被滥用。

国际科学院组织认为，《天津指南》遵循《公约》，致力于防止生物科研被滥用和误用，与公约精神一脉相承。之后，文本编写组织机构将向《公约》缔约国第九次审议大会提交《天津准则》，以期获得更广泛的国际认可。

三、主要特征

（一）国际生物安全治理机制面临挑战

新时代背景下，生物安全威胁呈现复杂多样、隐匿难溯、效应久远等新特点。新冠疫情蔓延跌宕，其带来的负面影响已溢出公共健康和生物安全领域，诱发人类社会的经济生产、科学文化生产功能的失衡失序，演变为全球多地的经济危机、生态危机、文化危机、社会危机、政治危机，国际生物安全威胁压力倍增。主权国家出于对丧失主导权的担忧，在不同程度上开始抵制当前全球治理制度，国家主义观念和国际意识形态冲突在生物安全领域被放大。2020年时任美国总统的特朗普执意退出WHO，2021年WHO新冠病毒调查报告遭质疑，中美战略竞争延伸至生物安全领域，新冠病毒溯源问题从科学范畴上升至政治领域。在2021年《公约》专家组会中，美国仍对重启核查议定书谈判表现出消极态度。上述现实成为影响当前全球生物安全治理机制取得重大突破的重要原因。

（二）利益集团成为推动区域生物安全治理的重要主体

以共同利益捆绑，形成利益集团，成为区域生物安全治理的重要主体。2021 年，美国发布 GHSA 2020 年度工作报告。GHSA 在全球范围内的合作伙伴及援助对象涉及亚洲、非洲等多个地区。2021 年，GHSA 通过合作项目，从预防、检测和响应等角度，协助伙伴国家提升了疫情应对能力，并极力推广"共同健康"的理念和做法，构筑了生物安全防线。美国将继续与伙伴国家合作，继续加强《国际卫生条例（2005）》（IHR）及相关监督和评估工具的具体落实，强调多部门协作引领"动员全政府"和"跨部门协作"的做法，以预防、侦测和响应未来的流行病和大流行病，采取大胆、果断、公平和创新的措施，构建一个更安全、更有保障的世界。美国政府表示，GHSA 是美国协调各部门和利益相关者在卫生安全领域展开全球合作的最佳模式，其将继续支持和开展各项活动。

（三）各国高度重视生物安全治理能力建设

新冠疫情下，生物安全成为影响国家安全的重要因素，美国、俄罗斯发表多份生物安全防御战略。在卫生安全治理领域，美国发布《新冠肺炎应对和防范国家战略》，在自省新冠疫情应对措施的同时，通过流行病应对能力报告，确立关键目标，革新国家应对传染病大流行的能力。俄罗斯成立新发传染病机构，统筹国内传染病应对能力建设。在国际生物军控进程方面，106 个缔约国代表团参加缔约国大会。俄罗斯颁布《生物安全法》，美国积极推动联合国秘书长调查机制。各国在积极提升国家生物安全防御能力的同时，也高度关注国际生物安全治理进程，积极寻求和树立国家在相关领域的话语权。

（军事科学院军事医学研究院　蒋丽勇、刘　术）

第三章 国外生物安全应对能力建设

一、生防设施建设

（一）美国宣布建立公共卫生病原体基因组学卓越中心的计划

"全球生防"（Global Biodefense）网站 2021 年 7 月 14 日发布消息称，美国 CDC 计划在 2022 年资助建立多个公共卫生病原体基因组学卓越中心（Public Health Pathogen Genomics Centers of Excellence）[1]。学术和公共卫生组织之间的伙伴关系将促进病原体基因组学和分子流行病学方面的创新，以改进对具有公共卫生重要性的微生物威胁的控制和应对。

2021 年 4 月，拜登政府承诺为美国救援计划提供 17 亿美元资金，以增强美国检测、监测和缓解新冠病毒变体压力的能力。应对措施的一个重要组成部分是增强基因组测序——破译新冠病毒 DNA 并检测病毒中可能具有致命性的突变过程。

（二）NIAID 将建立新的抗病毒药物研发中心

"全球生防"（Global Biodefense）网站 2021 年 7 月 13 日发布消息称，美国国家过敏与传染病研究所（NIAID）正在寻求建立发现抗病毒药物（AViDD）的多学科中心，重点是发现和开发抗病毒药物，来对抗冠状病毒（CoVs）和一种或多种具有大流行潜力的特定 RNA 病毒[2]。

---

[1] Global biodefense.US announces plans for Public Health Pathogen Genomics Centers of Excellence[EB/OL]. [2021-07-14]. https://globalbiodefense.com/2021/07/14/us-annouces-plans-for-public-health-pathogen-genomics-centers-of-excellence/.

[2] Global biodefense.NIAID to create new antiviral drug discovery centers for pathogens of pandemic concern[EB/OL].[2021-07-13].https://globalbiodefense.com/2021/07/13/niaid-to-create-new-antiviral-drug-discovery-centers-for-pathogens-of-pandemic-concern/.

NIAID 设立 AViDD 中心的目的是支持针对关键病毒病原体或病毒家族和 / 或常见药物靶点的作用机制的重点抗病毒药物发现工作，发现更多的抗病毒先导化合物和候选药物，以应对新冠病毒的直接威胁，并提供可能迅速转向应对未来病毒暴发或大流行的抗病毒候选药物。每个中心将包括一个多项目的多学科研究平台，采用创新的病毒学、生物化学、结构生物学、药物化学、基因组学和 / 或系统生物学方法，识别和选择关键的病毒特异性靶点，以发现和开发针对冠状病毒的抗病毒药物。该平台还将提供对特定冠状病毒和 RNA 病毒之间共享的保守结构和功能的鉴定，这些结构和功能将作为抗病毒开发的目标。根据确定的药物开发目标，先导化合物和候选药物将通过使用最先进的筛选技术、基于结构的设计和药物化学的反复评估和细化来确定；随后，将病毒功能抑制剂改进为先导候选药物将需要专门的评估，包括在细胞培养和动物模型中针对活病毒进行测试，以及探索治疗候选药物的药理学和毒理学。

（三）美国 CDC 成立新的疾病预测中心

美国 CDC 网站于 2021 年 8 月 18 日报道，美国 CDC 宣布成立一个新的预测和疫情分析中心，旨在推进疫情预测分析在公共卫生决策中的应用[①]。该中心将汇集新一代公共卫生数据、疾病建模专家、公共卫生应急响应者和高质量的通信，以满足决策者的需求。这个新中心将加速公共卫生决策者获取和使用数据的速度，这些决策者需要信息来减轻疾病威胁的影响，如社会和经济破坏。该中心将优先考虑公平性和可及性，同时作为疾病建模的创新和研究中心。

该中心由美国救援计划提供初始资金，将专注于 3 个关键功能：建模和预测、扩展数据共享和提高与数据标准的互操作性、沟通协调。在建立该中心的过程中，美国 CDC 正在解决提高美国政府预测和建模新出现的健康威胁的能力的关键需求，同时在现有建模活动的基础上，通过互操作性、可访问性和增加对决策者决策支持及与公众沟通的重视来扩大合作。

（四）WHO 与德国在柏林设立大流行和流行病情报中心

WHO 网站于 2021 年 9 月 1 日报道，为了更好地防范和保护世界免受全球疾病威胁，德国总理安格拉·默克尔和 WHO 总干事谭德塞将为设在柏林的新的 WHO 大流行和流

① CDC.CDC stands up new disease forecasting center[EB/OL].[2021-08-18]. https://www.cdc.gov/media/releases/2021/p0818-disease-forecasting-center.html.

行病情报中心揭幕^①。该中心将致力于：加强多种数据源的获取方法，这些数据源对于了解疾病的出现、演变和影响至关重要；开发最先进的工具来处理、分析和建模数据，以便进行检测、评估和响应；向 WHO、WHO 成员国和合作伙伴提供这些工具，以支持更好、更快地就如何应对疫情做出决策；联系并促进各机构和网络为当前和未来开发疾病暴发解决方案。

二、生防产品研发

（一）生物威胁监测诊断设备与产品

1. DARPA 寻求 SIGMA+ 项目的网络传感器

据 iHLS 网站 2021 年 4 月 22 日消息，美国国防部研究人员正在求助于巴特尔纪念研究所的传感器数据分析师，以开发一种先进的网络传感器，用于探测和识别大规模毁灭性生物武器^②。美国国防部高级研究计划局（DARPA）已与巴特尔纪念研究所签署 850 万美元的合同，用于 SIGMA+ 项目的第二阶段研究。该项目第二阶段的重点是网络开发、分析和整合，而第一阶段的重点是开发传感器。DARPA "SIGMA+" 项目开始于 2013 年，试图将物联网技术应用于由成千上万的低成本武器传感器组成的潜在网络，这些传感器通过 WiFi 和蜂窝电话系统连接到基于云的网络主干。该项目还寻求开发网络基础设施，以连接多达 10 000 个小型辐射探测传感器，以及云计算基础设施，以实时自动分析来自这些传感器的光谱数据流。该传感器网络旨在管理库存和设备状态，实时显示设备状态、传感器输出和位置，查询最近的历史数据，存储数年的传感器数据，模拟数千个传感器以重演历史传感器数据，对数据进行安全和加密并部署在几个商业云基础设施上。

2. 美国国土安全部优化检测空气中少量埃博拉病毒的方法

据 "国土防备新闻"（Homeland Preparedness News）网站 2021 年 4 月 22 日消息，美国国土安全部国家生防分析与应对中心（NBACC）的研究人员成功设计并开展了一项研究，以优化收集和测量空气中少量埃博拉病毒的方法^③。NBACC 的研究人员评估并

---

① WHO.WHO，Germany open Hub for Pandemic and Epidemic Intelligence in Berlin[EB/OL].[2021-09-01]. https://www.who.int/news/item/01-09-2021-who-germany-open-hub-for-pandemic-and-epidemic-intelligence-in-berlin.

② iHLS. Meet sigma+ sensor network[EB/OL]. [2021-04-22].https://i-hls.com/archives/108215.

③ Homeland preparedness news.New tech makes detecting airborne Ebola possible[EB/OL].[2021-04-22]. https://homelandprepnews.com/stories/67376-new-tech-makes-detecting-airborne-ebola-possible/.

比较了多种用于收集空气中微生物的设备。研究发现，明胶制成的过滤器最适合从空气中收集病毒，也是最容易和最安全的采样装置类型。NBACC 研究人员开发的新方法，以及从相关研究中收集的数据，将有助于研究引起感染或死亡所需吸入的埃博拉病毒的最低量，也将有助于确定受感染的动物在呼吸时是否产生含有病毒的气溶胶。NBACC 的研究人员还将吸取应对埃博拉病毒的经验教训，并将其应用于 SARS-CoV-2 病毒的研究，包括研究 SARS-CoV-2 病毒的气溶胶采样器的性能及优化检测空气中少量病毒的方法。NBACC 将与美国国家过敏与传染病研究所（NIAID）合作，研究当含有 SARS-CoV-2 病毒的气溶胶颗粒被吸入时，需要多少病毒才能引发新的感染。

3. 爱荷华州立大学开发一滴血检测埃博拉的传感器

据"国土防备新闻"（Homeland Preparedness News）网站 2021 年 4 月 29 日消息，爱荷华州立大学的一个研究小组正在开发一种新的传感器，能够在一滴血中检测出埃博拉病毒，同时在 1 小时内提供结果[1]。研究人员表示，该传感器以 DNA 适配体为基础。作为检测埃博拉病毒的一种手段，研究人员确定了与埃博拉病毒可溶性糖蛋白结合的适配体，这是一种在症状出现之前出现在埃博拉患者血液中的蛋白质。研究人员表示，这种新传感器不需要任何特殊的储存条件。一旦这种设备为检测埃博拉病毒进行了充分的优化，将计划开发一个多用版本，可以进行多种检测，以检测其他病毒和微生物，而样本只需要一滴血。

4. 美国开发出可在体外检测埃博拉病毒的高通量微滴定法

据"药物靶点述评"（Drug Target Review）网站 2021 年 5 月 24 日消息，美国国家生防分析与应对中心和美国乔治梅森大学的研究人员成功创建了一种无偏倚的高通量微滴定法，用于定量检测细胞系中的埃博拉病毒[2]。研究人员利用最近开发的在埃博拉病毒感染时表达 ZsGreen 的埃博拉病毒特异性报告细胞系，结合半自动化处理和量化技术，开发了一种无偏见的高通量微滴定法，用于量化体外感染性埃博拉病毒。研究人员称，该研究的目标是利用这种埃博拉报告细胞系所提供的特异性和敏感性，同时提高该检测方法的通量，以促进其在后续研究中的实施。这种新型测定可以用更少的试剂和处理步骤来进行操作，减少主观性并提高通量。这种测定方法可能应用于各种情况，特别是需要在大量样本中检测或量化传染性埃博拉病毒的研究。

---

[1] Homeland preparedness news.Ebola detecting sensor in development phase[EB/OL].[2021-04-29]. https://homelandprepnews.com/stories/67610-ebola-detecting-sensor-in-development-phase/.

[2] Drug taget review.Microtitration assay developed to detect Ebola virus in vitro[EB/OL].[2021-05-24]. https://www.drugtargetreview.com/news/91846/microtitration-assay-developed-to-detect-ebola-virus-in-vitro/.

5. 研究人员研究在可穿戴面料中嵌入核酸生物传感器

2021 年 6 月 28 日，在线发表于《自然·生物技术》（*Nature Biotechnology*）杂志的一项研究 "Wearable Materials with Embedded Synthetic Biology Sensors for Biomolecule Detection"中，美国科学家团队使用 CRISPR 技术成功研发了可穿戴、冻干、无细胞的合成生物学传感器，其检测结果不但能与被视为金标准的实验室结果一致，还可以嵌入柔性基质中，用于实时、动态监测目标病原体[①]。在不久的将来，这项技术能与口罩结合，供工作环境病原体暴露风险较高的人群使用，如基层医护人员等。

6. 科学家开发快速检测致命性亨德拉病毒的试剂盒

物理学家组织网（Phys.org）2021 年 7 月 20 日发布消息称，澳大利亚昆士兰大学的兽医们开发出一种针对致命性亨德拉病毒的即时诊断试剂盒，可以在 1 小时内检测出病原体。该病毒对人和马都有致命性，如果不接种疫苗，这种病毒在人类中的致死率为 57%，在马中的致死率为 79%[②]。研究人员的检测方案是从一匹可能受感染的马身上提取常规样本，并使样本中可能存在的任何病毒灭活，而不是将样本送往实验室，因为这样有助于降低疫情暴发的风险。在对样本进行热处理以灭活病毒之后，这些非传染性样本随后会使用一种名为 LAMP Genie Ⅲ 的便携式分子诊断机器进行测试，该机器大小与一盒纸巾差不多，由电池供电，非常便携。检测在 1 小时内就能给出结果，与收集样本在外部实验室进行测试并获得结果所需时间相比，是非常快的。该即时亨德拉病毒 LAMP 测试现已推进到生产阶段，目前正在生产商用试剂盒。

7. 研究人员开发可检测和识别已知及新兴病原体的新工具

物理学家组织网（Phys.org）于 2021 年 9 月 15 日报道，加拿大麦克马斯特大学的研究人员开发了一种复杂的新工具，可以帮助提供环境中罕见和未知病毒的早期预警，并识别导致败血症的潜在致命细菌病原体[③]。新工具可以帮助开发探针以捕获各种情况下已知和未知的病原体，如 SARS-CoV-2 等传染病从动物到人类的传播、监测环境中可能出现的病原体。研究人员在包括 SARS-CoV-2 病毒在内的整个冠状病毒家族中成功测试了探针。该探针能瞄准、分离和识别相关生物体之间共享的 DNA 序列。研究人员还证明，该探针对于捕捉与败血症有关的广泛病原体有效。败血症是一种威胁生命且发展

---

① NGUYEN P Q, SOENKSEN L R, DONGHIA N M, et al. Wearable materials with embedded synthetic biology sensors for biomolecule detection[J]. Nat Biotechnol, 2021, 39（11）：1366-1374.

② University of Queensland. Faster diagnosis of deadly Hendra virus in horses[EB/OL]. [2021-07-20].https://phys.org/news/2021-07-faster-diagnosis-deadly-hendra-virus.html.

③ McMaster University. DNA researchers develop critical shortcut to detect and identify known and emerging pathogens[EB/OL]. [2021-09-30].https://phys.org/news/2021-09-dna-critical-shortcut-emerging-pathogens.html.

迅速的疾病，通常当身体对肺部、尿道、皮肤或胃肠道的感染做出过度反应时就会发生。这一发现也有望在人类健康和科学发现方面有更广泛的应用，包括在古老的 DNA 中识别肠道寄生虫，这可能会揭示有关灾难性疾病演变的新信息。

8. LexaGene 公司与 DEVCOM 合作促进美国生物威胁检测能力的发展

"全球生防"（Global Biodefense）网站于 2021 年 9 月 23 日报道，根据 LexaGene 公司与美国陆军作战能力发展司令部（DEVCOM）签署的一项新的合作研发协议（CRADA），LexaGene 公司将与 DEVCOM 化学生物中心合作证明 LexaGene 公司的病原体检测 MiQLab 系统的能力[①]。根据协议，LexaGene 公司将向 DEVCOM 提供 MiQLab 系统，以确定该系统检测炭疽芽孢杆菌和鼠疫杆菌的能力。这两种细菌分别导致炭疽和鼠疫。DEVCOM 将确定该系统检测这两种病原体的灵敏度，并评估该系统的定量检测能力。新协议使 LexaGene 公司团队能够与 DEVCOM 的生物威胁专家合作，这些专家可以接触到独特的生物威胁样本和安全的政府实验室设施。这项工作安排对于 LexaGene 公司团队推进向美国政府提供生物威胁检测技术的目标至关重要。

9. USAID 资助开展未知病毒检测

"国土安全通讯"（Homeland Security News Wire）网站于 2021 年 10 月 8 日报道，华盛顿州立大学（WSU）表示，为了更好地识别和预防未来的大流行，WSU 已与美国国际开发署（USAID）达成合作协议，将领导一个为期 5 年、价值约 1.25 亿美元的全球项目"新发病原体的发现与探索——病毒性人畜共患病"（DEEP VZN）[②]。该项目旨在检测和表征有可能从野生动物和家养动物蔓延到人类的未知病毒，预计将发现 8000～12 000 种新型病毒，然后研究人员将筛选和测序对动物和人类健康构成最大风险的病毒的基因组。该项目将在伙伴国家建立科学能力，以安全检测和表征有可能从野生动物和家养动物传播到人类的未知病毒。该项目计划与非洲、亚洲和拉丁美洲等多达 12 个目标的国家合作，使用各国自己的实验室设施安全地开展大规模动物监测计划。该项目将重点从 3 个病毒家族中寻找以前未知的病原体，这些病毒很有可能从动物传播到人类，分别是冠状病毒（包括 SARS-CoV-2）、丝状病毒（如埃博拉病毒）和

---

① Global biodefense. LexaGene enters into CRADA with DOD to foster biothreat detection capabilities[EB/OL].[2021-09-23].https://globalbiodefense.com/2021/09/23/lexagene-enters-into-crada-with-dod-to-foster-biothreat-detection-capabilities/.

② Homeland security news wire.New，$125 million project aims to detect emerging viruses[EB/OL].[2021-10-08].https://www.homelandsecuritynewswire.com/dr20211008-new-125-million-project-aims-to-detect-emerging-viruses.

副黏病毒（包括麻疹病毒和尼帕病毒）。该项目的目标是在 5 年内收集超过 80 万份样本，其中大部分将来自野生动物，然后检测样本中是否存在目标家族的病毒。当发现这类病毒时，研究人员将确定这些病毒的人畜共患病潜力，或从动物转移到人类的能力。

10. DaT 项目开发新型快速生物检测技术

"全球生防"（Global Biodefense）网站于 2021 年 10 月 8 日报道，美国陆军作战能力发展司令部化生中心（DEVCOM-CBC）的 Dial-a-Threat（DaT）项目正在利用新型合成生物学方法开发可快速检测传染病和生物威胁的基因回路[1]。DaT 项目的一个主要特点是能够通过使用冻干试剂减少对传统冷链供应线的依赖。该检测方法还利用了细胞提取物，可以快速合成和大规模生产，使其成为一种后勤需求"更精简"的生物技术，适用于严酷或资源有限的环境。这些测定方法具有与分子测定（如聚合酶链式反应）相当的灵敏度和特异性，并且易于使用侧流免疫测定（LFI）来确定感兴趣目标是否存在。该项目显示了迅速扩大检测产品生产规模的前景。初步的概念验证表明，该项目有能力在短短一天内产生检测设计，在几周内完成构建，并有能力在几个月内生产和测试针对新目标的检测方法。DaT 项目利用《冠状病毒援助、救济和经济安全法案》的资金，迅速转向并开始开发 SARS-CoV-2 病毒检测方法，并帮助加速 DaT 项目的整体发展。DaT 项目是美国国防威胁降低局（DTRA）化学生物技术部投资的一部分，旨在开发新型、易于使用的高保真生物检测技术，可在 30 分钟内提供结果，并且可在严峻的环境中稳定使用。

（二）生防疫苗研发进展

1. 葛兰素史克公司开发针对细菌感染的疫苗

据"精确接种"（Precision Vaccinations）网站 2021 年 3 月 1 日消息，美国非营利性组织 CARB-X 宣布将资助葛兰素史克公司及其下属的葛兰素史克全球健康疫苗研究所（GVGH）开发可预防甲类链球菌和肠道沙门氏菌引起的严重感染的新疫苗，这两个项目资助总额可能超过 1800 万美元[2]。美国食品药品监督管理局（FDA）目前还没有批准任何针对这两种病原体的疫苗。CARB-X 对甲类链球菌疫苗研发资助额高达 820 万美元，如

---

[1] Global biodefense.Dial-a-Threat rapid assay generation program could bypass reliance on cold-chain supply[EB/OL].[2021-10-08].https://globalbiodefense.com/2021/10/08/dial-a-threat-rapid-assay-generation-program-could-bypass-reliance-on-cold-chain-supply/.

[2] Precision vaccinations.$18 Million awarded to develop bacterial infection vaccines[EB/OL].[2021-03-01].https://www.precisionvaccinations.com/2021/03/01/18-million-awarded-develop-bacterial-infection-vaccines.

果项目达到某些阶段性目标，还可额外获得 420 万美元。肠道沙门氏菌被 WHO 列为对人类健康威胁最大的细菌之一。CARB-X 的拨款为 220 万美元，用于支持针对这种病原体的新疫苗的开发，如果达到项目的阶段性目标，还可能额外获得 420 万美元。

2. 俄罗斯计划于 2021 年注册新型天花疫苗

据俄罗斯塔斯通讯社（TASS）网站 2021 年 3 月 15 日消息，俄罗斯联邦消费者权利保护和人类福利监督局称，俄罗斯国家病毒学与生物技术研究中心（Vector）计划在 2021 年注册一种新的天花疫苗，目前正在进行临床试验，有 334 名 18 ～ 60 岁的志愿者参加了试验[①]。该监督机构指出，新疫苗排除了 6 个危险基因，这使其比现有的疫苗（免疫力低下的人不能使用）更安全。新疫苗具有形成免疫反应的最佳基因组成。消息称，天花是唯一一种由于大规模疫苗接种计划而在全球范围内被消除的传染病。人类最后一例天花是 1977 年在索马里记录的。1980 年，WHO 正式宣布战胜该疾病。现在，只有俄罗斯国家病毒学与生物技术研究中心和美国 CDC 有权储存和研究天花病毒样本。

3. Ximedica 公司与 Moderna 公司合作开发快速移动制造疫苗的原型平台

PR Newswire 网站于 2021 年 4 月 1 日称，Ximedica 公司 2021 年 4 月 1 日宣布与 Moderna 公司合作，共同开发快速移动制造疫苗和治疗药物的原型设备，作为美国国防高级研究计划局（DARPA）"核酸按需生产全球计划"（Nucleic Acids On-demand Worldwide）的一部分[②]。将 Moderna 公司的专有 mRNA 技术与 Ximedica 公司的仪器设计和工程专业技术相结合，双方团队将密切合作，努力在 4 年的合作期内达到 DARPA 计划规定的能力要求。作为协议的一部分，Ximedica 公司将获得高达 1100 万美元的资助。DARPA 的 "核酸按需生产全球计划" 旨在开发一个快速移动的制造平台，以快速诊断病原体威胁并提供医疗对策，在现场提供大流行病预防治疗。由此产生的良好生产规范（GMP）质量的 mRNA 疫苗和治疗药物旨在为军事人员和当地居民提供即时保护。该设计设想了一个能够在几天内在 6 英尺 ×6 英尺 ×6 英尺（1.8 米 ×1.8 米 ×1.8 米）的集装箱内生产数百剂药品的制造装置，部署在世界各地的偏远地区。

4. Valneva 公司开展基孔肯雅热候选疫苗三期阶段试验

据 "国土防备新闻"（Homeland Preparedness News）网站 2021 年 4 月 14 日消息，

---

① TASS.Russian research center plans to register new smallpox vaccine in 2021[EB/OL].[2021-03-15]. https://tass.com/society/1265871.

② PR Newswire.Ximedica announces partnership with Moderna，Inc.（Nasdaq：MRNA）to develop a prototype for rapid mobile manufacturing of vaccines[EB/OL].[2021-04-01].https://www.prnewswire.com/news-releases/ximedica-announces-partnership-with-moderna-inc-nasdaq-mrna-to-develop-a-prototype-for-rapid-mobile-manufacturing-of-vaccines-301260834.html.

Valneva 公司已招募 4131 名成人参加单针基孔肯雅热候选疫苗 VLA1553 的三期阶段试验[①]。如果获得批准，VLA1553 将是第一个获得生物制品许可证申请的基孔肯雅热疫苗。这项安慰剂对照、双盲的三期阶段试验于 2020 年 9 月首次开始，重点是在单次注射后 28 天证明疫苗的安全性和免疫原性。一部分患者将接受基于免疫学替代物的血清保护测试。一项单独的抗体持久性试验将在该亚组中进行 5 年。2021 年 7 月 7 日，Valneva 公司宣布其单次注射基孔肯雅热候选疫苗 VLA1553 被美国食品药品监督管理局（FDA）授予突破性疗法认证[②]。突破性疗法认证旨在促进和加快针对严重或危及生命的疾病的新药的开发和审查，初步临床数据表明，与现有疗法相比，该药物至少在一个终点方面有实质性的改善。

5. 基孔肯雅热病毒候选疫苗二期临床试验显示其能够提供保护达两年之久

据"国土防备新闻"（Homeland Preparedness News）网站 2021 年 5 月 26 日消息，Emergent BioSolutions 公司的基孔肯雅热病毒候选疫苗的二期临床试验研究表明，只需接种一剂疫苗就能刺激抗体，并能提供两年之久的持续免疫反应[③]。这项二期研究是在 415 名健康成年人身上进行的。在过去两年中，该疫苗显示出良好的安全性，并持续提供增强的中和抗体反应，产生的血清中和抗体平均滴度比接种前高 19 倍。所有接种该疫苗的受试者在一年和两年的检查中都保持血清阳性。该候选疫苗已于 2018 年 5 月获得 FDA 的快速通道资格。随后，于 2019 年 9 月获得了欧洲药品管理局的 PRIME 资格，以支持该疫苗的开发。

6. NIAID 通用流感疫苗将开始一期临床试验

据"国土防备新闻"（Homeland Preparedness News）网站 2021 年 6 月 3 日消息，美国国家过敏与传染病研究所（NIAID）的科学家们开发出一种基于纳米粒子的通用流感疫苗后，正准备开展一期临床试验，以确定该疫苗的安全性和免疫原性[④]。被称为

---

① Homeland preparedness news.Valneva recruits 4，131 U.S. adults for phase 3 trial of chikungunya vaccine candidate[EB/OL].[2021-04-14].https://homelandprepnews.com/stories/66878-valneva-recruits-4131-u-s-adults-for-phase-3-trial-of-chikungunya-vaccine-candidate/.

② Homeland preparedness news.This new U.S. milestone follows FDA fast track and EMA PRIME designations[EB/OL].[2021-07-07].https://valneva.com/press-release/valneva-awarded-fda-breakthrough-designation-for-its-single-shot-chikungunya-vaccine-candidate/.

③ Homeland preparedness news.Phase 2 study shows Emergent BioSolutions' chikungunya vaccine candidate can protect for two years[EB/OL].[2021-05-26].https://homelandprepnews.com/countermeasures/69125-phase-2-study-shows-emergent-biosolutions-chikungunya-vaccine-candidate-can-protect-for-two-years/.

④ Homeland preparedness news.NIH begins phase 1 clinical trial of NIAID's universal flu vaccine[EB/OL].[2021-06-03].https://homelandprepnews.com/stories/69565-nih-begins-phase-1-clinical-trial-of-niaids-universal-flu-vaccine/.

FluMos-v1 的候选疫苗通过在自组装的纳米粒子支架上显示部分流感病毒血凝素蛋白来刺激针对这些病毒株的抗体。一期试验将在马里兰州贝塞斯达的 NIH 临床中心对 35 名 18 ～ 50 岁的健康参与者进行测试。在动物身上，FluMos-v1 在激发抗体方面表现良好，甚至略优于商业疫苗。在针对疫苗中没有的两种 A 型流感亚型产生的抗体方面，该通用疫苗的表现也大大超过了季节性流感疫苗。这些结果基于 NIAID 的疫苗研究中心对小鼠、雪貂和猴子的测试。在这项首次人体试验中，15 名参与者将接受季节性疫苗，5 名参与者将接受 20 微克剂量的研究性疫苗，如果没有出现安全问题，另外 15 名参与者将接受 60 微克的剂量。在 40 周的时间里，所有人都将定期返回 NIH 临床中心进行研究随访。

7. 美国科学家开发可全面保护小鼠的疟疾 mRNA 疫苗

"医学新闻"（Medical Xpress）网站于 2021 年 6 月 18 日报道，美国华尔特里德陆军研究所、美国海军医学研究中心、宾夕法尼亚大学和 Acuitas Therapeutics 生物技术公司的研究人员合作开发了一种基于 mRNA 技术的新型疫苗，可在动物模型中预防疟疾 [1]。长期以来，安全有效的疟疾疫苗一直是科学家们难以企及的目标。最先进的疟疾疫苗是 RTS，S（葛兰素史克公司研发的一种疟疾疫苗），是与美国华尔特里德陆军研究所合作开发的第一代产品。RTS，S 的杀菌效果和保护时间有限。RTS，S 和其他第一代疟疾疫苗相关的局限性促使科学家评估疟疾疫苗的新平台和第二代方法。与 RTS，S 一样，新开发的疟疾疫苗依赖恶性疟原虫的环孢子蛋白来引发免疫反应，使用 mRNA 促使细胞自己编码环孢子蛋白质，并且添加脂质纳米颗粒，以防止过早降解并帮助刺激免疫系统。这些蛋白质随后会引发针对疟疾的保护性反应，但不会引起感染。目前，该疫苗对小鼠的疟疾感染实现了高水平的保护。

8. 牛津大学开始 ChAdOx1 鼠疫疫苗的一期临床试验

"全球生防"（Global Biodefense）网站 2021 年 7 月 26 日消息称，牛津大学开发的基于 ChAdOx1 腺病毒病毒载体平台的鼠疫疫苗，正在招募一期临床试验健康志愿者 [2]。在试验中，40 名 18 ～ 55 岁的健康成年人将接受 ChAdOx1 鼠疫疫苗，以评估不良反应并确定其诱导保护性抗体和 T 细胞反应的效果。ChAdOx1 腺病毒是一种来自黑猩猩的普通感冒病毒（腺病毒）的弱化版，其基因已被改变，因此它不可能在人类中繁殖。研究人员在这种病毒中加入了编码鼠疫耶尔森菌（*Yersinia pestis*）蛋白质的基因，这种蛋

---

[1] Medical xpress. mRNA vaccine yields full protection against malaria in mice [EB/OL].[2021-06-18]. https://medicalxpress.com/news/2021-06-mrna-vaccine-yields-full-malaria.html.

[2] Global biodefense.Phase 1 trial begins for Oxford University's ChAdOx1 plague vaccine[EB/OL].[2021-07-26].https://globalbiodefense.com/2021/07/26/phase-1-trial-begins-for-oxford-universitys-chadox1-plague-vaccine/.

白质被称为 F1 和 V 抗原，在鼠疫耶尔森菌的感染途径中发挥着重要作用。通过接种 ChAdOx1 鼠疫疫苗，研究人员旨在使人体识别并形成对这些鼠疫蛋白的免疫反应，这将有助于阻止鼠疫耶尔森菌进入人体细胞，从而防止感染。这种疫苗不含鼠疫耶尔森菌，因此接种后不能引起鼠疫。迄今为止，由 ChAdOx1 病毒制成的疫苗已被用于 5 万多人，并被证明是安全的。参加试验的志愿者将接受 12 个月的专家随访，然后研究人员开始评估数据，以报告他们的发现。

9. INOVIO 开始 MERS 疫苗的二期试验

2021 年 8 月 4 日，美国生物技术公司（INOVIO）为其第一个参与者注射了中东呼吸综合征（MERS）的 DNA 疫苗用于二期试验[①]。该多中心二期试验是一项随机、双盲、安慰剂对照试验，旨在评估使用 INOVIO 的智能设备 CELLECTRA®2000 给药的 INO-4700 疫苗在大约 500 名健康成年志愿者中的安全性、耐受性和免疫原性。该研究由 INOVIO 发起并由流行病防范创新联盟（CEPI）全额资助，同时在约旦和黎巴嫩有 MERS 病例报告的地点进行。

10. BARDA 与 US Biologic 公司合作开发口服流感疫苗

2021 年 8 月 5 日，美国生物医学高级研发局（BARDA）的研究创新与风险部门宣布将与 US Biologic 公司合作开发针对两种流感病毒株的口服疫苗[②]。US Biologic 公司目前拥有用于动物疫苗的口服给药平台，该合作将允许 US Biologic 公司收集足够的数据以向美国食品药品监督管理局（FDA）提交在研新药（IND）申请，使用该平台技术进入人类口服流感疫苗的一期临床试验。该合作是 BARDA 的 "Beyond the Needle" 计划的一部分，旨在使疫苗和疗法更易于管理且更广泛可用，而无需针头、注射器、小瓶和冷链分销负担。

11. 西尼罗病毒新型减毒疫苗的设计取得新进展

2021 年 8 月 6 日，《EMBO 分子医学》（*EMBO Molecular Medicine*）杂志在线发表了中国科学院武汉病毒研究所 / 生物安全大科学研究中心张波团队与北京舜雷科技有限公司的联合研究成果，论文题目为 "Rational Design of West Nile Virus Vaccine through Large Replacement of 3' UTR with Internal Poly（A）"。该研究通过理性化设计，以多聚

---

① INOVIO.INOVIO doses first participant in phase 2 trial for its DNA vaccine against Middle East Respiratory Syndrome（MERS），a coronavirus disease[EB/OL].[2021-08-24].https://ir.inovio.com/news-releases/news-releases-details/2021/INOVIO-Doses-First-Participant-in-Phase-2-Trial-for-its-DNA-Vaccine-Against-Middle-East-Respiratory-Syndrome-MERS-a-Coronavirus-Disease/default.aspx.

② BARDA.BARDA DRIVe partners with US Biologic Inc. in the development of an oral vaccine for pandemic influenza[EB/OL].[2021-08-05].https://www.medicalcountermeasures.gov/newsroom/2021/usbiologic/.

腺苷酸 Poly（A）序列替换西尼罗病毒 3'非编码区（3' UTR）的毒力基因序列，构建了西尼罗病毒新型减毒活疫苗。西尼罗病毒属于黄病毒家族，由于黄病毒基因组 3' UTR 二级结构的相似性，该方法有望成为高致病黄病毒减毒活疫苗理性化设计的通用新策略[1]。

12. 重组蛋白丝状病毒疫苗保护猕猴免受侵害

2021 年 8 月 18 日，《免疫学前沿》（*Frontiers in Immunology*）杂志发表的一项研究指出，埃博拉（EBOV）病毒、马尔堡病毒（MARV）和苏丹（SUDV）病毒是导致人类死亡人数最多的 3 种丝状病毒[2]。尽管有针对 EBOV 的两种紧急使用批准的疫苗和几种实验性疗法，但在刚果控制 2018—2020 年 EBOV 疫情中看到使用这些疫苗和疗法控制疫情仍很困难。此外，目前没有疫苗可以预防其他流行的丝状病毒。研究人员展示了在利用果蝇 S2 平台生产的 EBOV、MARV 和 SUDV 的重组丝状病毒糖蛋白基础上开发疫苗的进展。使用 CoVaccine HT™佐剂配制的高度纯化的重组亚单位疫苗在临床前试验中未引起任何安全问题（无不良反应或临床化学异常）。候选疫苗在小鼠、豚鼠和非人类灵长类动物中引发有效的免疫反应，并持续产生高抗原特异性 IgG 滴度。三剂 EBOV 候选疫苗在猕猴模型中引发了对致命 EBOV 感染的全面保护，而在只用了两剂量就被感染的 4 只动物中，有 1 只出现了 EBOV 感染的延迟发病，并最终死于感染，而其他 3 只动物幸存下来。单价 MARV 或 SUDV 候选疫苗完全保护猕猴免受致死剂量的 MARV 或 SUDV 感染。进一步证明，MARV 或 SUDV 与 EBOV 疫苗的组合可以产生二价疫苗，并保留全部效力。因此，重组亚单位疫苗平台应能开发出安全有效的多价候选疫苗，以预防 EBOV、MARV 和 SUDV 病毒病。

13. 强生公司两剂埃博拉疫苗可引发强烈的免疫反应

美国明尼苏达大学传染病研究与政策中心网站于 2021 年 9 月 15 日报道，根据发表在《柳叶刀·传染病》（*The Lancet Infectious Diseases*）杂志上的两项研究，强生公司针对埃博拉病毒的两剂疫苗方案是安全的，并在 1 岁及以上人群中产生了强烈的免疫反应[3]。强生公司的疫苗方案包括一剂基于腺病毒载体的疫苗 Ad26.ZEBOV，8 周后接种另一种称为 MVA-BN-Filo 的基于载体的疫苗。由于这些结果，强生公司于 2020 年 7

---

① 中国科学院武汉病毒研究所 / 生物安全大科学研究中心 . 武汉病毒所 / 生物安全大科学中心张波团队在西尼罗病毒新型减毒疫苗的设计方面取得新进展 [EB/OL].[2021-08-12]. http://www.whiov.cas.cn/kxyj_160249/kyjz_160280/202108/t20210812_6156057.html.

② LEHRER T A, CHUANG E, NAMEKAR M, et al. Recombinant protein filovirus vaccines protect cynomolgus macaques from Ebola, Sudan, and Marburg viruses[J]. Front Immunol, 2021, 12：703986.

③ CIDRAP.Two-dose J&J Ebola vaccine gives strong immune response[EB/OL].[2021-09-15]. https://www.cidrap.umn.edu/news-perspective/2021/09/two-dose-jj-ebola-vaccine-gives-strong-immune-response.

月获得了欧洲药品管理局的批准和上市许可，并于 2021 年 4 月获得了 WHO 的预审资格。现有的默克公司开发的埃博拉疫苗 Ervebo 需要超低温冷链运输，而 Ad26.ZEBOV 和 MVA-BN-Filo 在冰箱温度（4 ～ 8 ℃）下就可长时间保持稳定，这是其在低收入和中等收入国家推广疫苗接种的优势。该实验中，在对成人和儿童的分析中都发现，接种疫苗后严重不良事件的出现频率较低，成年人中有不到 1% 的人经历了三级不良事件，而 13 ～ 17 岁的儿童则有 1%。此外，98% 的 12 ～ 17 岁儿童、99% 的 4 ～ 11 岁儿童和 89% 的 1 ～ 3 岁儿童都表现出有埃博拉病毒糖蛋白特异性结合抗体反应。研究人员还指出，强烈的免疫反应在接种疫苗后可至少持续 2 年。

14. 科学家开发出广谱疟疾疫苗

"医学新闻"（Medical Xpress）网站于 2021 年 10 月 21 日报道，格里菲斯大学的研究人员开发出一种可以冻干的广谱疫苗，使其适合部署到疟疾流行的国家[①]。该疫苗是针对血液中发现的疟原虫阶段的全寄生虫疫苗。临床前研究表明，该疫苗通过刺激免疫系统的"细胞军团"（细胞和炎症细胞因子）来杀死寄生虫，从而诱发强大的保护作用。而且，它可以被冻干成粉末而不失去效力。这将极大地促进该疫苗在疟疾流行国家的使用。研究人员表示，在疫苗中加入整个血液阶段的疟原虫，广泛的疟原虫抗原（包括不同寄生虫的共同抗原）可刺激免疫系统。这意味着该疫苗能诱导出广泛的保护性免疫反应，以对抗多种寄生虫。研究人员计划在 2022 年开展人类临床试验来评估该疫苗。

15. BARDA 资助萨宾疫苗研究所进一步开发苏丹、埃博拉和马尔堡疫苗

"全球生防"（Global Biodefense）网站于 2021 年 10 月 21 日报道，萨宾疫苗研究所（Sabin Vaccine Institute）宣布，BARDA 已与其签订了 2019 年推进针对苏丹病毒、埃博拉病毒和马尔堡病毒的疫苗开发合同下的第三份合同，价值 3450 万美元[②]。2019 年 9 月，BARDA 授予萨宾疫苗研究所一份价值高达 1.28 亿美元的疫苗开发合同，并已提供 4050 万美元的资金。第三份合同将使其能够继续进行非临床疗效和安全性研究、在非洲进行二期临床试验及确保疫苗制造过程能够高质量且安全地开展。两种候选疫苗的开发都基于葛兰素史克公司专有的 ChAd3 平台，2019 年葛兰素史克公司独家授权给萨宾疫苗研究所。苏丹病毒、埃博拉病毒和马尔堡病毒与扎伊尔埃博拉病毒密切相关。扎伊尔埃博拉病毒自 2018 年以来已造成 2200 多人死亡。WHO 宣布其为国际关注的突发公

---

① Griffith University.Broad-spectrum malaria vaccine developed[EB/OL].[2021-10-21]. https://medicalxpress.com/news/2021-10-broad-spectrum-malaria-vaccine.html.

② Global biodefense.Sabin vaccine institute receives additional $34.5M from BARDA for further development of Ebola Sudan and Marburg vaccines[EB/OL].[2021-10-21]. https://globalbiodefense.com/2021/10/21/sabin-vaccine-institute-receives-additional-34-5m-from-barda-for-further-development-of-ebola-sudan-and-marburg-vaccines/.

共卫生事件。与扎伊尔埃博拉病毒一样，苏丹病毒、埃博拉病毒和马尔堡病毒都属于世界上最致命的病毒，约有 50% 的病例会出现出血热并随后死亡。

16. Vaccitech 公司公布 MERS 疫苗 ChAdOx1 的一期临床试验第二阶段结果

据 BioSpace 网站 2021 年 11 月 4 日消息，Vaccitech 公司公布了 ChAdOx1 的一期临床试验的第二阶段结果，该研究发表在《柳叶刀·微生物》（*The Lancet Microbe*）杂志上[①]。该试验在中东进行，旨在评估中东呼吸综合征（MERS）候选疫苗 ChAdOx1 的安全性和耐受性。试验结果支持将 MERS 候选疫苗 ChAdOx1 推进到下一阶段的开发。该实验基于在英国进行的 ChAdOx1 一期临床试验结果，参与该试验的 24 名 18 ～ 50 岁的健康成年志愿者接受了 3 种不同剂量水平的单剂量 ChAdOx1，剂量水平分别为 5×10^9 病毒颗粒（VP）、2.5×10^{10} 病毒颗粒（VP）和 5×10^{10} 病毒颗粒（VP）。试验的首要目标是评估候选疫苗 ChAdOx1 的安全性和耐受性，次要目标为从基线到试验开始 6 个月后疫苗刺激接种者产生的细胞和体液免疫反应强度。试验表明，ChAdOx1 的耐受性良好，大多数不良反应为轻度或中度。最常见的不良反应是头痛（58%），其次是肌肉疼痛（54%）。候选疫苗在所有志愿者体内均诱导了强大的抗体和 T 细胞免疫反应，抗体水平在第 28 天达到峰值，T 细胞反应在第 14 天达到峰值，并且这两种反应都保持到 6 个月后的随访结束。

17. 科学家开发出新型莱姆病疫苗

"医学新闻"（Medical Xpress）网站于 2021 年 11 月 17 日发布消息称，耶鲁大学的研究人员开发了一种新型疫苗，可使豚鼠免受导致莱姆病的细菌感染，该疫苗还可防治蜱虫传播的其他疾病，研究结果发表在杂志《科学·转化医学》（*Science Translational Medicine*）上[②]。传播莱姆病病原体的黑腿蜱虫的唾液中含有许多蛋白质，研究人员重点分析了 19 种蛋白质。研究人员将产生 19 种唾液蛋白的 mRNA 片段作为疫苗的基础。研究人员在豚鼠身上测试了这种疫苗，结果显示，与未接种疫苗的豚鼠相比，接种疫苗的豚鼠被蜱虫叮咬部位可很快出现红斑。如果在出现红斑时将蜱虫移走，没有一只接种了疫苗的豚鼠会患上莱姆病。相反，对照组中约有一半的动物在清除蜱虫后感染了莱姆病。该疫苗增强了机体对蜱虫叮咬的识别能力，相当于将蜱虫叮咬变成了蚊子叮咬。当

---

① Biospace.Vaccitech announces publication of second phase 1 clinical trial results of ChAdOx1 vaccine in development for the MERS coronavirus[EB/OL].[201-11-04]. https://www.biospace.com/article/releases/vaccitech-announces-publication-of-second-phase-1-clinical-trial-results-of-chadox1-vaccine-in-development-for-the-mers-coronavirus/?keywords=COVID.

② HATHAWAY B，Yale University. Novel Lyme vaccine shows promise[EB/OL].[2021-11-17].https://medicalxpress.com/news/2021-11-lyme-vaccine.html.

我们感觉到被蚊子叮咬时，通常会拍打它。使用疫苗后，被咬部位会出现红肿，而且很可能会发痒，这样就能认识到你已被咬，并能在蜱虫有能力传播莱姆病之前迅速把它移除。该疫苗未提供针对莱姆病病原体的保护作用。研究人员表示，需要进行更多的研究来发现唾液中的蛋白质预防感染莱姆病的方式。最终，将需要进行人体试验，以评估其对人的功效。

18. 寨卡病毒候选疫苗显示安全性和免疫原性良好

2021 年 5 月 18 日，《柳叶刀·传染病》（*The Lancet Infectious Disease*）杂志发表了一项观察者单盲、随机一期试验研究，评估了 3 个剂量纯净、灭活的寨卡病毒疫苗候选物（TAK-426）在未感染黄病毒和已接触黄病毒抗原的健康成年人中的安全性和免疫原性[①]。研究结果显示 TAK-426 具有良好的耐受性，具有可接受的安全性，并且在未感染黄病毒和已接触黄病毒抗原的成年人中均具有免疫原性。

19. DOD 资助开发重组鼠疫疫苗

Dynavax 生物制药公司于 2021 年 10 月 4 日发布新闻称，其与美国国防部（DOD）化生放核防御联合计划执行办公室（JPEO CBRND）化生放核医疗处签订价值 2200 万美元的合同，要求 Dynavax 生物制药公司在两年半的时间里开发一种以 CpG 1018® 为佐剂的重组鼠疫疫苗，以使美国军人能在更短的时间内用更少的疫苗剂量获得免疫保护[②]。根据合同，Dynavax 生物制药公司将在 2022 年开始进行二期临床试验，评估国防部 rF1V 疫苗与 CpG 1018® 佐剂结合后的重组鼠疫疫苗在 18 ～ 55 岁成年人中的免疫原性、安全性和耐受性，以向 FDA 提交 IND 申请。此外，临床试验结果将补充现有的临床和非临床数据。未来的商业供应协议均将受制于 Dynavax 生物制药公司和美国政府之间的单独协议。

（三）国外生防药品研发进展

1. BARDA 将支持开发 MN-166 用于治疗氯气引起的肺损伤

据 SCR/Digest 网站 2021 年 3 月 15 日消息，2021 年 3 月 9 日，美国生物医药公司 MediciNova 宣布与 BARDA 合作测试 MN-166（Ibudilast，异丁司特）治疗氯气引起的急

---

① HAN H H, DIAZ C, ACOSTA C J, et al. Safety and immunogenicity of a purified inactivated Zika virus vaccine candidate in healthy adults：an observer-blind, randomised, phase 1 trial[J]. Lancet Infect Dis, 2021, 21（9）：1282-1292.

② Dynavax.Dynavax and U.S. Department of Defense announce collaboration to develop an adjuvanted plague vaccine using dynavax's CpG 1018 adjuvant[EB/OL].[2021-10-04].https://investors.dynavax.com/news-releases/news-release-details/dynavax-and-us-department-defense-announce-collaboration-develop.

性呼吸窘迫综合征（ARDS）和急性肺损伤（ALI）的潜力[1]。研究人员将在氯气引起的 ALI 的临床前疗效模型中对 MN-166 进行评估，这些实验可以帮助支持 MN-166 在其他疾病引起的 ARDS 和 ALI 中的使用，包括流感、感染、严重烧伤和胰腺炎。

2. 单克隆抗体和瑞德西韦联合治疗马尔堡病毒病

据 EureAlert 网站 2021 年 3 月 27 日消息，美国得克萨斯大学加尔维斯顿国家实验室进行的一项新研究显示，将单克隆抗体和抗病毒药物瑞德西韦结合起来对治疗晚期马尔堡病毒感染病人有效[2]。该研究于 2021 年 3 月 25 发表在《自然·通讯》杂志上。在这项研究中，使用猕猴模型，在感染后 6 天开始联合单克隆抗体治疗，单克隆抗体和瑞德西韦联合治疗显示出 80% 的保护率，表明了这种疗法治疗晚期马尔堡感染的前景良好。

3. 生物技术公司 Centivax 正式启动广谱治疗药物和疫苗组合项目

据 PR Newswire 网站 2021 年 4 月 29 日消息，美国生物技术公司 Centivax 宣布其正在开发广谱治疗药物和疫苗组合，包括新冠病毒、多药耐药菌、流感、抗蛇毒素和肿瘤方面的适应症[3]。Centivax 的组合项目得到了美国政府和机构非稀释性资金，以及来自比尔和梅林达·盖茨基金会、美国海军医学研究中心、美国华尔特里德陆军研究所、美国国立卫生研究院、美国陆军传染病医学研究所等机构的支持。Centivax 广泛的治疗组合包括两个在 2021 年 8 月前进入临床阶段的项目和 13 个计划在 2023 年、2024 年、2025 年和 2026 年完成临床前工作并进入临床开发的临床前项目。该组合包括针对快速变异的病毒（包括 SARS-CoV-2、流感和艾滋病毒）的广谱疫苗和广谱中和抗体；针对多样化和多药耐药细菌（包括耐甲氧西林金黄色葡萄球菌、克雷伯氏菌和假单胞菌）的抗体和疫苗；针对高度变异的癌症和免疫肿瘤学目标的治疗干预；针对自身免疫疾病靶标 CXCR5 的优化抗体及针对所有蛇毒中发现的主要毒素的广谱抗体。

4. 美军研究人员研究克里米亚 - 刚果出血热病毒的新疗法

2021 年 6 月 1 日，一项关于克里米亚 - 刚果出血热人类幸存者的保护性中和抗体的研究在《细胞》（Cell）杂志上发表。美国陆军传染病医学研究所的研究人员表征了人类对克里米亚 - 刚果出血热病毒（CCHFV）自然感染的免疫反应，鉴定感染的免疫

---

① SCR/Digest.MNOV：BARDA contract to support development of MN-166 In ARDS...[EB/OL].[2021-03-15].https://scr.zacks.com/News/Press-Releases/Press-Release-Details/2021/MNOV-BARDA-Contract-to-Support-Development-of-MN-166-in-ARDS-article/default.aspx.

② Eurealert.Combination therapy protects against advanced Marburg virus disease[EB/OL].[2021-03-27]. https://www.eurekalert.org/pub_releases/2021-03/uotm-ct032521.php.

③ PR Newswire.Biotechnology company centivax officially launches[EB/OL].[2021-04-29]. https://www.prnewswire.com/news-releases/biotechnology-company-centivax-officially-launches-301280683.html.

反应，以及鉴定针对病毒糖蛋白的有效中和单克隆抗体（Nab）[1]。研究人员识别出几种针对病毒糖蛋白的有效中和抗体，在小鼠暴露于病毒之前单独或联合给予小鼠这几种抗体，可以保护小鼠免受 CCHFV 的侵害。为了治疗已感染小鼠，该团队创造的"双特异性"抗体，将效力与结合 CCHFV 糖蛋白上两个不同位点的能力相结合。这些双特异性抗体之一，被称为 DVD-121-801，在用活病毒攻击后 24 小时仅用单次剂量就克服了小鼠的 CCHFV 感染。DVD -121 -801 是一种有前途的候选药物，适合作为 CCHFV 治疗剂进行临床开发。

5. 天花治疗药物 Tembexa 获 FDA 批准

2021 年 6 月 4 日，FDA 批准了用于治疗天花的药物 Tembexa[2]。尽管 WHO 早在 1980 年就宣布天花已被根除，但人们长期以来都对天花病毒可能会被用作生物武器而感到担忧。当在人类身上进行疗效试验不可行或不道德时，FDA 的一项规则允许将充分且控制良好的动物疗效研究结果作为药物批准的基础，Tembexa 即在此规则下获批，并仅被批准用于治疗天花。Tembexa 已获得优先审查、快速通道和"孤儿药"指定。优先审查将整体注意力和资源用于评估那些一旦获得批准，将显著提高治疗、诊断或预防严重疾病的具有安全性或有效性的药物；快速通道旨在促进药物的开发和加快审查，以治疗严重疾病并满足未满足的医疗需求；"孤儿药"指定则旨在提供激励措施，以协助和鼓励罕见病药物的开发。

6. 单克隆抗体 CIS43LS 可预防疟疾

2021 年 8 月 11 日消息称，《新英格兰医学》（*The New England Journal of Medicine*）杂志发表了NIH的一项研究[3]。研究人员开发的一种新的单克隆抗体，对暴露于疟疾寄生虫的人员可安全预防疟疾长达 9 个月。这项小型临床试验首次证明了单克隆抗体可以预防人患疟疾。该试验由 NIH 下属的美国国家过敏与传染病研究所（NIAID）疫苗研究中心发起和实施，由 NIAID 提供资金。NIAID 的这项试验测试了一种名为 CIS43LS 的中和单克隆抗体是否能够安全地为成年人提供高水平的疟疾防护。CIS43LS 是从一种叫做 CIS43 的天然中和抗体中提取的。科学家们发现，CIS43 与寄生虫表面蛋白上的一个独特位点结合，该位点对促进疟疾感染非常重要，而且在全世界所有恶性疟原虫变体上都是相同的。

---

[1] FELS J M, MAURER D P, HERBERT A S, et al. Protective neutralizing antibodies from human survivors of Crimean-Congo hemorrhagic fever[J]. Cell, 2021, 184（13）: 3486-3501.e21.

[2] FDA.FDA approves drug to treat smallpox[EB/OL].[2021-06-04].https://www.fda.gov/drugs/drug-safety-and-availability/fda-approves-drug-treat-smallpox.

[3] Sciencedaily.Monoclonal antibody may prevent malaria[EB/OL].[2021-08-11]. https://www.sciencedaily.com/releases/2021/08/210811175215.htm.

研究人员随后修改了这种抗体，以延长它在血液中的停留时间，从而产生了 CIS43LS。在 CIS43LS 用于疟疾预防的动物研究中取得了可喜的结果之后，NIAID 疫苗研究中心的研究人员对 40 名 18 ～ 50 岁的健康成年人开展了一项一期临床试验，这些人从未患过疟疾或接种过疟疾疫苗。试验数据证明使用抗疟疾单克隆抗体是安全的，可以预防人类疟疾感染。马里兰州正在进行一项规模更大的二期临床试验，以评估 CIS43LS 预防成年人感染疟疾方面的安全性和有效性。

7. AT-752 对登革热和其他黄病毒具有强大的体外和体内活性

BioSpace 网站 2021 年 8 月 24 日消息称，生物制药公司 Atea Pharmaceuticals 在《抗菌剂与化疗》（*Antimicrobial Agents and Chemotherapy*）杂志上发表数据，证明了 AT-752 在体外和体内抗登革热病毒感染的活性，AT-752 对多种登革热病毒血清型和其他经测试的黄病毒具有强大的体外活性，可在登革热动物模型中减少病毒血症并提高存活率[①]。AT-752 是一种口服直接作用的抗病毒药物，靶向登革热病毒的非结构蛋白 5（NS5）聚合酶。此外，双前药核苷酸类似物 AT-752 的结构设计独特，可提高口服生物利用度，将活性三磷酸盐输送到目标组织，同时提供良好的安全性。Atea Pharmaceuticals 最近完成了 AT-752 1a 期临床试验的单次递增剂量（SAD）部分，目前正在进行多次递增剂量部分。1a 期试验 SAD 部分的数据表明，AT-752 具有良好的耐受性（没有严重的不良事件或与药物相关的停药），在 1500 毫克（测试的最高单次口服剂量）以下的药代动力学大多与剂量成正比。1a 期试验是一项随机、双盲、安慰剂对照试验，评估 AT-752 在健康志愿者中的安全性、耐受性和药代动力学。该研究预计将招募 60 名受试者，开展 AT-752 作为登革热潜在治疗和预防方法的临床研究。

8. 疟疾治疗在二期临床试验中显示 100% 的有效性

"医学新闻"（Medical Xpress）网站于 2021 年 8 月 27 日报道，根据一项二期临床试验的结果，一种用于治疗疟疾的抗癌药物被证明在短短 3 天内几乎 100% 有效帮助战胜疟疾[②]。这项试验的结果发表在 2021 年 8 月 26 日的《实验医学杂志》（*Journal of Experimental Medicine*）上。试验表明，在常规疟疾疗法中添加药物 Imatinib 能够在 48 小时内清除 90% 患者的所有疟疾寄生虫，在 3 天内清除 100% 患者的所有疟疾寄生虫。

---

① Biospace.Atea Pharmaceuticals announces publication of data highlighting AT-752's potent in vitro and in vivo activity against Dengue and other flaviviruses[EB/OL].[2021-08-24]. https://www.biospace.com/article/releases/atea-pharmaceuticals-announces-publication-of-data-highlighting-at-752-s-potent-in-vitro-and-in-vivo-activity-against-dengue-and-other-flaviviruses/?keywords=COVID-19.

② Purdue University.Malaria treatment shown to be 100% effective in phase 2 trial[EB/OL].[2021-08-27]. https://medicalxpress.com/news/2021-08-malaria-treatment-shown-effective-phase.html.

在试验中，33% 接受标准疗法（但没有 Imatinib 补充）的患者在 3 天后仍遭受严重的寄生虫血症，清除率延迟是潜在耐药性的前兆和指标，这是几十年来治疗疟疾的一个问题。当研究人员在培养皿中发现 Imatinib 能阻止寄生虫在人类血液培养中繁殖时，他们启动了一项人类临床试验，将 Imatinib 与世界许多地方用于治疗疟疾的标准治疗方法（哌喹加双氢青蒿素）结合起来。该论文将标准治疗与 Imatinib 加标准治疗进行了比较。研究人员推测，Imatinib 通过阻断关键的红细胞酶，可以阻止感染。药物试验数据证实了这一点。研究人员在越南的一个耐药疟疾流行地区测试了 Imatinib，3 天后，药物不仅 100% 有效，而且患者用药第一天就可以退烧。研究团队正计划申请 FDA 的批准。

（四）生防装备研发进展

1. DARPA 资助研发化生防御新型防护面料

据"商业通讯"（Businesswire）网站 2021 年 4 月 11 日消息，FLIR Systems 公司宣布获得美国国防高级研究计划局（DARPA）的合同，将快速开发内嵌催化剂和化学成分的新型织物，这些织物在接触后可以对抗和减少化学和生物威胁[①]。这种革命性的织物将被整合到防护服和其他装备中，如靴子、手套和护眼设备，可供战场上的部队、医疗专家、医疗工作者等穿着。FLIR Systems 公司获得了 1120 万美元的初始资金，该合同为期 5 年，金额高达 2050 万美元。FLIR Systems 公司及其团队合作伙伴将开发一种原型织物材料，即综合士兵防护系统（ISPS），供美国政府实验室测试。该项工作将在匹兹堡的 FLIR Systems 公司设施中进行。ISPS 的合同包括两年的基础阶段、两年的第一阶段和一年的最后阶段。5 年后的成果将是一套原型防护织物和服装，并转化为 DOD 的备案项目。

2. Leidos 公司获 DARPA 资助开发针对化生威胁的 PPB 项目

"全球生防"（Global Biodefense）网站于 2021 年 9 月 29 日报道，根据 DARPA 授予的一项新的合同，Leidos 公司将开发技术，以减少对繁重防护设备的需求，同时增强对现有和未来化学及生物威胁的防御[②]。该合同为期 5 年，分 3 个阶段，总金额上限为 1930 万美元。DARPA 于 2021 年 4 月 19 日宣布 Leidos 公司被选中参与 DARPA 的个性

① Businesswire.FLIR wins DARPA contract worth up to \$20.5M to develop revolutionary new protective fabrics for chem-bio defense[EB/OL].[2021-04-11]. https://www.businesswire.com/news/home/20210412005140/en/FLIR-Wins-DARPA-Contract-Worth-Up-to-20.5M-to-Develop-Revolutionary-New-Protective-Fabrics-for-Chem-Bio-Defense.

② Global biodefense.Leidos awarded DARPA contract for personalized protective biosystem against chemical and biological threats[EB/OL].[2021-09-29].https://globalbiodefense.com/2021/09/29/leidos-awarded-darpa-contract-for-personalized-protective-biosystem-against-chemical-and-biological-threats/.

化生物防护系统（PPB）项目。该项目解决了军事和医疗人员对轻型和适应性个人防护装备的需求。Leidos 公司通过这项资助，正在推出一个创新、强大和灵活的平台组合，称为"反应性多因素中和智能防护综合动态组合"（SPIDERMAN）。该技术以轻型防护材料和组织保护对策的形式出现。它能在不事先了解毒剂性质的情况下实现化学与生物威胁防护。目标是创造新的和改进的方法，通过先进的技术来解决不同的、新出现的和未确定的威胁。PPB 项目团队正在与政府和行业利益相关者合作，包括化生放核防御联合计划执行办公室（JPEO-CBRND）、美国生物医学高级研发局（BARDA）、美国疾病预防控制中心 / 国家个人防护技术实验室（NPPTL）和世界卫生组织（WHO）等。

3. GAVI 将投资 1.557 亿美元在撒哈拉以南非洲地区推广疟疾疫苗

"国土防备新闻"（Homeland Preparedness News）网站于 2021 年 12 月 6 日报道，全球疫苗免疫联盟（GAVI）将投资 1.557 亿美元，在 2022—2025 年在撒哈拉以南非洲地区，为符合条件的国家引进、购买和交付疟疾疫苗[①]。GAVI 希望 RTS，S 疟疾疫苗可通过增强接种者对疟疾的抵抗力来帮助降低非洲的儿童死亡率。该决定是在 WHO 于 2021 年 10 月建议更广泛地常规使用 RTS，S 疟疾疫苗之后做出的。该决定基于肯尼亚、加纳和马拉维的疟疾疫苗实施计划，以及在马里和布基纳法索进行的疫苗临床试验结果。GAVI 理事会决定为撒哈拉以南非洲国家的新疟疾疫苗接种计划提供资金，每年可挽救数万非洲人的生命。该疫苗是控制非洲疟疾的重要额外工具，还需执行其他干预措施来控制非洲疟疾，如常规使用经杀虫剂处理的蚊帐，室内喷洒杀虫剂，疟疾化学预防和及时的检测及治疗。GAVI 指出，需要结合其他疟疾干预工作，就疫苗接种方案提供技术指导。GAVI 还需采购足够的疫苗，并允许已经得到该组织支持的国家提出资助申请。

（五）生防战略储备

1. 美国政府订购更多天花 - 猴痘疫苗

据"精确接种"（Precision Vaccinations）网站 2021 年 5 月 8 日消息，BARDA 4 月订购了额外的 1200 万美元的天花 - 猴痘疫苗 JYNNEOS[②]。丹麦的 Bavarian Nordic 公司的 JYNNEOS 是美国食品药品监督管理局（FDA）批准的唯一非复制性天花 - 猴痘疫

---

① Homelandprepnews.Gavi to invest \$155.7M into malaria vaccine rollout for sub-Saharan Africa through 2025[EB/OL].[2021-12-06].https://homelandprepnews.com/stories/75012-gavi-to-invest-155-7m-into-malaria-vaccine-rollout-for-sub-saharan-africa-through-2025/.

② Precision vaccinations.US government orders additional Smallpox-Monkeypox vaccines[EB/OL].[2021-05-08]. https://www.precisionvaccinations.com/us-government-orders-additional-smallpox-monkeypox-vaccines.

苗，用于预防 18 岁及以上成年人的疾病。JYNNEOS 以减毒活疫苗（改良安卡拉疫苗，MVA-BN）为基础，不能在体内复制，但仍能引起强烈的免疫反应。改良安卡拉疫苗在鸡胚胎成纤维细胞中培养，置于无血清培养基中。可通过各种方法（包括核酸酶消化）从细胞中纯化和过滤该疫苗。该项目得到了美国卫生与公众服务部、负责准备和响应的助理部长办公室、生物医学高级研发局的资金支持。

2. 美国政府采购约 1.125 亿美元的 SIGA 口服天花治疗药物

"国土防备新闻"（Homeland Preparedness News）网站于 2021 年 9 月 15 日报道，BARDA 通过与 SIGA 技术公司的合同，已经行使了一项采购选择权，在今年获得价值约 1.125 亿美元的口服 TPOXX 天花治疗药物[1]。

TPOXX 是一种口服和静脉注射的抗病毒药物，用于治疗由天花病毒引起的人类天花病。它于 2018 年获得 FDA 的批准，是一种新型的小分子药物。美国政府通过"生物盾牌"（Bio-Shield）计划保持药物的定期供应。虽然自 1980 年以来，由于广泛的免疫接种，高度传染性和致命的天花已基本得到根除，但仍有少量样本用于研究目的。虽然存在疫苗，但由于暴露风险较低，因此没有进行常规疫苗接种。然而，政府仍储备相关药物，以备该病毒作为生物战剂重新出现时使用。

3. 美国政府采购 Paratek 公司的 NUZYRA 治疗炭疽感染

为了满足医疗需求，降低研发成本，BARDA 购买并开始接受 Paratek 公司的抗生素 NUZYRA，用于治疗炭疽感染[2]。这项合同在 10 年内可能达到 2.85 亿美元，全部用于药物的后期开发，并获得适当的监管批准。根据合同规定，Paratek 公司还将获得上市后的支持，将该药物用于治疗细菌性肺炎。

（军事科学院军事医学研究院　李丽娟、朱志华）

---

[1]　Kyoto University.Ethicists respond to major change in international guidelines on embryo research[EB/OL].[2021-09-15].https://phys.org/news/2021-09-ethicists-major-international-guidelines-embryo.html.

[2]　Homeland preparedness news.BARDA purchases Paratek's NUZYRA to treat anthrax infections[EB/OL].[2021-07-06].https://homelandprepnews.com/stories/70885-barda-purchases-parateks-nuzyra-to-treat-anthrax-infections/.

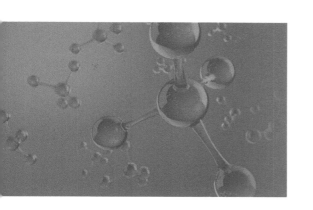

第二篇
新冠疫情
专题报告

第一章 2021年全球新冠病毒感染病原与流行病学研究进展

2021年，新冠病毒感染在全球范围内持续流行和进化，深入研究新冠病毒病原学及流行病学特征不仅是抗击疫情的迫切要求，相关科学研究的深入也为人类应对未来新发传染病提供更全面的科学理论。在此背景下，各国研究人员全力攻关，新冠病毒感染病原和流行病相关的研究不断取得突破。

一、病原学研究进展

（一）病毒结构

2021年1月21日，由清华大学生命科学学院李赛团队和奥地利Nanographics公司、沙特阿拉伯阿卜杜拉国王科技大学伊万·维奥拉团队合作的新冠病毒高清科普影像问世。研究人员将灭活新冠病毒置于冷冻电镜下，每旋转3°拍摄一张照片，总共拍摄41张。随后进行立体重构，就像给病毒做"全身CT检查"。研究团队还向病毒内部"打手电"，穿过囊膜，清晰地照亮了病毒内部核糖核蛋白复合物的排列结构。

2021年2月9日，清华大学张强锋、王健伟及丁强作为共同通讯作者在《细胞》（*Cell*）杂志在线发表题为"In Vivo Structural Characterization of the SARS-CoV-2 RNA Genome Identifies Host Proteins Vulnerable to Repurposed Drugs"的研究论文[①]。该研究使用icSHAPE技术，揭示了新冠病毒RNA结构。该研究验证了计算机预测的几种结构元件，并发现了影响细胞内亚基因组病毒RNA翻

---

① SUN L，LI P，JU X，et al. In vivo structural characterization of the SARS-CoV-2 RNA genome identifies host proteins vulnerable to repurposed drugs[J]. Cell，2021，184（7）：1865-1883.

译和丰度的结构特征。结构数据提供了一种深度学习工具，可预测与新冠病毒 RNA 结合的 42 种宿主蛋白。其中，靶向结构元件的反义寡核苷酸和 FDA 批准的抑制新冠病毒 RNA 结合蛋白的药物大大减少了新冠病毒对人类细胞的感染。该研究的发现提供了新冠病毒感染治疗的多种候选疗法。

2021 年 1 月 28 日，军事科学院军事医学研究院秦成峰及北京大学伊成器团队共同在《细胞研究》（*Cell Research*）杂志在线发表题为 "A Methylome of SARS-CoV-2 in Host Cells" 的研究论文[①]。该研究证明了在人类细胞和猴细胞中新冠病毒基因组 RNA 及负义 RNA 中的 N6-甲基腺苷（m6A）是动态修饰的。研究分析了人类细胞和猴细胞中新冠病毒的 m6A 甲基化组，并证明 m6A 广泛分布在正义和负义新冠病毒 RNA 中。病毒感染触发了关键修饰酶从细胞核到细胞质的迁移，m6A 甲基转移酶 METTL3/14 负调控新冠病毒复制，去甲基化酶 ALKBH5 正调控新冠病毒复制。新冠病毒复制对 m6A 阅读器 YTHDF2 也很敏感。研究还发现，新冠病毒感染会改变宿主 m6A 甲基化组，这表明 m6A 参与了宿主与病毒的相互作用。

2021 年 5 月 11 日，美国麻省理工学院科学家在《自然·通讯》（*Nature Communications*）杂志上发表文章 "SARS-CoV-2 Gene Content and COVID-19 Mutation Impact by Comparing 44 Sarbecovirus Genomes"[②]，称他们在进行了广泛的比较基因组学研究后绘制出迄今最精确完整的新冠病毒基因注释图谱，确认了几种蛋白质编码基因，也发现有些基因并不编码任何蛋白质。此外，他们还分析了新冠病毒不同毒株产生的近 2000 个突变，用于更好地评估这些突变的重要性。

2021 年 10 月 20 日，军事科学院军事医学研究院王建团队和贺福初团队联合山东大学王培会团队、中国医学科学院病原生物学研究所王健伟团队在《细胞化学生物学》（*Cell Chemical Biology*）杂志发表了题为 "An Antibody-based Proximity Labeling Map Reveals Mechanisms of SARS-CoV-2 Inhibition of Antiviral Immunity" 的研究论文[③]，研究揭示了病毒与宿主分子的相互作用。此次的研究改进了蛋白质组学近程标记技术中生物素标记肽段的富集策略，在极端剧烈的条件下分离纯化生物素标记的蛋白质，易于从无关背景蛋白干扰中得到可信的临近标记蛋白，在很大程度上减少了对数据打分算法的依

① LIU J, XU Y P, LI K, et al. A methylome of SARS-CoV-2 in host cells[J]. Cell research, 2021, 31（4）: 404-414.
② JUNGREIS I, SEALFON R, KELLIS M. SARS-CoV-2 gene content and COVID-19 mutation impact by comparing 44 Sarbecovirus genomes[J]. Nature communications, 2021, 12（1）: 2642.
③ ZHANG Y, SHANG L, ZHANG J, et al. An antibody-based proximity labeling map reveals mechanisms of SARS-CoV-2 inhibition of antiviral immunity[J]. Cell chemical biology, 2022, 29（1）: 5-18.

赖，部分低丰度的信号分子得到鉴定。

2021年1月21日，*PNAS*杂志网站在线发表中国科学院生物物理研究所孙飞课题组联合王祥喜课题组在新冠病毒原位结构研究方面的最新成果。研究人员利用冷冻电镜断层重构技术，分析了β-丙内酯灭活的新冠病毒表面Spike蛋白的原位结构特征，揭示了其融合后构象状态下纳米级分辨率的精细原位结构，包括跨膜区、融合活性六螺旋区、糖基化位点等。此外，还首次发现并深入研究了其特殊的寡聚化状态特征，提示了病毒感染中融合孔的潜在形成机制。

2021年11月27日，意大利罗马儿童医院科研团队发布新冠病毒新型变异毒株Omicron的全球首张图片。图片显示，与新冠变异病毒Delta毒株相比，Omicron毒株拥有更多刺突蛋白（S蛋白）突变。这些变异多样化，且大部分位于与人体细胞相互作用的区域。研究人员表示，新冠病毒通过变异进一步适应人体，但并不一定意味着其变得更加危险。

（二）感染机制

尽管新冠病毒感染被认为主要是呼吸系统疾病，但实际上，新冠病毒能够感染并影响人体多个器官，甚至是中枢神经系统。全面地研究新冠病毒对人体的影响对患者的治疗至关重要。

2021年1月12日，耶鲁大学的研究人员在《实验医学杂志》（*Journal of Experimental Medicine*）发表了题为"Neuroinvasion of SARS-CoV-2 in Human and Mouse Brain"的研究论文[①]。该研究发现新冠病毒能直接入侵大脑神经系统，并揭示了其入侵机制，为开发与新冠病毒相关的神经系统症状的治疗方法提供了有力帮助。

2021年3月4日，瑞典的研究人员在《英国妇产科杂志》（*British Journal of Obstetrics and Gynaecology*）上发表题为"Intrauterine Vertical SARS-CoV-2 Infection：A Case Confirming Transplacental Transmission Followed by Divergence of the Viral Genome"的论文[②]。研究显示，一名接受紧急剖宫产手术的孕妇，其胎儿在母亲子宫内就已感染了新冠病毒。

2021年4月30日，西安交通大学第一附属医院袁祖贻、美国加州大学圣迭戈分校John Y-J. Shyy的研究团队在《循环研究》（*Circulation Research*）杂志发表了题为

---

① SONG E, ZHANG C, ISRAELOW B, et al. Neuroinvasion of SARS-CoV-2 in human and mouse brain[J]. bioRxiv：the preprint server for biology, 2020,

② ZAIGHAM M, HOLMBERG A, KARLBERG M L, et al. Intrauterine vertical SARS-CoV-2 infection：a case confirming transplacental transmission followed by divergence of the viral genome[J]. BJOG：an international journal of obstetrics and gynaecology, 2021, 128（8）：1388-1394.

"SARS-CoV-2 Spike Protein Impairs Endothelial Function Via Downregulation of ACE 2"的研究论文[①]。该研究表明，新冠病毒的刺突蛋白（S 蛋白）并不仅仅是帮助其入侵细胞，而且还会通过下调 ACE2，损害内皮功能。该研究首次证实了仅 S 蛋白本身足以引起疾病。这项研究提供了明确的证据，并详细揭示了 S 蛋白损害血管系统的机制。研究团队表示，即使去除新冠病毒的复制能力，仅凭其 S 蛋白与 ACE2 受体结合的能力，就足以对血管细胞产生重大破坏。对新冠病毒突变体的 S 蛋白的进一步研究也将为新冠病毒突变体的感染性和严重性提供新的见解。

2021 年 10 月 21 日，《自然·神经科学》（Nature Neuroscience）杂志在线刊发题为"The SARS-CoV-2 Main Protease M（pro）Causes Microvascular Brain Pathology by Cleaving NEMO in Brain Endothelial Cells"的研究论文[②]，提出新冠病毒除了攻击肺部外，还能杀死一种被称为内皮细胞的脑细胞。德国、法国和西班牙科学家联合开展了这项研究，在扫描新冠病毒感染死者的大脑时发现了一种极为细小的"幽灵血管"，这是一种让血液无法流动的死细胞，也是认知障碍的标志，并可能产生众多风险，如微卒中等。新冠病毒可杀死的脑细胞叫内皮细胞，其位于大脑周围，负责保护小脑，促进血液流动。内皮细胞受损可能会导致大脑血管损伤，损害认知功能。研究人员这一发现或许可以解释，为何高达 84% 的新型冠状病毒感染患者都出现了神经症状、味觉或嗅觉丧失、癫痫发作、中风、意识丧失及意识混乱等"新冠后遗症"。

2021 年 10 月 29 日，美国麻省理工学院和马萨诸塞州眼耳医院的研究人员在《医学·通讯》（Communications Medicine）杂志发表题为"Direct SARS-CoV-2 Infection of the Human Inner Ear May Underlie COVID-19-Associated Audiovestibular Dysfunction"的研究论文[③]。该研究表明新冠病毒确实能感染内耳细胞，包括对听力和平衡都至关重要的毛细胞。

2021 年 12 月 7 日，《自然·细胞生物学》（Nature Cell Biology）杂志在线发表中国科学院动物研究所刘光慧研究组和陆军军医大学第一附属医院（西南医院）卞修武研究组的题为"A Single-cell Transcriptomic Landscape of the Lungs of Patients with

① LEI Y, ZHANG J, SCHIAVON C R, et al. SARS-CoV-2 spike protein impairs endothelial function via downregulation of ACE 2[J]. Circulation research, 2021, 128（9）: 1323-1326.

② WENZEL J, LAMPE J, MÜLLER-FIELITZ H, et al. The SARS-CoV-2 main protease M（pro）causes microvascular brain pathology by cleaving NEMO in brain endothelial cells[J]. Nature neuroscience, 2021, 24（11）: 1522-1533.

③ JEONG M, OCWIEJA K E, HAN D, et al. Direct SARS-CoV-2 infection of the human inner ear may underlie COVID-19-associated audiovestibular dysfunction[J]. Communications medicine, 2021, 1（1）: 44.

COVID-19"的研究论文[①]。研究结合病理学、高通量单细胞核转录组和蛋白质组等技术，深度解析了老年新冠病毒感染患者肺组织的细胞和分子病理表型组特征，进一步认识了新冠病毒感染肺损伤的关键细胞和分子机制、建立了肺衰老与新冠病毒感染肺损伤的科学联系，为提高重症和危重症诊治水平提供了科学依据。

二、流行病学研究进展

（一）传染源

2021 年 2 月 9 日，新加坡国立大学王林发团队在《自然·通讯》（*Nature Communications*）杂志上发表了题为 "Evidence for SARS-CoV-2 Related Coronaviruses Circulating in Bats and Pangolins in Southeast Asia" 的论文[②]。研究人员从泰国东部一个野生动物保护区的蝙蝠体内发现了一种与新冠病毒相关的冠状病毒，从该地区的蝙蝠及泰国南部一个野生动物检查站抽样的一只穿山甲体内发现了能中和新冠病毒的抗体。这些研究结果扩大了已知体内有新冠病毒相关冠状病毒的蝙蝠和穿山甲的地理范围。

2021 年 6 月 9 日，山东省医学科学院、中国科学院等机构的研究人员在《细胞》（*Cell*）杂志上发表了题为 "Identification of Novel Bat Coronaviruses Sheds Light on the Evolutionary Origins of SARS-CoV-2 and Related Viruses" 的研究论文[③]。该研究对 2019—2020 年从云南部分区域收集到的 411 个蝙蝠样本展开测序，获得 24 种冠状病毒的完整基因组。其中包括 4 种堪称新冠病毒"表亲"的冠状病毒，其编号分别为 RpYN06、RsYN04、RmYN05 和 RmYN08，它们均从菊头蝠体内获得。其中，RpYN06 的基因组与新冠病毒相似度达 94.5%，在迄今所有已知的冠状病毒中位列第二，仅次于早先武汉病毒研究所报告的蝙蝠冠状病毒 RaTG13。而 RsYN04、RmYN05 和 RmYN08 与此前从穿山甲体内收集的冠状病毒相近。

2021 年 9 月 18 日，法国巴斯德研究所和老挝大学的研究团队在预印本服务器 Research Square 上发表的一篇研究论文 "Coronaviruses with a SARS-CoV-2-like Receptor-

① WANG S, YAO X H, MA S, et al. A single-cell transcriptomic landscape of the lungs of patients with COVID-19[J]. Nature cell biology, 2021, 23（12）: 1314-1328.

② WACHARAPLUESADEE S, TAN C W, MANEEORN P, et al. Evidence for SARS-CoV-2 related coronaviruses circulating in bats and pangolins in Southeast Asia[J]. Nature communications, 2021, 12（1）: 972.

③ ZHOU H, JI J, CHEN X, et al. Identification of novel bat coronaviruses sheds light on the evolutionary origins of SARS-CoV-2 and related viruses[J]. Cell, 2021, 184（17）: 4380-4391.

Binding Domain Allowing ACE2-Mediated Entry into Human Cells Isolated from Bats of Indochinese peninsula"表明，他们在老挝北部石灰岩喀斯特的洞穴中发现的蝙蝠携带与新冠病毒有共同特征的冠状病毒。这些病毒与新冠病毒原始毒株具有相同的感染人类细胞的潜力。在这项研究中，研究人员分析了 2020 年 7 月至 2021 年 1 月，在老挝万象省的 4 个地点捕获的 645 只蝙蝠的 247 份血液样本、608 份唾液样本、539 份肛拭子 / 粪便和 157 份尿液拭子。研究人员发现了 3 个新的蝙蝠冠状病毒，它们分别被命名为 BANAL-52、BANAL-103 和 BANAL-236。其中，BANAL-236 的受体结合域（RBD）与新冠病毒原始毒株的 RBD 仅相差一两个残基，与人类 ACE2 的结合效率和早期人类病例中分离出的新冠病毒毒株一样有效，并介导 ACE2 依赖性进入人类细胞，而且它同样可以被中和新冠病毒的抗体所抑制。

2021 年 12 月 24 日，美国俄亥俄州立大学的研究团队在《自然》（Nature）杂志上发表的一篇研究论文 "SARS-CoV-2 Infection in Free-ranging White-tailed Deer（*Odocoileus Virginianus*）"表明[1]，在该州的野生白尾鹿（*Odocoileus virginianus*）中发现了至少 3 种新冠病毒变异株，提示该物种可能是新冠病毒的潜在"储存宿主"。这意味着，新冠病毒可以在野生白尾鹿体内长期生存，为其进一步进化并传播给人类开辟新的途径。

（二）传播途径

2021 年 3 月 9 日，复旦大学余宏杰、美国印第安纳大学 Marco Ajelli 及湖南省 CDC 高立冬作为共同通讯作者在《自然·通讯》（*Nature Communications*）杂志在线发表题为 "Infectivity，Susceptibility，and Risk Factors Associated with SARS-CoV-2 Transmission Under Intensive Contact Tracing in Hunan，China" 的研究论文，估算了新冠病毒关键的传播参数，在新冠病毒的流行病学与传播动力方面取得多项重要结论。该研究估计新冠病毒传播平均发生时间为 5.7 天，传染性在症状发作之前的 1.8 天达到峰值，其中 95% 的传播事件发生在症状发作之前的 8.8 ～ 9.5 天。大多数传播事件发生在症状发生前阶段（59.2%）。新冠病毒的易感性随着感染宿主年龄的增长而升高，而不同年龄段之间及有症状和无症状个体之间的传播能力没有显著差异。家庭接触和接触第一代病例与更高的传播概率相关。该研究发现支持了儿童可以有效传播新冠病毒的假设，并强调了要努力控制有症状和无症状的传播。此外，研究还发现，实施公共卫生一级响应前、后，平均系列间隔（从 7.0 天下降至 4.1 天）与症状前传播的比例

---

① HALE V L, DENNIS P M, MCBRIDE D S, et al. SARS-CoV-2 infection in free-ranging white-tailed deer（*Odocoileus virginianus*）[J]. 四川生理科学杂志，2021（10）：1834.

（从 50.8% 上升至 76.7%）均发生了较大变化，表明湖南省采取的病例隔离和密接追踪等干预措施将多数传播事件限制在了感染的早期阶段，有效地控制了疫情的进一步传播。

2021 年 8 月 20 日，广州市 CDC、广东省 CDC 的研究人员在《中国疾病预防控制中心周报（CDC）》（*CCDC Weekly*）杂志上发表题为 "Field Simulation of Aerosol Transmission of SARS-CoV-2 in a Special Building Layout - Guangdong Province，China，2021" 的研究报告。此前，许多研究证实了新冠病毒可以通过气溶胶传播，但传播通常发生在密闭空间中。在某些条件下，"握手楼" 里的集中隔离、居家隔离存在新冠病毒气溶胶传播风险（所谓 "握手楼"，是形容楼与楼之间的间距近到打开窗可以握手的楼房）。研究者建议，应注意气流分布对隔离病房气溶胶扩散的影响，并加强隔离场所消毒。

2021 年 6 月 15 日，美国国立卫生研究院（NIH）的研究人员在《临床传染病》（*Clinical Infectious Diseases*）杂志上发表题为 "Serologic Testing of US Blood Donations to Identify Severe Acute Respiratory Syndrome Coronavirus 2（SARS-CoV-2）-Reactive Antibodies：December 2019-January 2020" 的文章[①]。研究发现，美国 5 个州在官方公布首例新冠病毒感染确诊病例之前已出现新型冠状病毒感染病例，这表明新冠病毒于 2019 年 12 月就已在美国出现。NIH 的研究人员对 2020 年 1 月 2 日至 3 月 18 日期间从全美 50 个州采集的 24 079 个血液样本进行了新冠病毒抗体检测和分析。结果发现，有 9 个样本呈抗体阳性，其中 7 例来自伊利诺伊州、马萨诸塞州、威斯康星州、宾夕法尼亚州和密西西比州，时间早于这 5 个州公布的首例确诊病例时间。文章指出，检测为阳性的样本中最早是 2020 年 1 月 7 日在伊利诺伊州采集的样本。从感染新冠病毒到抗体出现的中位时间为 14 天，这表明新冠病毒最早可能在 2019 年 12 月 24 日就已在伊利诺伊州出现。

法国巴斯德研究所 2020 年 4 月发布新闻公报称，研究人员对 97 份取自该国不同地区、有临床症状的确诊患者的病毒样本进行了基因测序比对，采样时间为 2020 年 1 月 24 日至 3 月 24 日。研究人员将检测的样本序列与国际共享基因序列资源进行比对和溯源分析，建立了病毒进化树图谱。图谱分析结果显示，法国北方地区的新冠病毒都来自

---

① BASAVARAJU S V，PATTON M E，GRIMM K，et al. Serologic testing of US blood donations to identify severe acute respiratory syndrome coronavirus 2（SARS-CoV-2）-reactive antibodies：December 2019-January 2020 [J]. Clinical infectious diseases：an official publication of the Infectious Diseases Society of America，2021，72（12）：e1004-e1009.

同一个家族，其中一些重症患者感染的新冠病毒已是第八代，这表明法国在 2020 年初或更早时期就已经有新冠病毒传播。研究人员还检测了巴黎医院收治的 4 例来自中国的输入病例的病毒样本，比对结果显示，他们感染的病毒毒株和法国当时流行的病毒毒株完全不同。

（三）免疫性

2021 年 1 月 18 日，《自然》（*Nature*）杂志发表了美国洛克菲勒大学的文章"Evolution of Antibody Immunity to SARS-CoV-2"[1]，描述了人体对新冠病毒免疫抗体的演变。免疫系统在受到新冠病毒感染后 1.3 ～ 6.2 个月，仍然在不断优化对新冠病毒的抗体免疫反应。研究发现，免疫球蛋白 M（IgM）和免疫球蛋白 G（IgG）抗新冠病毒 S 蛋白受体结合域（RBD）抗体滴度显著下降，免疫球蛋白 A（IgA）受影响较小。此外，血浆中和活性在假病毒检测中降低了 5 倍。相反，RBD 特异性记忆 B 细胞的数量没有变化。感染新冠病毒 4 个月后，使用免疫荧光技术或聚合酶链反应对无症状个体的肠道活检样本进行分析，发现 14 名志愿者中有 7 人的小肠中存在新冠病毒核酸和免疫反应。研究人员还发现，对比 1.3 个月时，6.2 个月时志愿者获得的单克隆抗体对新冠病毒的中和能力显著增强。

2020 年 12 月 25 日，北京大学系统生物医学研究所游富平研究组、中国科学院生物物理研究所王祥喜研究组和中国医学科学院医学实验动物研究所秦川研究组合作在《细胞宿主与微生物》（*Cell Host & Microbe*）杂志发表了题为"Induction of Alarmin S100A8/A9 Mediates Activation of Aberrant Neutrophils in the Pathogenesis of COVID-19"的研究论文[2]。该项研究通过对比新冠病毒感染与流感病毒 IAV 感染的差异，揭示了 S100A8/A9-TLR4 信号在新冠病毒感染过程中的重要作用，其过度激活会导致异常的未成熟中性粒细胞激增，抗病毒天然免疫失衡。同时，研究还在动物感染模型中验证了相关的药物治疗靶点，为抗击新冠疫情、治疗新冠病毒感染提供了理论基础。

2021 年 3 月 19 日，北京大学游富平团队和中科院生物物理所王祥喜团队合作，在《细胞研究》（*Cell Research*）杂志上发表了一篇快讯文章，阐明了新冠病毒激活 TLR4 信号通路的分子机制，题目为"SARS-CoV-2 Spike Protein Interacts with and Activates

[1] GAEBLER C，WANG Z，LORENZI J，et al. Evolution of antibody immunity to SARS-CoV-2[J]. Nature，2021，591（7851）：639-644.

[2] GUO Q R，ZHAO Y C，LI J H，et al. Induction of alarmin S100A8/A9 mediates activation of aberrant neutrophils in the pathogenesis of COVID-19[J]. Cell host & microbe，2021，29（2）：222-235.

TLR4"[1]。研究者进而对 TLR4 信号通路的关键分子逐一敲除，证实该信号通路在新冠病毒介导炎症中的作用。为了排除其他宿主因子对炎症的影响，研究者分别利用 ACE2 抑制剂、TMPRSS2 抑制剂进行测试，结果都没有诱导 IL1B 蛋白释放，说明 TLR4 信号通路激活不受这些因子调控。研究者还发现除新冠病毒外，其他冠状病毒，如 MHV、HCoV-229E、SARS 等都能通过 TLR4 激活炎症反应。

已有的研究表明，T 细胞免疫在没有足够中和抗体的情况下起主要作用。新冠病毒感染严重程度与 T 细胞免疫呈负相关，中症和重症新冠病毒感染患者多表现出以 T 细胞为主的淋巴细胞减少症，但在某些病例中也观察到 T 细胞过度浸润、细胞衰竭等现象。人体对冠状病毒感染可能不易建立长期稳定的免疫记忆，恢复期患者体内抗体滴度已下降 70%，但 T 细胞可能持续 6 ～ 11 年，目前尚不清楚新冠病毒特异性 T 细胞免疫记忆如何建立，以及新冠密切接触者是否也获得了 T 细胞免疫记忆。2021 年 3 月 19 日，广州医科大学呼吸疾病国家重点实验室冉丕鑫团队联合国内多家医院和澳大利亚墨尔本大学团队在《自然·通讯》（*Nature Communications*）杂志上在线发表题为 "Exposure to SARS-CoV-2 Generates T-cell Memory in the Absence of a Detectable Viral Infection" 的研究论文。研究者检测不同人群新冠病毒免疫 T 细胞的增殖和激活能力，结果表明感染者和密切接触者都产生了特异性 T 细胞免疫，无症状患者也具有较高的新冠病毒特异性 T 细胞免疫水平。

2021 年 5 月 26 日，由华盛顿大学医学院 Ali H. Ellebedy 领衔的研究团队，在《自然》（*Nature*）杂志发表的题为 "SARS-CoV-2 Infection Induces Long-lived Bone Marrow Plasma Cells in Humans" 的论文称[2]，他们在轻症新冠病毒感染康复者的骨髓中发现了新冠病毒特异性的长寿骨髓浆细胞（BMPCs，一种效应 B 细胞）。这种细胞会终生存在，持续释放抗体。该研究表明，新冠病毒在轻症新冠病毒感染康复者体内诱发了强大的、长效的抗原特异性体液免疫反应。这也是迄今首次证实病毒感染人类后会诱导抗原特异性 BMPCs。

2021 年 6 月 3 日，由英国新冠病毒免疫学联盟资助、伯明翰大学领导的一项研究发现，许多新冠病毒感染患者对自身的组织或器官产生免疫应答。该项研究发表在《临床与实验免疫学》（*Clinical & Experimental Immunology*）杂志上，题为 "Establishing the

---

① ZHAO Y C，KUANG M，LI J H，et al. SARS-CoV-2 spike protein interacts with and activates TLR41[J]. Cell research，2021，31（7）：818-820.

② TURNER S J，KIM W，KALAIDINA E，et al. SARS-CoV-2 infection induces long-lived bone marrow plasma cells in humans[J]. Nature，2021，595（7867）：421-425.

Prevalence of Common Tissue-specific Autoantibodies Following Severe Acute Respiratory Syndrome Coronavirus 2 Infection"[①]。自身抗体是免疫系统产生的一种抗体，可导致自身免疫疾病。研究调查了 84 名在检测时患有重症新冠病毒感染的病人、检测后转为重症新冠病毒感染的患者和不需要住院的轻症新冠病毒感染患者产生常见自身抗体的频率和类型。这些结果与对照组 32 名非新冠病毒感染原因接受重症监护的患者进行了比较。该项研究发现，新冠病毒感染患者体内的自身抗体数量高于对照组，且这些抗体持续时间长达 6 个月。与未感染新冠病毒的患者相比，新冠病毒感染患者的自身抗体表达不同，包括皮肤、骨骼肌和心脏抗体。研究人员还发现，危重的新冠病毒感染患者更有可能在血液中具有自身抗体。该研究中发现的抗体与那些导致皮肤、肌肉和心脏多种自身免疫性疾病的抗体相似。

2021 年 5 月 8 日，华中农业大学金梅林团队与武汉大学生命科学院陈明周团队合作攻关，在国际学术杂志《信号转导与靶向治疗》（Signal Transduction and Targeted Therapy）发表题为 "SARS-CoV-2 Promote Autophagy to Suppress Type Ⅰ Interferon Response" 的研究论文[②]。该研究发现新冠病毒编码的膜蛋白（M 蛋白）能显著影响自噬的形成，并首次鉴定到 M 蛋白 WxxL 结构域能介导 M 蛋白与自噬标志蛋白 LC3 发生相互作用。研究发现 M 蛋白可以转位到线粒体外膜，并介导 LC3 转位到线粒体，促进线粒体的自噬性降解。线粒体是细胞 Ⅰ 型干扰素产生的信号聚集平台，其自噬性降解将会极大影响信号转导。研究指出，M 蛋白指引 LC3 转位到线粒体后能显著削弱 Ⅰ 型干扰素的产生，而无法与 LC3 互作的 M 蛋白突变体则表现出较弱的干扰素拮抗效应，表明 M 蛋白能通过促进线粒体自噬拮抗宿主固有免疫反应，也说明 M 蛋白可能与早期临床感染病例延迟的 Ⅰ 型干扰素反应相关。

2021 年 5 月 24 日，中山大学医学院张辉团队在 PNAS 杂志上发表题为 "The ORF8 Protein of SARS-CoV-2 Mediates Immune Evasion through Down-regulating MHC-Ⅰ" 的论文[③]。该研究揭示了新冠病毒通过 ORF8 蛋白促进感染细胞 MHC 自噬性降解，从而逃逸 T 细胞免疫的机制，这一特征与 SARS 等其他冠状病毒有很大差异。研究也为治疗新冠

① RICHTER G A, SHIELDS M A, KARIM A, et al. Establishing the prevalence of common tissue-specific autoantibodies following severe acute respiratory syndrome coronavirus 2 infection[J]. Clinical and experimental immunology, 2021, 205（2）：99-105.

② HUI X F, ZHANG L L, CAO L, et al. SARS-CoV-2 promote autophagy to suppress type Ⅰ interferon response[J]. Signal transduction and targeted therapy, 2021, 6（1）：180.

③ ZHANG Y W, CHEN Y S, LI Y Z, et al. The ORF8 protein of SARS-CoV-2 mediates immune evasion through down-regulating MHC-Ⅰ[J]. Proceedings of the National Academy of Sciences of the United States of America, 2021, 118（23）：e2024202118.

病毒感染提供了新的药物靶点。

2021 年 8 月 24 日，宁波大学新药技术研究院赵玉芬团队与厦门大学细胞应激生物学国家重点实验室韩家淮课题组合作，在《细胞发现》（*Cell Discovery*）杂志发表题为 "Pyroptosis of Syncytia Formed by Fusion of SARS-CoV-2 Spike and ACE2 Expressing Cells" 的研究成果 [1]。该研究揭示了新冠病毒 S 蛋白通过受体 ACE2 诱导细胞融合形成多核体（Syncytia）进而引发细胞焦亡（Pyroptosis）的分子机制。研究发现，Syncytia 内 Caspase-9 被激活，继而激活 Caspase-3/7，最终导致 Gasdermin E（GSDME）发生剪切，释放 N 端的打孔结构域，通过在细胞膜上打孔使之破裂，LDH 等内容物释放，细胞发生焦亡。由于焦亡的细胞破裂和内容物释放会引发严重的炎症反应，因此，GSDME 介导的 Syncytia 焦亡可能是新冠病毒感染患者体内细胞因子风暴产生的原因。该研究提示对于重症新冠病毒感染患者，针对该信号通路进行干预可能是一个潜在治疗方向。

科学家们通过对新冠病毒感染后不同表型细胞系的信号通路进行对比研究，发现新冠病毒在感染不同细胞系之后普遍干扰细胞内的干扰素信号通路。该研究成果已于 2021 年 9 月 9 日在线发表在《病毒学杂志》（*Journal of Virology*）上，题为 "SARS-CoV-2 Disrupts Proximal Elements in the JAK-STAT Pathway" [2]。该研究成果证实了抑制干扰素信号是新冠病毒逃避机体先天免疫的重要分子机制。

2021 年 10 月 18 日，《细胞研究》（*Cell Research*）杂志刊登了南方科技大学和中国科学院上海有机化学研究所等研究机构的文章 "SARS-CoV-2 Promotes RIPK1 Activation to Facilitate Viral Propagation"，该文章描述了新冠病毒通过促进 RIPK1 激活进而加强自身传播的机制 [3]。研究人员在新冠病毒感染患者的肺部病理样本、新冠病毒感染的体外培养人肺器官和 ACE2 转基因小鼠中发现了 RIPK1 激活的证据。研究人员使用多种小分子抑制剂抑制 RIPK1，降低了人肺器官中新冠病毒的病毒载量。此外，RIPK1 抑制剂 Nec-1 可降低新冠病毒感染患者的死亡率和肺部病毒载量，并阻断了 ACE2 转基因小鼠中新冠病毒对中枢神经系统（CNS）的影响。在机制上，研究人员发现新冠病毒的 RNA 依赖性 RNA 聚合酶 NSP12 促进 RIPK1 的激活。

---

① MA H B, ZHU Z J, LIN H P, et al. Pyroptosis of syncytia formed by fusion of SARS-CoV-2 spike and ACE2-expressing cells [J]. Cell discovery, 2021, 7（1）: 73.

② CHEN D Y, KHAN N, CLOSE B J, et al. SARS-CoV-2 disrupts proximal elements in the JAK-STAT pathway [J]. Journal of virology, 2021, 95（19）: e0086221.

③ XU G, LI Y, ZHANG S Y, et al. SARS-CoV-2 promotes RIPK1 activation to facilitate viral propagation [J]. Cell research, 2021, 31（12）: 1230-1243.

　　高传染性是新冠病毒的特点之一，给疫情防控带来极大挑战。洛桑联邦理工学院（EPFL）的研究团队在一项最新研究中发现可以将脂肪酸转移到新冠病毒 S 蛋白上的酶中，研究揭示了新冠病毒感染高传染性背后的新机制。相关研究论文"S-acylation Controls SARS-CoV-2 Membrane Lipid Organization and Enhances Infectivity" 发表在 2021 年 10 月 25 日的《发育细胞》（*Developmental Cell*）杂志上 [①]。研究人员发现，在感染新冠病毒期间，酶 ZDHHC20 是修饰 S 蛋白的主要"罪魁祸首"，可以非常迅速地发生棕榈酰化，这一步也是保护 S 蛋白不被宿主细胞降解的关键。研究团队随后发现，S 蛋白的棕榈酰化也决定了病毒膜的脂质组成和结构。他们对比观察到，没有 S 蛋白棕榈酰化的病毒颗粒或病毒样颗粒具有异常的膜组成和结构，这极大地削弱了它们与宿主细胞膜融合的能力。研究团队得出结论，S 蛋白的 S-脂酰化对高传染性病毒的形成至关重要，干扰 S 蛋白棕榈酰化的脂质修饰药物可以有效地阻止新冠病毒感染细胞。S-脂酰化酶和脂质生物合成酶可作为新的治疗性抗病毒靶点。

（军事科学院军事医学研究院　马文兵、王　磊、张　音、李丽娟、

陈　婷、刘　伟、周　巍、祖　勉、王　瑛、

尹荣岭、宋　蔷、金雅晴、苗运博）

---

① MESQUITA F S, ABRAMI L, SERGEEVA O, et al. S-acylation controls SARS-CoV-2 membrane lipid organization and enhances infectivity [J]. Developmental cell, 2021, 56（20）：2790-2807.

第二章　2021年全球新冠病毒检测诊断研发动态

2021年，新冠疫情仍然是全球面临的重大公共卫生挑战。世界各国的科学家和研究机构积极开展各项工作，开发更加快速、灵敏、精准的新冠病毒检测诊断技术，为及早发现新冠病毒感染患者和无症状感染者、控制疫情蔓延提供关键支撑。

一、检测试剂盒

新冠病毒容易随时间变化而发生变异，特别是在感染持续数月的患者中，病毒株可能发生变异。PCR技术对于新型变异病毒株难以专门检测，因此，研发能检测出新型变异病毒株的试剂盒对于遏制新冠疫情至关重要。

（一）APDN检测试剂盒

2021年1月19日，美国Applied DNA科技公司（APDN）宣布[1]，其研发的Linea™COVID-19检测试剂盒可检测出多种新冠病毒变异株。这些检测是该公司safeCircleTM联合监测检测服务的一部分，该检测试剂盒也可用于认证第三方实验室的复杂分子诊断[2]。

美国食品药品监督管理局（FDA）于2021年1月8日宣布，

---

[1]　Business wire. Applied DNA Linea™ COVID-19 assay kit demonstrates effectiveness with detection of multiple SARS-CoV-2 variants during recent surveillance testing[EB/OL].（2021-01-19）[2022-01-14].https://www.businesswire.com/news/home/20210119005276/en/Applied-DNA-Linea™-COVID-19-Assay-Kit-Demonstrates-Effectiveness-with-Detection-of-Multiple-SARS-CoV-2-Variants-During-Recent-Surveillance-Testing.

[2]　FDA. Linea™ COVID-19 assay kit-instructions for use（IFU）v.1.8[R/OL].（2020-12-04）[2022-01-14].https://www.fda.gov/media/138059/download.

该检测试剂盒是少数能够鉴定出含有特定 S 基因（编码新冠病毒变异株的 S 蛋白）的分子诊断方法之一[①]。由于检测试剂盒的多目标设计，对于新冠病毒变异株感染的样品，其整体灵敏度不会受到影响，仍可获得阳性结果[②]。

从 2020 年 12 月开始，该检测试剂盒已经识别出多例新冠病毒阳性个体，证明了被称为 69-70 缺失（69-70del）的特定 S 基因变异。该检测试剂盒通过在新冠病毒基因靶标中观察到的 S 基因缺失，完成对携带 69-70del 样本的检测。基因测序方法证实了通过检测试剂盒鉴定的变异株[③]。

（二）BD 抗原检测试剂盒

据 PR Newswire 网站 2021 年 3 月 30 日消息，美国 BD 公司宣布，FDA 批准了其新型快速抗原检测试剂盒的紧急使用授权（EUA）[④]，该试剂盒可在一次测试中检测出新冠病毒、甲型流感病毒和乙型流感病毒。

快速检测 BD Veritor 系统在 BD Veritor Plus 系统上运行大约需要 15 分钟，并通过显示器读数明确 3 种病毒为阳性或阴性，进而区分它们。该检测系统遵循与 BD Veritor Plus 系统上的其他快速测试相同的、简单的工作流程。BD Veritor 系统比手机稍大，具有一键式功能，使用方便灵活，使其成为无需实验室人员即可进行设置的理想解决方案。它还通过可选的 BD Synapsys™ 信息解决方案为客户提供实时报告功能，使他们能够快速监测病例。

美国 50 个州的医院、临床医生办公室、养老院、零售药店、学校、企业和其他测试场所，有超过 70 000 个活跃的 BD Veritor 系统正在使用。该产品尚未获得 FDA 的批准，但已获得 FDA 的紧急使用授权，可以由授权实验室使用。该产品仅被批准用于检测新冠病毒、甲型流感病毒和乙型流感病毒，不能用于其他病毒或病原体。

---

① 中国科讯 . 情报监测 |"COVID-19"科研动态监测每日快报（1 月 22 日）[EB/OL].（2021-01-23）[2022-01-14].https://www.sohu.com/a/446261031_744387.

② FDA.SARS-CoV-2 viral mutations：impact on COVID-19 tests[EB/OL].（2021-12-28）[2022-01-14].https://www.fda.gov/medical-devices/coronavirus-covid-19-and-medical-devices/sars-cov-2-viral-mutations-impact-covid-19-tests.

③ Science. Mutant coronavirus in the United Kingdom sets off alarms，but its importance remains unclear[EB/OL].（2021-12-28）[2022-01-14].https://www.science.org/content/article/mutant-coronavirus-united-kingdom-sets-alarms-its-importance-remains-unclear.

④ BD. BD announces FDA emergency use authorization for combination COVID-19，flu rapid antigen test[EB/OL].（2021-03-05）[2022-02-04].https://investors.bd.com/news-releases/news-release-details/bd-announces-fda-emergency-use-authorization-combination-covid.

（三）Alinity m resp-4-plex 分子检测试剂盒

2021 年 3 月 5 日，据 BioSpace 网站消息，美国雅培公司宣布其 Alinity m resp-4-plex 分子检测试剂盒获得了 FDA 的紧急使用授权[①]。该试剂盒可在一项测试中检测和鉴别新冠病毒、甲型流感病毒、乙型流感病毒和呼吸道合胞病毒（RSV）。此测试已通过欧洲认证，并且可以在美国以外的国家和地区使用。

Alinity m Resp-4-Plex 分子检测可以使用由医务人员收集的拭子样本（前鼻或鼻咽），或在医疗机构自行收集的疑似为新冠病毒感染患者的前鼻拭子标本。检测将在雅培公司的 Alinity m 系统上运行。Alinity m 系统采用了聚合酶链反应（PCR）技术，该技术在检测传染病方面具有很高的灵敏度。为了帮助对抗大流行，雅培公司加快了 Alinitym 系统在医院实验室、学术中心和实验室中的部署，这些系统对于患者护理至关重要。

（四）T-SPOT Discovery SARS-CoV-2 试剂盒

据 BioSpace 网站 2021 年 5 月 18 日消息[②]，牛津免疫技术公司宣布其 T-SPOT Discovery SARS-CoV-2 试剂盒在英国新冠病毒人体挑战研究中被用于 T 细胞检测，该研究是一个包括英国政府、国家医疗服务体系、学术界和私营部门在内的国家级合作项目。

英国新冠病毒人体挑战研究为世界首次开展，用于更快速、更有效地开发抗新冠病毒疫苗的研究。该试验的第一阶段已于 2021 年 3 月开始，将确定在安全可控的环境中引起新冠病毒感染所需病毒的最适剂量。将对参与者的免疫反应（包括 T 细胞反应）进行完整分析，以明确新冠病毒免疫反应的特征、强度和持续时间，有助于在后续研究中评价候选疫苗的有效性，包括免疫保护的水平和持续时间。

该试剂盒使用 T-SPOT 技术平台，通过标准酶联免疫斑点检测法，了解研究对象的 T 细胞免疫反应；通过血清学了解抗体反应，以明确完整的免疫系统应对感染和疫苗接种的机制。由于 T 细胞是免疫系统的第一反应者，并且寿命长，因此使用 T 细胞测量免疫反应可克服血清学检测的局限性。

---

① Biospace. Abbott receives FDA EUA for laboratory PCR assay that detects and differentiates SARS-CoV-2，Flu A，Flu B and RSV in one test-and FDA EUA for asymptomatic usage of Alinity m COVID-19Test[EB/OL].（2021-03-30）[2022-02-04].https://www.biospace.com/article/releases/abbott-receives-fda-eua-for-laboratory-pcr-assay-that-detects-and-differentiates-sars-cov-2-flu-a-flu-b-and-rsv-in-one-test-and-fda-eua-for-asymptomatic-usage-of-alinity-m-covid-19-test/.

② Biospace. Oxford Immunotec's T-SPOT discovery SARS-CoV-2 test is used in the UK COVID-19 human challenge study to investigate the T cell response to SARS-CoV-2 infection[EB/OL].(2021-04-29)[2022-02-04]. https://www.biospace.com/article/releases/oxford-immunotec-s-t-spot-discovery-sars-cov-2-test-used-in-direct-study-to-investigate-the-t-cell-response-and-covid-vaccination-in-ethnic-minority-groups/.

二、生物传感器

在诊断冠状病毒感染时，大多数医学实验室都依赖一种被称为 RT-PCR 的技术。这项技术需要专门的人员和设备，也消耗实验室用品，对供应链提出了极高的要求。研究人员尝试开发可用于新冠病毒检测的生物传感器，有助于解决这些问题。

（一）华盛顿大学生物传感器

2021 年 1 月 28 日，据 EurekAlert 网站消息[①]，华盛顿大学医学院的研究人员创造了一种新方法来检测构成大流行冠状病毒的蛋白质及针对大流行冠状病毒的抗体。他们设计了基于蛋白质的生物传感器，能识别病毒表面的特定分子，并与它们结合，然后通过生化反应发光。这一突破可以在不久的将来实现更快、更广泛的测试。

该团队还发明了与新冠病毒抗体混合时会发光的生物传感器，这些传感器不会对血液中可能存在的其他抗体产生反应，包括针对其他病毒的抗体，这种灵敏度对于避免假阳性的测试结果很重要。

目前该团队已经证明，这些新型传感器可以很容易地检测到模拟鼻液或捐赠血清中的病毒蛋白或抗体。该团队的下一个目标是确保它们可以可靠地应用于诊断环境。

（二）香港理工大学生物传感器

2021 年 9 月 16 日，香港理工大学严锋课题组在《科学进展》（Science Advances）杂志上发表了一篇题为 "Ultrafast, Sensitive, and Portable Detection of COVID-19 IgG Using Flexible Organic Electrochemical Transistors" 的研究论文[②]。研究报道了一种基于有机电化学晶体管（OECT）的 SARS-CoV-2IgG 生物传感器，整个检测过程可以在一个小型测试盒上快速完成，能够用手机操作并采集数据。

由于 SARS-CoV-2IgG 在中性和酸性的电解液中带正电荷，将 SARS-CoV-2IgG 固定在栅极表面后，栅极表面形成电偶极子，使金栅电极的表面电位发生改变，从而改变了晶体管有效栅电压。通过测试晶体管在抗体反应前后转移曲线的偏移量来判断出抗体的浓度或数量。有效栅电压的改变不仅受抗体数量（抗体浓度）的影响，还与抗体有效净电荷量相关。有效净电荷量与栅电极表面德拜屏蔽长度，以及电解液的酸碱度有关。通

---

① Eurekalert. New biosensors quickly detect coronavirus proteins and antibodies[EB/OL]. （2021-01-28）[2022-02-07].https://www.eurekalert.org/news-releases/730455.

② LIU H, YANG A N, SONG J J, et al. Ultrafast, sensitive, and portable detection of COVID-19 IgG using flexible organic electrochemical transistors[J]. Science advances, 2021, 7（38）: eabg8387.

过降低检测时用到的电解液（PBS 溶液）的浓度，增加德拜屏蔽长度，可以使 SARS-CoV-2IgG 检测极限从 10 pm 降低到 100 fm。通过调节电解液的酸碱度（pH=5），可以提高抗体表面的净电荷量，使检测极限降低到 1 fm。

在抗原抗体反应过程中，通过外加一个脉冲电压可以加快反应速度，从而缩短检测时间，5 分钟内可以得到检测结果。由于抗原抗体结合的特异性，以及修饰过程中阻断剂的使用，对 SARS-CoV-2IgG 的检测能与血清中其他种类抗体很好地区分开来，这种检测方法具备高特异性。

这种基于 OECT 的便携检测仪还能实现在血清和唾液中的新冠病毒抗体检测，检测限为 10 fm。血清检测范围为 10 fm ～ 100 nm，呈良好的线性关系，与新冠病毒感染患者血清中特异性 IgG 水平相匹配。唾液中极低的检测限也能满足对唾液抗体检测高灵敏的需求。这项研究对新冠病毒抗体的快速检测和大规模筛查有重要的意义，对疫苗的检测与评估也可以提供帮助。

三、其他技术方法

除新冠病毒检测试剂盒和新型生物传感器外，全球研究机构和人员还开发了其他检测技术方法，为实现新冠病毒的快速、精准、便捷检测提供科技支撑。

（一）DBS 检测技术

2021 年 4 月 5 日，FDA 宣布，授予 Symbiotica 公司旗下自主研发产品"新冠病毒自选抗体测试系统"紧急使用授权 [1]。这是全球首款被授予紧急使用授权的家用新冠病毒抗体手指干血斑（DBS）检测法。

Symbiotica 公司此次获批的"家用新冠病毒抗体测试仪"可实现 18 岁及以上成年人自行在家检测手指干血斑中的新冠病毒 IgG 抗体，并送至 Symbiotica 公司的实验室进行分析。该设备可帮助识别人体是否对新冠病毒产生适应性免疫反应，从而确定其是否感染过该病毒。但值得注意的是，此系统无法诊断或排除急性新冠病毒感染患者。值得一提的是，Symbiotica 公司的新冠病毒自选抗体测试系统首次使用处方药进行家庭收集抗体测试。尽管该系统无法诊断新冠病毒感染相关病例，但已有其他设备填补该领域

---

① FDA. Coronavirus（COVID-19）update：April 6，2021[EB/OL].（2021-04-06）[2022-02-07].https://www.fda.gov/news-events/press-announcements/coronavirus-covid-19-update-april-6-2021.

空白。FDA 器械和放射健康中心主任 Jeff Shuren 表示："此次授权将帮助卫生保健人员在识别因感染新冠病毒而产生适应性免疫反应的个体方面发挥重要作用。"

目前，FDA 已授权 43 项家用检测产品，涵盖了分子检测、抗原检测和抗体检测。除一款分子非处方试剂盒外，其他均为处方试剂。家用自采样检测试剂可实现居家且无接触取样，提高检测便利性和人们的检测意愿。

（二）ApharSeq 检测技术

2021 年 11 月 3 日，哈佛医学院的研究人员在《科学·转化医学》（*Science Translational Medicine*）杂志发表了题为 "Early Sample Tagging and Pooling Enables Simultaneous SARS-CoV-2 Detection and Variant Sequencing" 的研究论文[①]。

目前，新冠病毒的检测诊断主要依靠 RNA 提取及逆转录定量聚合酶链反应（RT-qPCR）分析。尽管自动化技术改进了核酸检测的流程，但高通量的下一代测序（NGS）诊断技术仍有待进一步开发。研究人员研发了一种名为 ApharSeq 的方法，利用该方法，样本可以在裂解缓冲液中进行条形码编码并在逆转录前富集。通过对哈达萨医院临床病毒学实验室的 500 多个临床样本进行分析，表明该方法的检测准确度为 Ct 33（约 1000 拷贝 /mL，95% 灵敏度），特异性 > 99.5%。

由于该方法中包含了独特的分子标识物，因此可以提供有针对性的高可信度基因型信息。与当前的常用测试方法相比，ApharSeq 方法对人力成本和试剂的需求减少了 10 ～ 100 倍。此外，该方法可以同时检测其他宿主或病原体的 RNA，或可成为应对当前和未来传染病流行的重要工具。

（三）FIND-IT 检测技术

2021 年 8 月 5 日，美国加州大学伯克利分校的 Jennifer Doudna 团队在《自然·化学生物学》（*Nature Chemical Biology*）杂志上发表的题为 "Accelerated RNA Detection Using Tandem CRISPR Nucleases" 的研究论文表明，研究团队开发了一项基于 CRISPR 的核酸检测技术——快速串联整合核酸酶检测（FIND-IT）[②]。研究团队利用两种不同的 CRISPR 酶——Cas13a 和 Csm6，对极少量新冠病毒 RNA 进行即时检测，最快在 20 分钟即可得出结果。

[①] CHAPPLEBOIM A, JOSEPH-STRAUSS D, RAHAT A, et al. Early sample tagging and pooling enables simultaneous SARS-CoV-2 detection and variant sequencing[J]. Sci Transl Med, 2021, 13（618）: 2266.

[②] LIU T Y, KNOTT G J, SMOCK D C J, et al. Accelerated RNA detection using tandem CRISPR nucleases[J]. Nat Chem Biol, 2021, 17（9）: 982-988.

这篇研究论文的通讯作者之一 Jennifer Doudna 是 2020 年诺贝尔化学奖得主，是 CRISPR 基因编辑技术的先驱之一。2020 年 12 月 4 日，Jennifer Doudna 等就曾在 *Cell* 杂志发表了题为 "Amplification-free Detection of SARS-CoV-2 with CRISPR-Cas13a and Mobile Phone Microscopy" 的研究论文，他们开发了一种用于直接检测新冠病毒鼻拭子 RNA 的无扩增 CRISPR-Cas13a 方法，该检测方法在 30 分钟内即可达到约 100 拷贝 / μ L 的灵敏度，并可在 5 分钟内准确检测出一组阳性临床样本。

研究人员再次对这一检测方法进行了优化，首先证明了不相关的 CRISPR 核酸酶可以串联部署，由此选用了两种 CRISPR 酶——Cas13a 和 Csm6。Cas13a 是一种靶向 RNA 的核酸酶，其用于检测的工作原理为：Cas13a 蛋白在导向 RNA（crRNA）的引导下，识别样本中的特异性 RNA 序列，Cas13a 蛋白、crRNA 和靶标 RNA 形成三元复合物，激活 Cas13a 蛋白的"非特异性切割"活性，并随机切割溶液中的核酸探针。因此，当用紫外光照射样本时，阳性样本会发出荧光，而阴性样本则无荧光，从而判断样本中是否含有病毒。Csm6 是来自 III 型 CRISPR/Cas 系统的二聚体 RNA 内切酶，基于其信号放大的内源性功能，可以提高 RNA 检测的上限。不仅如此，研究人员还基于新冠病毒的基因序列设计了 8 种不同的 crRNA，再结合有效的、化学稳定的 Csm6 激活剂，从而在 20 分钟内对新冠病毒实现高灵敏度和快速的即时诊断。

FIND-IT 检测技术在 20 分钟内即可完成对新冠病毒的诊断。目前，FIND-IT 检测技术的检测上限是每微升 30 个病毒 RNA 分子，虽然仍落后于目前临床检测金标准——RT-qPCR，但这种检测水平足以协助病毒监测和限制感染的传播。值得一提的是，FIND-IT 检测技术没有扩增病毒的 RNA，这可以防止患者样本之间产生交叉污染，使检测结果更准确。

（四）SATORI 检测技术

2021 年 4 月 19 日，日本理化学研究所研究员渡边力也与东京大学教授西增弘志等人在《生物学通讯》（*Communications Biology*）杂志发表题为 "Amplification-free RNA Detection with CRISPR-Cas13" 的论文[1]。研究团队已成功开发新的新冠病毒感染检测技术，只要短短 5 分钟就能得知结果，相较于需花上 1 小时的现行聚合酶连锁反应（PCR）检测，该技术能够在更短时间内准确分析大量样本。

新开发的 SATORI 检测技术主要是利用唾液与特殊酶（CRISPR-Cas13a）混合反

---

[1] SHINODA H, TAGUCHI Y, NAKAGAWA R, et al. Amplification-free RNA detection with CRISPR-Cas13[J]. Commun Biol, 2021, 19, 4（1）：476.

应。若是样本中含有新冠病毒，黏附在试管上的酶就会发出荧光，反之则不会发光。SATORI 检测技术的特点是融合了微型试管芯片（采用半导体技术制成）技术和核酸检测技术 "CRISPR-Cas13a"。在 1 平方厘米的微芯片上排列约 100 万个试管。在各试管中，试剂与病毒的 RNA 发生反应时会发出荧光，从而检出病毒。

（五）2SF RNA 检测技术

2021 年 2 月 26 日，综合分子诊断系统开发商 MatMaCorp 公布了[①]其新冠病毒感染 2SF RNA 测试在检测新冠病毒相关变体中的有效性。MatMaCorp 的初步评估表明，2SF RNA 测试能够检测到迄今为止全球已发现的 3801 个病毒变体中的 99.5% 以上的病毒变体。根据 FDA 发布的指南，MatMaCorp 的测试开发人员在设计新测试时考虑到未来病毒遗传突变的可能性，并进行常规监测以评估新突变对当前测试的潜在影响。

由于该测试是专门为识别新冠病毒中一个高度保守的基因开发的，因此 MatMaCorp 不必修改其新冠病毒感染 2SF RNA 测试即可确保针对变体的有效性。为了识别病毒，MatMaCorp 的新冠病毒感染测试使用了"挂锁探针"，即以高特异性探针瞄准 RNA 依赖性 RNA 聚合酶（$RdRp$）基因（病毒复制必不可少的基因）的一小部分 DNA。值得注意的是，到目前为止，MatMaCorp 鉴定和分析的任何新冠病毒毒株中，$RdRp$ 基因都没有明显的变化。

生物信息学分析结果表明，MatMaCorp 的 2SF RNA 测试可以检测到 99.7% 的 B.1.1.7（在英国发现的病毒变异株）分离株、99.8% 的 B.1.1.28（在巴西发现的病毒变异株）分离株、100% 的 B.1.351（在南非发现的病毒变异株）分离株、100% 的 B.1.525（全球新兴变异株）分离株。

MatmaCorp 的测试是在该公司的 Solas 8® 便携式检测系统上进行的，该系统获得了 FDA 的紧急使用授权，属于高复杂度测试。便携式检测系统可以快速执行多种 RT-PCR 分析。目前，该公司正在进一步扩大该系统的使用范围。

（六）Nova Type 检测技术

2021 年 1 月 25 日，欧陆集团（Eurofins）宣布，Nova Type 检测技术可以识别 B.1.1.7

---

① Bloomberg. MatMaCorp's COVID-19 2SF RNA test effective in detecting variants[EB/OL].（2021-02-26）[2022-02-03].https://www.bloomberg.com/press-releases/2021-02-26/matmacorp-s-covid-19-2sf-rna-test-effective-in-detecting-variants.

变异株和 B.1.351 变异株，非常适合检测数百万阳性样本[1]。目前，Nova Type 检测技术已在德国作为实验室自建检测方法开始应用，不久将提供给全球 50 多个实验室，用于新冠病毒感染患者检测。

一些欧洲国家的卫生部门正在对 Nova Type 检测技术进行试验，并可能将其纳入其监测方案，以应对这些新的病毒变异株。此前，欧陆集团的 Eurofins-Viracor 新冠病毒 RT-PCR 诊断试剂盒被 FDA 新冠病毒参考小组评为 110 多种试剂盒中最敏感的试剂盒。该款 RT-PCR 试剂盒同样在检测 B.1.1.7 和 B.1.351 等变异株时仍保持很高的灵敏度。

欧陆集团通过目前在全球开展的新冠病毒检测和临床诊断活动，以及与领先的制药和疫苗公司的合作，该集团能够密切监测新冠病毒新变异株，并打算在新变异株出现时为 Nova Type 检测技术增加新的检测功能。欧陆集团生产、分发引物和探针及商业化 PCR 试剂盒的能力，也有利于提高新检测方法的开发速度。

（七）Know Now 检测技术

2021 年 10 月 3 日，根据英国 Vatic 健康技术公司官网发布的新闻，全球第一个从唾液中检测"活性 Covid"而不是"无害病毒片段"的测试将在英国推广，该检测可以判断感染者是否具有传染性，减少不必要的隔离[2]。Know Now 是由英国 Vatic 健康技术公司开发的一款新冠病毒检测试剂，也是英国唯一一款采用唾液样本进行现场检测的新冠病毒检测试剂。该测试旨在模仿人们刷牙的体验，而不是用棉签对喉咙后侧或鼻子深处进行取样。

目前，通用的核酸 PCR 检测及快速检测都容易捕获"无害的病毒片段"，这意味着有些人虽然检测呈阳性，实际上体内并没有有害传播病毒，但仍必须隔离。Know Now 与其他新冠病毒检测试剂相比，其特点是可检测具有活性的新冠病毒，而非无活性的病毒残片。其检测原理基于侧流免疫层析法，模仿人类细胞的表面来识别病毒，仅可捕获活的新冠病毒的 S 蛋白，因此，只识别"具传染性"或"活跃"的新冠病毒。

该测试已经在英国和欧盟进行了注册，正在进行临床试验。英国 Vatic 健康技术公

① Bloomberg. GSD NovaType IV SARS-CoV-2（1x96）[EB/OL].（2021-01-25）[2022-02-03].https://www.eurofins-technologies.com/gsd-novatype-iv-sars-cov-2.html.

② Vatic. KnowNow in the telegraph-Vatic Health[EB/OL].（2021-10-03）[2022-02-03].https://www.vatic.health/news/knownow-in-the-telegraph.

司与欧洲最大的测试制造商之一 Abingdon Health 签署了供应协议，预计每年共同推出多达 1 亿次的 Know Now 测试。据其公司网站宣称，其特异性为 99.9%，最低检出限为 50 000 ～ 200 000 拷贝 /mL，采样过程不超过 2 ～ 3 分钟，在 15 分钟内出结果，60 分钟之后结果无效。

（八）Flowflex 检测技术

《华尔街日报》2021 年 10 月 4 日报道，FDA 批准了艾康生物技术有限公司的新冠病毒自检测试剂 Flowflex 的紧急使用授权，这是一种非处方（OTC）新冠病毒抗原检测试剂，可在家中使用[1]。

自 2020 年 3 月以来，FDA 将居家新冠病毒诊断检测视为重中之重，已授权 400 多项新冠病毒检测和样本收集设备，包括快速、非处方居家检测的授权。此次授权将显著提高快速居家检测的可用性，并有望在未来几周内将美国的快速居家检测能力提高一倍。

艾康生物技术有限公司是外商独资生物技术公司，成立于 1995 年，该公司的主要研发和生产都在杭州。艾康生物技术有限公司不仅是第一个获得 FDA 新冠抗原自检试剂紧急使用授权的中国企业，而且其产品性能超出了市场上已经获得批准的所有其他抗原自检试剂。其他已经批准的抗原自检试剂都需要在 2 ～ 3 天的时间里至少检测两次，而 Flowflex 抗原自检试剂只需要终端用户检测一次，且阳性符合率远远高于市场上其他产品。

艾康生物技术有限公司递交给 FDA 的临床数据共测试了 172 名志愿者，其中 108 名是 7 天内有症状的志愿者，64 名是没有症状的志愿者。在与 PCR 试剂的临床对比试验中，Flowflex 抗原自检试剂漏掉了 3 例阳性病例，总阳性人数是 42 人，最终和 PCR 试剂相比其阳性符合率是 93%。3 例漏掉的阳性病例中，2 例为有症状的阳性患者（30 例有症状阳性患者），1 例为没有症状的阳性患者（12 例无症状阳性患者）。

（九）便携式新冠病毒检测仪器

2021 年 4 月 7 日，据《先驱太阳报》报道，澳大利亚蒙纳士大学（Monash University）发明了一款小型仪器，可以在 35 分钟内检测出新冠病毒或其他种类的病毒，这种仪器小到可以装进口袋，以电池供能。蒙纳士大学团队的 Patrick Kwan 教授认为，这种仪器

---

① FDA. Emergency use authorization ACONlabFlowflex Ag letter of authorizations[R/OL].（2021-10-04）[2022-02-03].https://www.fda.gov/media/Z/download.

可以帮助病理学家诊断不同疾病。在墨尔本 Alfred 医院的支持下，蒙纳士大学试行了这款仪器，结果证明，该仪器在检测新冠病毒方面获得较高成功率。

蒙纳士大学发明的仪器主要通过两个方面实现便携化，一是缩小产品体积；二是采用电池供电。便携式设备可用于一些移动环境下的检测，但由于体积所限，检测通量小，通常为单人份。

（军事科学院军事医学研究院　张　音、马文兵、王　磊、李丽娟、陈　婷、刘　伟、周　巍、祖　勉、王　瑛、尹荣岭、宋　蔷、金雅晴、苗运博）

第三章 2021年全球新冠病毒疫苗研发动态

2021年，新冠疫情在全球持续肆虐，新冠病毒变异株层出不穷，对疫苗研发构成了巨大挑战。来自中国、美国、英国、法国等多家疫苗研发机构与时间赛跑，基于多条路线争先研发安全有效的新冠病毒疫苗，国家药监部门也纷纷制定出台新冠病毒疫苗的快速审批流程，推动疫苗附条件上市。此外，测试已上市疫苗对新冠病毒变异株的有效性，设计升级版疫苗，通过同源或序贯加强免疫以应对变异株。疫苗成为遏制疫情在全球范围内蔓延的有力武器。

一、中国疫苗研发

（一）灭活疫苗

1. 科兴疫苗

2021年1月12日，巴西圣保罗州政府公布了中国北京科兴中维生物技术有限公司新冠病毒灭活疫苗（以下简称"科兴疫苗"）的三期临床结果。临床试验结果显示，科兴疫苗对重症新冠病毒感染患者和住院患者的保护效力为100%，对需要医疗救治的轻症患者保护效力为77.96%，总体保护效力达50.4%。此前，土耳其公布的临床结果显示科兴疫苗保护效力为91.3%，印尼临床结果显示科兴疫苗保护效力为65.3%。

2021年2月3日，北京科兴中维生物技术有限公司研究团队在《柳叶刀·传染病》（*The Lancet Infectious Diseases*）杂志上发表文章[①]，题为"Safety，Tolerability，and Immunogenicity of an Inactivated

---

[①] HAN，B H，SONG Y F，LI C G，et al. Safety，tolerability，and immunogenicity of an inactivated SARS-CoV-2 vaccine（CoronaVac）in healthy children and adolescents：a double-blind，randomised，controlled，phase 1/2 clinical trial[J]. The lancet infectious diseases，2021，（12）：1645-1653.

SARS-CoV-2 Vaccine（CoronaVac）in Healthy Adults Aged 60 Years and Older：A Randomised，Double-blind，Placebo-controlled，Phase 1/2 Clinical Trial"，对克尔来福®开展的一、二期随机、双盲、安慰剂对照临床试验结果显示，该疫苗针对 60 岁及以上健康人群具有良好的安全性和免疫原性，与 18~59 岁健康人群的结果相当。自 2020 年 7 月 21 日起，北京科兴中维生物技术有限公司陆续在巴西、智利、印尼、土耳其 4 个国家开展三期临床研究。2021 年 2 月 5 日，北京科兴中维生物技术有限公司在官网公布了三期临床数据初步统计分析结果。按照 0 天、14 天程序接种两剂疫苗，14 天后预防由新型冠状病毒所致疾病的保护效力为：对住院、重症病例的保护效力为 100.00%，对有明显症状且需要就医的病例的保护效力为 83.70%，对不需就医的轻症病例的保护效力为 50.65%。基于上述结果，北京科兴中维生物技术有限公司于 2021 年 2 月 3 日正式向中国国家药品监督管理局提交附条件上市申请。

2021 年 2 月 5 日，中国国家药品监督管理局批准北京科兴中维生物技术有限公司研制的新型冠状病毒灭活疫苗在国内附条件上市。

2021 年 6 月 1 日，WHO 宣布将科兴疫苗"克尔来福®"列入"紧急使用清单"。这也是继国药疫苗之后，第二款被纳入 WHO"紧急使用清单"的中国新冠病毒疫苗。根据 WHO 免疫战略咨询专家组的意见，WHO 建议科兴疫苗用于 18 岁及以上成年人，采用两剂接种、间隔时间为 2 ~ 4 周。

2021 年 7 月 3 日，南非卫生产品监管局发表声明，宣布科兴疫苗获得紧急使用授权。该机构表示，批准科兴疫苗获得紧急使用授权，是基于南非疫苗进口商卡兰托制药于 2021 年 3 月 22 日至 6 月 22 日提交的有关科兴疫苗安全性和有效性的数据，同时也参考了 WHO 的新冠病毒疫苗"紧急使用清单"。

2021 年 9 月 2 日，*NEJM* 杂志刊登的一篇题为"Effectiveness of an Inactivated SARS-CoV-2 Vaccine in Chile"的文章[1]。研究者进行了一项国家级规模的观察性疫苗有效性评估的研究。参与本次研究的样本涵盖了 16 岁以上所有参与智利国家公共健康保险项目（FONASA）的公民，约 1020 万人，约 80% 的智利人口参与了此项研究。评估结果表明，科兴疫苗在部分接种者（接种第一针 14 天后，接种第二针前）中，预防新冠病毒感染的有效性为 15.5%，预防住院的有效性为 37.4%，预防重症监护室收治的有效性为 44.7%，预防死于新冠病毒感染相关疾病的有效性为 45.7%；在完全接种者（接种第二针 14 天后）中，科兴疫苗预防新冠病毒感染的有效性为 65.9%，预防住院的有效

---

[1] JARA A，UNDURRAGA E A，GONZALEZ C，et al. Effectiveness of an inactivated SARS-CoV-2 vaccine in Chile [J]. New Engl J Med，2021，385（10）：875-884.

性为 87.5%，预防重症监护室收治的有效性为 90.3%，预防死于新冠病毒感染相关疾病的有效性为 86.3%。

2021 年 10 月 7 日，智利卫生部发布了一项基于全程接种科兴疫苗基础上施打不同种类加强针的有效率的研究成果，这是全球第一份关于不同新冠病毒疫苗作为加强针的预防成效研究。结果显示：以科兴、辉瑞和阿斯利康疫苗作为加强针施打 14 天后能将科兴疫苗原预防感染有效率从 56%（科兴疫苗在智利的真实世界保护率最新数据）分别提高至 80.2%、90% 和 93%；将科兴疫苗原预防住院有效率从 84% 分别提高至 88%、87% 和 96.3%。3 种疫苗作为加强针都能显著减少有症状感染和入院。2021 年 11 月 8 日，英国政府宣布将从 2021 年 11 月 22 日起批准 WHO 的新冠病毒疫苗"紧急使用清单"，其中包括中国北京科兴中维生物技术有限公司和国药集团研发的两款疫苗，以及刚刚获得 WHO 批准的印度本土新冠病毒疫苗 Covaxin。两款中国新冠病毒疫苗在英国获得批准后，接种该疫苗的中国旅客入境英国后可以不用再进行自我隔离。

2. 武汉生物制品研究所有限责任公司新冠病毒灭活疫苗

2021 年 2 月 24 日，武汉生物制品研究所有限责任公司发布的新冠病毒灭活疫苗三期临床试验期中分析数据显示，该疫苗接种后安全性良好，两针免疫程序接种后，疫苗接种者均产生高滴度抗体，中和抗体阳转率为 99.06%，疫苗针对由新冠病毒感染引起的疾病的保护效力为 72.51%。2021 年 2 月 25 日，中国国家药品监督管理局附条件批准国药集团中国生物武汉生物制品研究所有限责任公司的新型冠状病毒灭活疫苗（Vero 细胞）注册申请。

2021 年 5 月 26 日，*JAMA* 杂志刊登了国药集团中国生物发表的题为 "Effect of 2 Inactivated SARS-CoV-2 Vaccines on Symptomatic COVID-19 Infection in Adults: A Randomized Clinical Trial" 的论文[①]。该论文总结分析了国药集团中国生物所属北京生物制品研究所（BIBP）有限责任公司、武汉生物制品研究所（WIBP）有限责任公司新冠病毒灭活疫苗的有效性、安全性等三期临床试验结果。该论文是全球首个正式发表的新冠病毒灭活疫苗三期临床试验结果。研究结果显示，国药集团中国生物两款新冠病毒灭活疫苗两针接种后 14 天，能产生高滴度抗体，形成有效保护，且全人群中和抗体阳转率达 99% 以上。武汉生物制品研究所有限责任公司的 WIV04 疫苗组保护效力为 72.8%，北京生物制品研究所有限责任公司的 HB02 疫苗组的保护效力为 78.1%。安全

---

① AL KAABI N, ZHANG Y T, XIA S L, et al. Effect of 2 inactivated SARS-CoV-2 vaccines on symptomatic COVID-19 infection in adults: a randomized clinical trial[J]. Jama-J Am Med Assoc, 2021, 326（1）: 35-45.

性好，不良反应多为注射部位疼痛，程度轻，具有一过性和自限性。

3. 北京生物制品研究所有限责任公司新冠病毒灭活疫苗

2021 年 5 月 7 日，WHO 总干事谭德塞宣布，国药集团中国生物北京生物制品研究所有限责任公司研发生产的新型冠状病毒灭活疫苗（Vero 细胞），获得 WHO 紧急使用授权，被纳入全球"紧急使用清单"。

2021 年 6 月 6 日，国药集团中国生物北京生物制品研究所有限责任公司研发的新冠病毒灭活疫苗 3~17 岁年龄组的临床试验在阿联酋阿布扎比启动，评估 900 名 3~17 岁不同国籍的健康者在疫苗接种后的免疫原性和安全性。

2021 年 7 月 27 日，上海交通大学医学院附属瑞金医院呼吸与危重症医学科主任、呼吸病研究所所长、上海市呼吸传染病应急防控与诊治重点实验室主任瞿介明教授团队在《科学通报》（*Science Bulletin*）杂志发表题为 "Inactivated SARS-CoV-2 Vaccine Does not Influence the Profile of Prothrombotic Antibody nor Increase the Risk of Thrombosis in a Prospective Chinese Cohort" 的论文[1]。论文论述了研究团队开展的一项旨在探索国药集团中国生物的新冠病毒灭活疫苗（BBIBP-CorV）是否会促进血栓相关自身抗体的产生及是否会增加接种后血栓事件风险的前瞻性研究成果。该研究在上海交通大学医学院附属瑞金医院的 406 名医护人员中展开，两剂接种的间隔时间为 3 周。结果显示，在最少 8 周的随访期内，所有入组者均未出现血栓事件及血小板减少。该灭活疫苗未影响抗磷脂抗体和抗 PF4- 肝素抗体的水平，同时不增加血栓形成的风险。

2021 年 8 月 10 日，国药集团中国生物公布了国内 3 岁以上人群接种第三剂新冠病毒灭活疫苗的一、二期临床试验数据。安全性结果显示，接种第三剂后总不良反应发生率与仅接种两剂疫苗无显著性差异，常见的局部不良反应为疼痛，其次为红斑、肿胀、瘙痒等，不良反应严重程度较轻，主要为一级反应，未见三级及以上反应。免疫原性研究数据显示，3 ～ 17 岁人群接种三剂新冠病毒疫苗后 28 天抗新冠病毒中和抗体阳转率均为 100%，接种三剂与接种两剂疫苗相比，中和抗体几何平均滴度（GMT）有显著提升，提示疫苗免疫原性更强，保护力更高。

4. 康泰生物新冠病毒灭活疫苗 KCONVAC

2021 年 4 月 8 日，中国 CDC 谭文杰研究员团队、中国食品药品检定研究院黄维金研究员团队及江苏省 CDC 朱凤才教授团队合作，在预印本平台 medRxiv 发表了

---

[1]　LIU T T, DAI J, YANG Z T, et al. Inactivated SARS-CoV-2 vaccine does not influence the profile of prothrombotic antibody nor increase the risk of thrombosis in a prospective Chinese cohort[J]. Science bulletin, 2021, 66（22）: 2312-2319.

题 为 "Immunogenicity and Safety of a SARS-CoV-2 Inactivated Vaccine（KCONVAC）in Healthy Adults：Two Randomized，Double-blind，and Placebo-controlled Phase 1/2 Clinical Trials" 的文章 [①]。康泰生物自主研发的新冠病毒灭活疫苗（KCONVAC）一、二期临床试验数据显示出优异的安全性和免疫原性，中和抗体为康复者的 2.65 倍。KCONVAC 耐受性良好，能在 18 ～ 59 岁的成年人中引起强大的抗体反应和细胞反应。

（二）腺病毒载体疫苗

1. 康希诺生物股份公司腺病毒载体疫苗

2021 年 2 月 1 日，康希诺生物股份公司发布公告称，其已接到独立数据监察委员会（IDMC）的通知，在重组新型冠状病毒疫苗（腺病毒载体）（Ad5-nCoV）三期临床试验的中期分析中，成功达到预设的主要安全性及有效性标准，无任何与疫苗相关的严重不良事件发生，公司可继续推进 Ad5-nCoV 的三期临床试验。Ad5-nCoV 的三期临床试验为一项全球多中心、随机、双盲、安慰剂对照试验，旨在评估 Ad5-nCoV 在 18 岁及以上健康成年人中的有效性、安全性和免疫原性。所有受试者在第 0 天接种一剂 Ad5-nCoV 或安慰剂，并在为期 52 周的时间内跟踪监测候选疫苗的有效性及严重不良事件。Ad5-nCoV 的三期临床试验已在 3 个大洲 5 个国家的 78 家临床研究中心完成对 4 万名受试者的接种，并遵循严格的伦理标准及严谨的科学准则。进行 Ad5-nCoV 三期临床试验的国家包括墨西哥、俄罗斯、巴基斯坦、阿根廷和智利。

2021 年 2 月 8 日，巴基斯坦卫生官员宣布，在巴基斯坦进行的三期临床试验中期分析结果显示，单针接种疫苗 28 天后，疫苗对重症新冠病毒感染的保护效力为 100%，总体保护效力为 74.8%，未发生任何与疫苗相关的严重不良反应。

2021 年 2 月 25 日，中国国家药品监督管理局附条件批准康希诺生物股份公司重组新型冠状病毒疫苗（5 型腺病毒载体）注册申请，商品名为"克威莎"。这是我国首个被批准上市的国产腺病毒载体新冠病毒疫苗，也是唯一采用单针免疫程序的新冠病毒疫苗。

2021 年 9 月 6 日，江苏省 CDC 等团队的研究人员在预印本平台 medRxiv 上发表了题 为 "Heterologous Prime-boost Immunization with CoronaVac and Convidecia" 的 论

---

① PAN H X，LIU J K，HUANG B Y，et al. Immunogenicity and safety of a SARS-CoV-2 inactivated vaccine（KCONVAC）in healthy adults: two randomized，double-blind，and placebo-controlled phase 1/2 clinical trials[EB/OL]. [2022-02-01]. https://www.medrxiv.org/content/10.1101/2021.04.07.21253850v1.

文[①]。数据显示在三剂接种组中，再接种一剂腺病毒载体疫苗加强针后，14 天后中和抗体水平升高约 78 倍；再接种一剂灭活疫苗加强针后，中和抗体升高约 15.2 倍。在两剂接种组中，再接种一剂腺病毒载体疫苗加强针后，中和抗体水平增加至少 25.7 倍；再接种一剂灭活疫苗加强针后，中和抗体水平增加了 6.2 倍。研究团队还提到，在接种加强针后的第 28 天，平均中和抗体水平均下降，但序贯免疫组的中和抗体仍然显著高于同源加强组。研究团队表示，序贯加强后产生的中和抗体增长水平显著优于同源加强的效果。免疫原性的提高可能与灭活疫苗和腺病毒载体疫苗激活了不同的自然免疫反应有关。研究团队总结称，这项研究结果表明，对于 18 ~ 59 岁的健康成年人，序贯免疫方案是安全的，且具有高免疫原性，与采用灭活疫苗同种加强疫苗相比，腺病毒载体疫苗加强了免疫后的体液反应且 Th1 细胞免疫反应更为强劲。

2. 康希诺生物股份公司雾化吸入腺病毒载体疫苗

2021 年 6 月 3 日，军事科学院研究员、中国工程院院士陈薇在浦江创新论坛全体大会报告中称，正在研发中的吸入式新冠病毒疫苗已经获得了中国国家药品监督管理局扩大临床的批件，现在正在申请紧急使用。康希诺生物股份公司董事长宇学峰 2021 年 6 月 2 日在博鳌亚洲论坛全球健康论坛大会上表示，该公司新冠病毒疫苗的吸入版本正在进行二期临床试验。康希诺生物股份公司的这款吸入式新冠病毒疫苗是该公司与陈薇院士所在的军事科学院军事医学研究院生物工程研究所合作开发的，吸入用重组新冠病毒疫苗与康希诺生物股份公司已经获得的附条件批准上市的重组新型冠状病毒疫苗（5 型腺病毒载体）在毒种、细胞库、原液生产工艺、制剂生产工艺、制剂配方等方面均相同，仅在使用时采用雾化吸入免疫专用装置进行免疫。

2021 年 7 月 26 日，《柳叶刀·传染病》（The Lancet Infectious Diseases）杂志刊登题为"Safety，Tolerability，and Immunogenicity of an Aerosolised Adenovirus Type-5 Vector-based COVID-19 Vaccine（Ad5-nCoV）in Adults：Preliminary Report of an Open-label and Randomised Phase 1 Clinical Trial"的文章[②]。文中公布了中国工程院陈薇院士团队和康希诺生物股份公司团队合作研发的雾化吸入接种 5 型腺病毒载体新冠病毒疫苗（Ad5-nCoV）一期临床试验数据。这是国际首个公开发表的新冠病毒疫苗黏膜免疫临床试验结果。该临床试验于 2020 年 9 月 29 日在武汉启动，由陈薇团队联合武汉大学中南医院共

[①]　LI J X，HOU L H，GUO X L，et al. Heterologous prime-boost immunization with CoronaVac and Convidecia[EB/OL]. [2022-02-01]. https://www.medrxiv.org/content/10.1101/2021.09.03.21263062v1.

[②]　WU S P，HUANG J Y，ZHANG Z，et al. Safety，tolerability，and immunogenicity of an aerosolised adenovirus type-5 vector-based COVID-19 vaccine（Ad5-nCoV）in adults：preliminary report of an open-label and randomised phase 1 clinical trial[J]. Lancet infectious diseases，2021，21（12）：1654-1664.

同完成，目前二期临床试验正在有序推进。研究结果显示，雾化吸入用重组新冠病毒疫苗具有良好的安全性、耐受性和免疫原性。一剂雾化吸入用疫苗仅需肌肉注射疫苗剂量的 1/5，产生的细胞免疫反应水平与肌肉注射相当。

（三）mRNA 疫苗

1. 中国科学院微生物研究所 mRNA 疫苗

2021 年 2 月 3 日，中国科学院微生物研究所严景华、高福及中国 CDC 谭文杰等在《自然·通讯》（*Nature Communications*）杂志发表了题为 "A Single-dose mRNA Vaccine Provides a Long-term Protection for hACE2 Transgenic Mice from SARS-CoV-2" 的研究论文[①]，介绍了其正在研发的单剂 mRNA 疫苗。研究团队开发了使用脂质纳米颗粒（LNP）包裹的核苷修饰的 mRNA 疫苗，该疫苗编码新冠病毒 S 蛋白 RBD 结构域。动物实验结果表明，该 mRNA 疫苗的单剂免疫接种即可引起强大的中和抗体和细胞免疫应答，并为 hACE2 转基因小鼠对抗野生新冠病毒感染提供近乎完全的保护。进一步研究表明，该 mRNA 疫苗诱导的高水平中和抗体至少维持 6.5 个月。

2. 中国 CDC mRNA 疫苗 SW0123

2021 年 5 月 31 日，中国 CDC 谭文杰及中国医学科学院基础医学研究所、北京协和医学院彭小忠等联合在《信号转导与靶向治疗》（*Signal Transduction and Targeted Therapy*）杂志在线发表了题为 "A Core-shell Structured COVID-19 mRNA Vaccine with Favorable Biodistribution Pattern and Promising Immunity" 的研究论文[②]，报告了一种高效 mRNA 疫苗 SW0123 的研发情况。该疫苗由编码全长 SARS-CoV-2 Spike 蛋白的序列修饰 mRNA 组成，这些 mRNA 封装在核壳结构的脂质多聚复合物（LPP）纳米颗粒中。研究人员应用了核壳结构的 lipopolyplex（LPP）mRNA 疫苗生产平台。在该平台中，编码蛋白质抗原的 mRNA 分子与带正电荷的阳离子化合物（SW-01）紧密结合，形成包裹在脂质壳中的致密核心结构。该平台与 LNP 有许多相似特征，LNP 已广泛用于 siRNA 递送并用于 mRNA 疫苗开发。由于 LPP 粒子类似于病毒的整体结构，其在促进细胞摄取和刺激对抗原呈递细胞（APC）激活和成熟的关键信号转导途径等方面更具优势；LPP 还显示出高转染效率和靶向 mRNA 分子在 APC（如 DC2.4 细胞）中的持续表达；

---

① HUANG Q R, JI K, TIAN S Y, et al. A single-dose mRNA vaccine provides a long-term protection for hACE2 transgenic mice from SARS-CoV-2[J]. Nat Commun, 2021, 12（1）: 776.

② YANG R, DENG Y, HUANG B Y, et al. A core-shell structured COVID-19 mRNA vaccine with favorable biodistribution pattern and promising immunity[J]. Signal Transduct Tar, 2021, 6（1）: 213.

此外，与传统 LNP 相比，LPP 在肌肉注射后主要在注射部位表达 mRNA，并且在血管渗漏后优先在脾表达 mRNA，而不是肝脏，这可以减轻对潜在脱靶效应和全身毒性的担忧。对小鼠和非人类灵长类动物的广泛评估显示，SW0123 具有很强的免疫原性，表现为诱导 CD4$^+$T 细胞（Th1）极化 T 细胞反应和高水平的抗体，这些抗体不仅能中和野生型新冠病毒，还能中和一组变异株，包括 D614G 和 N501Y 变异株。此外，SW0123 在新冠病毒攻击后为小鼠和非人类灵长类动物提供有效保护。综上所述，SW0123 是一种很有前景的候选疫苗，具有在人类中进行进一步评估的前景。SW0123 目前正在中国进行一期临床试验评估。

3. 复星医药 mRNA 疫苗复必泰

2021 年 1 月和 2 月，BNT162b2 先后获得中国香港和中国澳门的批准，中国香港向复星医药订购 750 万剂新冠病毒 mRNA 疫苗，中国澳门向复星医药订购 40 万剂新冠病毒 mRNA 疫苗。

2021 年 5 月 9 日，复星医药宣布与 BioNtech 公司在中国设立合资公司，用于新冠病毒 mRNA 疫苗的本地生产。复星医药出资 1 亿美元，BioNtech 公司以专利技术和生产技术入股，双方各占股 50%。2021 年 7 月 14 日，复星医药在股东大会上回复投资人问询时表示，国家药品监督管理局对新冠病毒 mRNA 疫苗"复必泰"的审定工作已经基本完成，专家评审已经通过，目前正在加紧进行行政审批。

2021 年 7 月 11 日，复星医药发布公告，宣布向裕利医药销售 1000 万剂新冠病毒 mRNA 疫苗。

（四）重组蛋白亚单位疫苗

1. 国产新冠病毒重组亚单位蛋白疫苗 ZF2001

2021 年 2 月 1 日，中国 CDC 高福等在 bioRxiv 平台发布正在开展三期临床试验的国产新冠病毒重组亚单位蛋白疫苗（智飞生物与中国科学院微生物研究所高福团队联合开发的 ZF2001 新冠病毒重组亚单位蛋白疫苗）和批准上市的国产新冠病毒灭活疫苗（北京生物制品研究所有限责任公司等联合开发的 BBIBP-CorV 新冠病毒灭活疫苗）对南非突变株 501Y.V2 的保护效果[①]。结果表明，与中和原始新冠病毒毒株和目前流行的 D614G 病毒变异株的效价相比，这两种疫苗在很大程度上保持了对南非突变株 501Y.V2 的中

---

① HUANG B, DAI L, WANG H, et al. Neutralization of SARS-CoV-2 VOC 501Y.V2 by human antisera elicited by both inactivated BBIBP-CorV and recombinant dimeric RBD ZF2001 vaccines[EB/OL]. [2022-02-01]. https://www.biorxiv.org/content/10.1101/2021.02.01.429069v1.

和活性，只是在滴度上略有轻微减少，两种疫苗的几何平均中和滴度（GMTs）均下降 1.6 倍。因此，南非突变株 501Y.V2 不会逃避针对整个病毒或 RBD 区的疫苗诱导免疫。

2021 年 3 月 15 日，中国科学院微生物研究所宣布，重组新型冠状病毒疫苗（CHO 细胞）在国内获批紧急使用，这也是国际上第一个获批临床使用的重组蛋白亚单位新冠疫苗。该疫苗的优势在于，采用 CHO 细胞生产重组蛋白，不需要高等级生物安全实验室生产车间，生产工艺稳定可靠，可以快速实现国内外大规模产业化生产，显著降低了疫苗生产成本，且存储和运输便捷。

2. 重组双组分新冠病毒疫苗

2021 年 3 月 27 日，江苏省 CDC 朱凤才教授团队联合中国科学院生物物理研究所王祥喜研究员团队、军事科学院军事医学研究院秦成峰研究员团队，在《国家科学评论》（*National Science Review*）杂志刊登了题为"A Proof of Concept for Neutralizing Antibody-guided Vaccine Design Against SARS-CoV-2"的研究论文[1]。该研究对新型冠状病毒 S 蛋白两个关键结构域 RBD 和 NTD 与其对应的全人源中和抗体 FC08、FC05 的结合位点、作用机制等进行了深入剖析，提出了中和抗体"Cocktail"理念，设计了针对 S 蛋白 RBD 和 NTD 双组分亚单位的新一代基因工程疫苗并完成功能性验证。在兔和猕猴实验中验证了该疫苗诱导产生的中和抗体水平显著高于第一代新冠病毒疫苗。对猕猴的两针次免疫产生针对新冠病毒攻击的完全保护作用，且未发生抗体依赖性增强现象。与 S 三聚体蛋白或 S1 亚单位疫苗相比，双组分疫苗具有四点优势：

①工艺简单、产量高，产能显著提升；

②富集并放大关键抗原表位信息，包含关键中和位点区域并减少非中和位点区域；

③优化免疫双组分抗原的比例，产生种类多样且丰度均衡的中和抗体；

④疫苗稳定性好，可在室温稳定 3 个月以上，可在不发达国家和热带地区普及接种。

另一种重组双组分新冠病毒疫苗（CHO 细胞，以下简称 ReCOV 疫苗）自 2020 年 5 月由江苏瑞科生物技术有限公司（瑞科生物）联合江苏省 CDC 等共同开发，该双组分疫苗采用三聚体蛋白结构，包含 N 末端结构域（NTD）和受体结合结构域（RBD），覆盖了主要优势中和表位，利用蛋白工程、新佐剂等技术，具备安全性好、免疫原性强、可对 Delta 变异株产生交叉保护作用、生产易放大、成本低、可在室温储存运输等一系列优势。2021 年 4 月 20 日，新西兰卫生部接受了 ReCOV 疫苗 IND 申请，批

① ZHANG L, CAO L, GAO X S, et al. A proof of concept for neutralizing antibody-guided vaccine design against SARS-CoV-2[J]. Natl Sci Rev, 2021, 8（8）：2-11.

准了 ReCOV 疫苗在新西兰开展一期临床试验。2021 年 4 月 29 日，新西兰 Health and Disability 伦理委员会批准了该临床试验。2021 年 6 月 18 日，瑞科生物的重组双组分新冠病毒疫苗（ReCOV）一期临床研究在新西兰两个临床中心（CCST 和 ACS）完成了首批受试者入组和首剂给药。2021 年 11 月 12 日，瑞科生物正式公布 ReCOV 疫苗在新西兰开展的首次临床试验结果，发现该疫苗在各年龄组均显示了良好的安全性和耐受性。

3. 三叶草生物重组蛋白新冠病毒疫苗 SCB-2019

2021 年 4 月 19 日，巴西卫生监督局宣布，该机构已于 2021 年 4 月 16 日批准由中国三叶草生物制药有限公司（以下简称"三叶草生物"）研发的一款新冠病毒疫苗在该国进行二期和三期临床试验。这项随机、双盲及安慰剂对照的临床试验旨在评估三叶草生物"S-三聚体"重组蛋白新冠病毒候选疫苗在与德纳维技术公司的 CpG1018 加铝佐剂联合使用下的有效性、安全性及免疫原性。2021 年 9 月 22 日，三叶草生物和流行病防范创新联盟（CEPI）共同宣布，三叶草生物重组蛋白新冠病毒候选疫苗 SCB-2019（CpG1018/ 铝佐剂）在全球关键性二、三期临床试验（SPECTRA）中达到保护效力的主要和次要终点；试验结果分析中观察到的新冠病毒毒株全部为变异株，显示了疫苗对变异株的保护效力。重组蛋白新冠病毒候选疫苗 SCB-2019 对 Delta 变异株引起的新冠病毒感染的保护效力为 79%，对 Gamma 变异株的保护效力为 92%，对 Muon 变异株的保护效力为 59%，这 3 种变异株共占研究中所有毒株的 73%。候选疫苗对变异株的总体保护效力为 67%，成功达到了试验的主要终点。此外，SCB-2019 具有良好的安全性。试验中发生的重度和严重的不良事件很少，并且均匀分布在疫苗组和安慰剂组。局部不良事件多为注射部位轻微和一过性疼痛，并且在第二剂疫苗接种后发生的频率下降。三叶草生物计划于 2021 年第四季度向全球各药监机构（包括中国国家药品监督管理局、欧洲药品管理局、WHO）提交附条件上市批准申请。获得附条件上市批准后，预计于 2021 年底前启动首批重组蛋白新冠病毒候选疫苗 SCB-2019 上市。

4. 依生生物制药有限公司重组蛋白新冠病毒疫苗 PIKA

2021 年 11 月 17 日，由依生生物制药有限公司自主研发的皮卡（PIKA）重组蛋白新冠病毒疫苗（以下简称"皮卡疫苗"）在阿联酋完成第一批接种志愿者入组，开启新冠病毒疫苗加强针的接种，这也是该疫苗全球临床开发工作的组成部分。该临床试验以预防新冠病毒为适应症，接种人群为 21～65 岁健康人群。另外，以治疗中症和轻症新冠病毒感染为适应症的临床试验也将于近期启动。皮卡疫苗有望为改变现有新冠病毒疫苗接种后抗体水平下降和抗击多种变异株感染等难题提供新的思路。皮卡疫苗基于新冠病毒 S 蛋白的结构设计了融合前构象 S- 三聚体蛋白，并通过稳转单克隆 CHO 细胞培养表达，经纯化获得抗原，与皮卡佐剂配伍制成皮卡疫苗。皮卡佐剂的主要组分为人工合成的双链 RNA 大分子类似物，该佐剂能激活机体 DC 细胞产生共刺激分子，促进细胞因子产生，快速诱导高水平及高亲和力的抗体，同时能诱导强而均衡的 $CD4^+$ 和 $CD8^+T$ 细胞特异免疫反应。研究显示，通过联合 S- 三聚体和皮卡佐剂，该疫苗在初次免疫后 14 天即可诱导产生高水平的中和抗体，且抗体水平在免疫后 3 个月至 1 年基本维持不变。为了确定疫苗诱导产生的中和抗体广谱性，研究人员分析了疫苗对抗原始株、D614G 株、英国株（Alfa）、南非株（Beta）、巴西株（Gamma）和印度株（Delta）等主要流行毒株的情况，结果发现免疫初期至免疫后 406 天的血清对上述假病毒都有高水平的中和活性。该疫苗快速起效、抗体广谱性、免疫持久性等特性使其有望用于新冠病毒长期防治的常规接种。

5. 中国科学院微生物研究所重组蛋白亚单位新冠病毒疫苗

2021 年 3 月 15 日，中国科学院微生物研究所宣布，该研究所与安徽智飞龙科马生物制药有限公司联合研发的重组新型冠状病毒疫苗（CHO 细胞）在国内获批紧急使用，这也是国际上第一个获批临床使用的新冠病毒重组亚单位蛋白疫苗。中国科学院微生物研究所表示，2020 年初新冠疫情暴发以来，在高福院士的带领下，包括严景华、戴连攀等在内的科技攻关团队设计了针对 β 冠状病毒的通用疫苗构建策略。该疫苗采用 CHO 细胞生产重组蛋白，不需要高等级生物安全实验室生产车间，生产工艺稳定可靠，可以快速实现国内外大规模产业化生产，显著降低了疫苗生产成本，且存储和运输便捷。2020 年 11 月起，该疫苗陆续在国内及乌兹别克斯坦、巴基斯坦、厄瓜多尔、印度尼西亚等多国启动三期临床试验，计划接种人数 29 000 人。中国科学院微生物研究所称，目前三期临床试验进展顺利。

（五）减毒流感病毒载体疫苗

2021 年 3 月 17 日，香港大学微生物学系袁国勇教授表示，香港大学与内地公司合作研发的鼻喷式新冠病毒疫苗已获内地批文来港，预计会招募 150 人开展一期临床试验。该款鼻喷式流感病毒载体新冠病毒疫苗由厦门大学夏宁邵教授团队、香港大学陈鸿霖教授团队和北京万泰生物药业股份有限公司共同研制。在技术路线划分上，该疫苗属于减毒流感病毒载体疫苗。该疫苗是在双重减毒的普通季节性流感病毒载体内插入新冠病毒 S 蛋白基因片段研制而成的活病毒载体疫苗，通过模拟呼吸道病毒天然感染途径激活局部免疫应答和全身性免疫应答而发挥保护作用。

二、美国疫苗研发

（一）腺病毒载体疫苗

1. 强生公司腺病毒疫苗 Ad26.COV2.S

2021 年 1 月 13 日，*NEJM* 杂志发表了强生公司研发的腺病毒疫苗的一、二 a 期临床试验的中期结果[①]。这款名为 "Ad26.COV2.S" 的疫苗采用的是人源腺病毒血清型 26（Ad26）载体，携带编码全长且稳定的新冠病毒 S 蛋白。在临床试验中，18 ～ 55 岁的成人志愿者和 65 岁以上的老年志愿者分别接种了不同剂量的 Ad26.COV2.S 或安慰剂。试验结果显示，在接种一剂 Ad26.COV2.S 疫苗后，绝大部分受试者在接种后产生针对新冠病毒的中和抗体，在首次接种后 71 天，不但中和抗体滴度保持稳定，而且 100% 的接种者达到中和抗体血清转化。这一结果显示了 Ad26.COV2.S 激发的抗体免疫反应的持久性。65 岁以上老年组的参与者在首次接种疫苗后 29 天，分别达到 96%（低剂量）和 88%（高剂量）的中和抗体血清转化率。在成人组中，51% ～ 60% 参与者同时产生了针对 S 蛋白的 CD8 阳性 T 细胞反应，这一免疫反应有助于消灭受到新冠病毒感染的细胞。老年组中产生 CD8 阳性 T 细胞反应的比例相对较低（24%~36%）。2021 年 1 月 29 日，强生公司宣布其在研单剂新冠病毒疫苗（JNJ-78436735）在代号为 ENSEMBLE 的三期临床研究中达到所有临床终点。对 468 例出现症状的新冠病毒感染患者的数据进行分析，结果表明单次接种 28 天后，该疫苗预防中、重症新冠病毒感染的总体有效率达到 66%（不同地区保护效力有所不同，美国为 72%，拉丁美洲为 66%，南非为 57%），预防重症新冠病毒感染的有效率达到 85%，且预防效果随时间增强，接种疫苗 49 天后，已无重症新冠病毒感染病例报告。在安全性方面，对不良事件的回顾表明，疫苗耐受性良好，迄今为止，9% 的患者出现发热症状，三级以上发热症状发生率为 0.2%。与疫苗组相比，安慰剂组报告的总体严重不良事件发生率更高，无过敏事件发生。

2021 年 2 月 27 日，FDA 颁发了强生腺病毒疫苗 Ad26.COV2.S 紧急使用授权，用于预防 18 岁及以上个体由新冠病毒引起的新冠病毒感染。FDA 的审评人员表示，Ad26.COV2.S 表现出良好的保护效力和安全性。

2021 年 10 月 20 日，FDA 宣布，授权使用目前已经获得紧急使用授权或批准的新冠病毒疫苗进行 "混打"（Mix and Match）加强接种。同时，FDA 还扩大了 Moderna

---

① SADOFF J, LE GARS M, SHUKAREV G, et al. Interim results of a phase 1-2a trial of Ad26.COV2.S Covid-19 vaccine [J]. New Engl J Med, 2021, 384（19）: 1824-1835.

和强生公司开发的新冠病毒疫苗的紧急使用授权，允许接种单剂加强疫苗。FDA 认为，在适合接种的人群中，"混打"接种疫苗的已知和潜在效益大于已知和潜在风险。FDA 在声明中还举出了"混打"接种的例子，如接种强生新冠病毒疫苗的 18 岁及以上成年人在接种第一针至少两个月后，可以接种单剂强生、Moderna 或辉瑞 /BioNTech 的新冠病毒疫苗作为加强接种。此外，接种 Moderna 或辉瑞 /BioNTech 新冠病毒疫苗的人群在完成两针接种至少 6 个月后，可以接种单剂 Moderna、辉瑞 /BioNTech 或强生新冠病毒疫苗作为加强接种。在接种过 Moderna 或辉瑞 /BioNTech 新冠病毒疫苗的人群中，目前有资格接种加强疫苗的人群包括 65 岁以上老人，18 ～ 64 岁具有患上严重新冠病毒感染的高风险人群，以及 18 ～ 64 岁因职业或工作单位原因有高风险感染新冠病毒的人群。

2. ImmunityBio 公司腺病毒载体疫苗 hAd5

2021 年 1 月 19 日，美国 ImmunityBio 公司宣布已获得南非健康产品管理局（SAHPRA）的授权，即将在南非进行 hAd5 T 细胞疫苗（该公司的新型新冠病毒候选疫苗）的一期临床试验。2020 年 10 月 16 日，该疫苗被 FDA 批准开展一期临床试验，目前一期试验正在进行中，尚未发现安全隐患。研究表明，hAd5 不仅靶向易突变的 S 蛋白和更稳定的内核衣壳蛋白（N 蛋白），还可以激活针对新冠病毒的记忆 B 细胞和 T 细胞来产生抗体，对病毒长期免疫。ImmunityBio 公司最近的计算机建模研究表明，E484K 突变（新发现突变）与 N501Y 突变同时出现时，会导致南非突变株 501Y.V2 发生构象变化，这可能导致对抗体和恢复期血清的耐药性。此外，这种新型候选疫苗有可能作为通用 T 细胞增强剂，可针对导致其他疫苗失效的突变，包括在南非的患者中发现的 501Y.V2 突变。

（二）mRNA 疫苗

1. 辉瑞公司 mRNA 疫苗 BNT162b2

2021 年 2 月 17 日，美国得克萨斯大学医学部的研究人员在《新英格兰医学杂志》（*The New England Journal of Medicine*）上发表题为 "Neutralizing Activity of BNT162b2-Elicited Serum" 的论文[①]。研究表明，首先在南非发现的 B.1.351 变异株可能会使美国辉瑞公司和德国 BioNTech 公司联合研发的新冠病毒疫苗的抗体保护作用降低。

2021 年 3 月 11 日，《自然》（*Nature*）杂志发表了题为 "Sensitivity of SARS-CoV-2

---

① LIU Y, LIU J, XIA H, et al. Neutralizing activity of BNT162b2-elicited serum[J]. N Engl J Med, 2021, 384（15）：1466-1468.

B.1.1.7 to mRNA Vaccine-elicited Antibodies"的研究论文[1]，报告了剑桥大学和伦敦大学学院等关于新冠病毒变异株 B.1.1.7 对 BNT162b2 mRNA 疫苗诱导抗体的敏感性的最新研究。研究人员利用表达野生型 S 蛋白的假病毒和在 B.1.1.7 S 蛋白中发现的 8 个氨基酸突变的假病毒，评估了第一次和第二次疫苗免疫后的中和抗体反应。结果表明，疫苗免疫血清对野生型假病毒表现出广泛的中和滴度，对 B.1.1.7 变异株的中和滴度略有降低，而在 B.1.1.7 变异株的基础上引入 E484K 突变对疫苗能构成较大的威胁。

2021 年 3 月 31 日，辉瑞公司和 BioNTech 公司宣布其在 12 ～ 15 岁青少年中进行的新冠病毒疫苗临床试验结果积极，其新冠病毒疫苗 BNT162b2 在该试验中表现出 100% 的功效和强大的抗体应答，该试验招募了 2260 名青少年。此外，BNT162b2 用药耐受性良好，其不良反应与在 16 ～ 25 岁参与者中观察到的一致。

2021 年 5 月 5 日，加拿大卫生部宣布，批准将辉瑞疫苗用于 12 ～ 15 岁的青少年接种。加拿大成为第一个批准为低年龄青少年接种新冠病毒疫苗的国家，而 16 岁及以上人群目前已在加拿大获准接种该疫苗。此前，辉瑞公司公布了对 2260 名 12 ～ 15 岁青少年的三期临床试验结果，显示该疫苗有效率为 100%，16 岁及以上年龄组的有效率为 95%。加拿大卫生部是根据这个试验结果做出批准决定的。

2021 年 9 月 20 日，辉瑞 /BioNTech 公司发布了 mRNA 疫苗在 5 ～ 11 岁儿童中进行的第一阶段二、三期试验的结果。结果表明，该疫苗既安全又有效。该试验采用间隔 21 天接种两剂 10 微克 mRNA 疫苗的方案，剂量比用于 12 岁及以上人群的 30 微克剂量要小。该试验共招募了 2268 名 5 ～ 11 岁的参与者。辉瑞公司表示，将尽快向监管机构提交申请，在初冬时为这一年龄段的人群接种疫苗。儿童感染新冠病毒的情况较少见，但在美国呈上升趋势。目前，大约每 5 个新感染新冠病毒的患者中就有一个是儿童。

2021 年 9 月 22 日，FDA 授予辉瑞 /BioNTech 新冠病毒疫苗加强针紧急使用授权。允许以下人群在完成前期两剂疫苗接种至少 6 个月后接种第三剂加强针，包括 65 岁及以上人群；18 ～ 64 岁重症新冠病毒感染高风险人群；年龄在 18 ～ 64 岁，在机构或职业上频繁接触新冠病毒，暴露于新冠病毒感染严重并发症（包括重症新冠病毒感染）的高风险人群。

2021 年 10 月 20 日，FDA 再次授予该疫苗加强针在符合条件人群中"混打"的紧急使用授权，对于已经完成两剂新冠病毒疫苗接种的患者，可接种该疫苗第三剂加强针。

---

[1] COLLIER A D, DE MARCO A, FERREIRA A T M I, et al. Sensitivity of SARS-CoV-2 B.1.1.7 to mRNA vaccine-elicited antibodies[J]. Nature，2021，593（7857）：136-141.

2021 年 10 月 21 日，辉瑞公司和 BioNTech 公司联合公布了新冠病毒疫苗 Tozinameran（BNT162b2）第三剂加强针三期、随机、对照试验结果。结果显示，该款疫苗对先前接种过两剂后继续接种第三剂受试者的保护效力恢复到接种第二剂后的高水平。与未接种加强针受试者相比，显示出 95.6% 的相对保护效力。

2021 年 10 月 29 日，FDA 在其官网发表题为 "FDA Authorizes Pfizer-BioNTech COVID-19 Vaccine for Emergency Use in Children 5 through 11 Years of Age" 的声明，批准 BNT162b2 mRNA 疫苗用于 5 ～ 11 岁群体的紧急使用授权。声明称，批准这一授权是基于对现有数据"彻底、透明的评估"，包括 FDA 独立咨询委员会的专家意见。

2021 年 11 月 2 日，*The BMJ* 杂志发表题为 "Covid-19：Researcher Blows the Whistle on Data Integrity Issues in Pfizer's Vaccine Trial" 的文章[1]。文章称，有多名美国辉瑞公司的前雇员称新冠病毒疫苗在研发过程中存在伪造试验数据、研究人员操作不规范等严重问题；这些爆料的前雇员还表示，辉瑞公司及 FDA "明知道辉瑞疫苗存在问题，却最终选择掩盖问题并批准辉瑞疫苗上市"。文章称爆料者均来自 Ventavia 公司，该公司是辉瑞公司的合作伙伴，负责辉瑞疫苗的临床三期试验。其中一名爆料者布鲁克·杰克逊曾是该公司的地区主管，他提供的内部文件显示，从 2020 年 8 月辉瑞疫苗试验开始不久，他就发现有研究人员"修改文件日志"并"根据需要随意填写实验数据"。此外，他还目睹"无人监控刚刚接种疫苗的志愿者""未及时上报疫苗不良反应""疫苗没有在适当的温度下储存""实验室样本标签错误"等"严重颠覆他认知"的问题。杰克逊的这些说法也得到了多名 Ventavia 公司前雇员的证实。一些人表示，杰克逊被辞退后，这些混乱的状况一直持续到试验结束，他们也都因为报告了这些问题而遭到了解雇。在辉瑞公司 2020 年 12 月提交给 FDA 咨询委员会的简报文件中，并未提及在三期试验中存在的任何问题。

2. Moderna 公司 mRNA 疫苗 mRNA-1273

2021 年 1 月 19 日，美国洛克菲勒大学、加州理工学院、NIH 等研究团队合作，在医学预印本平台 medRxiv 网站发表了题为 "mRNA Vaccine-elicited Antibodies to SARS-CoV-2 and Circulating Variants" 的研究论文[2]。研究发现，新冠病毒疫苗对南非突变株 501Y.V2 变异体的防护能力可能有所下降，从接种 mRNA 疫苗的志愿者体内分离出的中和抗体，其中 26% 的中和抗体（22 个）至少对 K417N、E484K、N501Y 中的一种突

---

① THACKER D P. Covid-19：Researcher blows the whistle on data integrity issues in Pfizer's vaccine trial[J]. Bmj-Brit Med J，2021，375：2635.

② WANG Z J, SCHMIDT F, WEISBLUM Y, et al. mRNA vaccine-elicited antibodies to SARS-CoV-2 and circulating variants[J]. Nature，2021，592：616-622.

变假病毒的中和活性下降超过 5 倍。

2021 年 1 月 25 日，Moderna 公司宣布，其研发并已上市的新冠病毒 mRNA 疫苗（mRNA-1273）对新冠突变株仍有作用。这项 Moderna 公司与 NIH 合作的研究表明，mRNA-1273 疫苗对之前的突变株和英国突变株的中和效价没有显著变化，但对南非突变株的中和效价降低了 6 倍，尽管有所下降，但降低后的中和效价水平仍高于预期保护水平，因此，mRNA-1273 疫苗对这些突变株仍然能够起保护作用。

2021 年 4 月 6 日，美国国家过敏与传染病研究所（NIAID）的学者在 *NEJM* 杂志刊文。研究人员通过对 Moderna 新冠病毒疫苗接种者进行长期跟踪，证明该疫苗带来的免疫力至少可以维持 6 个月。2021 年 5 月 25 日，Moderna 公司宣布其新冠病毒 mRNA 疫苗（mRNA-1273）在青少年（12 ～ 17 岁）中的二、三期临床研究已达到其主要免疫原性终点，表现出不低于成人的高度保护效力。该项随机、双盲、含安慰剂对照的二、三期临床试验共入组 3732 名青少年，以 2∶1 的比例随机接种两剂 100 微克 mRNA-1273 或安慰剂。接种过两剂疫苗的青少年未出现新冠病毒感染，疫苗效力为 100%。这款疫苗安全性与耐受性良好，所有接种者将在第二次接种后接受为期 12 个月的监测，以持续评估这款疫苗提供长期免疫保护的能力与安全性。Moderna 公司计划在 2021 年 6 月初将试验数据提交给 FDA 和全球的监管机构。mRNA-1273 疫苗的安全性和耐受性与成人三期临床试验基本一致。迄今为止尚未发现严重的安全性问题，大多数不良事件的严重程度均为轻度或中度。最常见的不良反应是注射部位疼痛、头痛、疲乏、肌痛和寒战。

2021 年 8 月 11 日，*NEJM* 杂志发表了 Moderna 公司研发的新冠病毒疫苗 mRNA-1273 用于青少年接种的重要临床试验结果[①]。这项覆盖超过 3700 人的安慰剂对照试验显示，12 ～ 17 岁青少年接种两剂 mRNA-1273 后，与年轻成人（18 ～ 25 岁）的局部或全身不良反应的发生率大致相似，疫苗安全性可接受；在 mRNA-1273 疫苗组中，第一剂或第二剂接种后最常见的不良反应是注射部位疼痛、头痛和疲劳。未发现与 mRNA-1273 疫苗或安慰剂相关的严重不良事件。疫苗引起的局部或全身反应通常持续平均约 4 天。12 ～ 17 岁青少年接种后出现与年轻成人（18 ～ 25 岁）相似的免疫反应，产生了高水平的中和抗体，两剂 mRNA-1273 疫苗在青少年人群中也可有效预防新冠病毒。

---

① DORIA-ROSE N, SUTHAR M S, MAKOWSKI M, et al. Antibody persistence through 6 months after the second dose of mRNA-1273 vaccine for Covid-19[J]. New Engl J Med, 2021, 384（23）: 2259-2261.

2021 年 10 月 21 日，《科学》（*Science*）杂志刊文[①]，为疫苗加强针预防变异新冠病毒提供了新证据。这项临床前研究表明，猕猴接种新冠病毒疫苗 mRNA-1273 6 个月后，接种第三剂 mRNA 疫苗能增强其抗体反应，尤其是抗体对变异病毒的中和活性。在实验猕猴接受了两剂 mRNA-1273 疫苗的 6 个月后，研究人员分别给它们注射了两种加强针，一种仍然是为靶向原始新冠病毒毒株设计的 mRNA-1273 疫苗；另一种则是针对 Beta 变异株稍作改良的 mRNA-1273-β 疫苗。实验结果显示，两种加强针可以同样有效地增强抗体反应，疫苗诱导的中和抗体至少持续了 8 周。接种第三针 9 周后，研究人员用 Beta 变异株做了攻毒实验。结果显示，加强针产生了高水平保护。动物的下呼吸道中检测不到病毒，表明病毒复制完全被抑制；而在上呼吸道，病毒复制也被大大抑制，鼻拭子中检测到的病毒载量显著降低。研究人员指出，加强针诱导了强烈的免疫记忆反应，以及潜在的更持久的免疫力。

3. Moderna 公司 mRNA 疫苗 mRNA-1273.351

2021 年 2 月 24 日，Moderna 公司宣布，已完成针对首次在南非发现的 B.1.351（又称为 501Y.V2）新冠突变病毒的特异性候选疫苗 mRNA-1273.351 的临床试验剂量制造，并已将候选疫苗运往 NIH 进行一期临床试验。该试验将由 NIH 的 NIAID 领导和资助。多项研究显示，B.1.351 突变株能够降低已有疫苗的保护能力。此前在 *NEJM* 杂志上的一项研究显示，针对这一病毒株，Moderna 公司已经获得 FDA 紧急使用授权的 mRNA-1273 疫苗激发的中和抗体滴度可能下降 6 倍。因此，Moderna 公司将评估 3 种不同增强接种策略的效果，其中包括：检验基于 B.1.351 设计的突变体特异性候选疫苗 mRNA-1273.351（剂量为 50 微克或更低）作为增强疫苗（Booster）的防护效力；检验一种由 mRNA-1273 和 mRNA-1273.351 构成的多价候选疫苗 mRNA-1273.211 作为增强疫苗的防护效力；检验追加第三剂 mRNA-1273 作为增强疫苗的效力。目前，该公司已经开始向志愿者进行第三剂 mRNA-1273 的接种。

4. Moderna 公司二代 mRNA 疫苗 mRNA-1283

2021 年 3 月 15 日，Moderna 公司发布公告称已经完成了新一代新冠病毒候选疫苗 mRNA-1283 一期临床试验的首批参与者给药。Moderna 公司 CEO Stéphane Bancel 在公告中表示，该疫苗是一款潜在的可在冰箱储存条件下保持稳定的疫苗，一期临床试验将评估其安全性和免疫原性。此前，莫德纳公司研发的 mRNA-1273 可在 –20℃ 条件下

---

① CORBETT K S，GAGNE M，WAGNER D A，et al. Protection against SARS-CoV-2 beta variant in mRNA-1273 vaccine-boosted nonhuman primates[J]. Science，2021，374（6573）：1343-1353.

保存 6 个月，在正常冰箱条件下最多可保存 30 天。此次研发的第二代疫苗 mRNA-1283 将在储藏温度上更为优化，以提高疫苗分发和接种的便利性。

（三）新冠病毒口服疫苗

1. Key Capital 公司新冠病毒口服疫苗

2021 年 1 月 18 日，美国 Key Capital 公司（KCPC）宣布，其合作伙伴 Immunitor 公司的新冠病毒口服丸剂疫苗正在进行一项独立研究，早期结果表明，该疫苗具有较好的安全性和有效性。研究机构进行初步测试发现，疫苗显示出良好的安全性。在接触活性疫苗后，病毒在哺乳动物细胞中的传染性降低了 90%。该研究揭示了疫苗灭活或预防病毒感染的出色能力，以及它在口腔黏膜给药方面的潜力。新冠病毒口服丸剂疫苗能够为需要的群体提供急需的治疗选择，以及高效的、可快速进行大规模疫苗接种的方案。

2. 以色列 Oramed Pharmaceuticals 公司与美国 Premas Biotech 公司合作开发口服新冠病毒疫苗

2021 年 8 月 3 日，专注口服药物递送系统开发的 Oramed Pharmaceuticals 公司表示，将于 2021 年 8 月初在以色列开展其口服新冠病毒疫苗的临床试验。此款口服新冠病毒疫苗由 Oramed Pharmaceuticals 公司与 Premas Biotech 公司合作开发，分别采用 Oramed Pharmaceuticals 公司的口服给药技术和 Premas Biotech 公司的疫苗技术。该疫苗针对 3 种新冠病毒表面蛋白，除常用的 S 蛋白外，还包括两种不易发生突变的结构蛋白（包膜蛋白和膜蛋白），从而使疫苗对当前和未来病毒变异株都具有潜在的预防效果。口服疫苗的研发难度较大，主要原因是疫苗的有效成分在经过胃肠道后往往无法存活。此次 Oramed Pharmaceuticals 公司设计了一种能经受胃肠强酸性环境的胶囊，确保疫苗有效成分不受破坏。

（四）重组蛋白亚单位疫苗

1. 美国 Novavax 公司新冠病毒疫苗 NVX-CoV2373

2021 年 1 月 28 日，Novavax 公司宣布，其研发的新冠病毒疫苗 NVX-CoV2373 在英国进行的三期临床试验显示疫苗效力为 89.3%，对英国突变株的效力为 85.6%。NVX-CoV2373 是使用 Novavax 公司的重组纳米粒子技术与基于皂苷的 Matrix-M™ 佐剂制成的全长预融合 S 蛋白，冷藏在 2 ～ 8 ℃下即可维持稳态，以即用型液体制剂运输。在英国的三期临床研究招募了 15 000 多名 18 ～ 84 岁的参与者，65 岁以上者占 27%。三期临床试验需观察接种后是否出现 PCR 确诊的症状（轻度、中度或重度）。第一次中期分析发现了 62 例病例，其中安慰剂组观察到 56 例新冠病毒感染患者，而 NVX-CoV2373 组观察到 6 例。根据对 62 例病例中的 56 例进行 PCR 分析，该疫苗对原始病毒株的效力为 95.6%，对英国突变株的效力为 85.6%；在南非开展的 2b 期临床试验中，观察到 NVX-CoV2373 对预防轻症、中症和重症新冠病毒感染的效力为 60%。研究数据表明，先前感染新冠病毒产生的抗体可能无法完全使人们免疫南非变异病毒，但是 NVX-CoV2373 疫苗可以提供重要的保护。在南非接种疫苗的个体中，患新冠病毒感染疾病的风险降低了 60%，凸显了该疫苗在预防南非变异体感染方面的价值。

2021 年 6 月 14 日，Novavax 公司宣布，其基于重组蛋白的纳米颗粒新冠病毒候选疫苗 NVX-CoV2373 关键性三期临床试验达到主要终点，总体保护效力为 90.4%。此外，该疫苗对中症和重症新冠病毒感染患者的防护效力为 100%，在高风险人群中有效性为 91%。此外，NVX-CoV2373 对需主要关注的变异毒株（VOC）或待观察的变异毒株（VOI）也表现出良好的保护效力。

2021 年 8 月 5 日，Novavax 公司宣布，NVX-CoV2373 最初两剂接种方案完成 6 个月后，施打单剂加强针可使功能抗体滴度增加 4.6 倍。针对 Delta（B.1.617.2）变种，第三剂疫苗接种对新冠病毒与 ACE2 受体结合的能力可相对第二针提高 6 倍以上。

2021 年 12 月 20 日，欧盟正式批准 NVX-CoV2373 疫苗投入使用。此外，澳大利亚药物管理局（TGA）正对 NVX-CoV2373 进行最后阶段的审核工作，澳大利亚联邦卫生部部长 Greg Hunt 表示，如果一切顺利，该款疫苗最快可在 2022 年 1 月中旬投入使用。

2. 美国 Novavax 公司抗流感和新冠病毒混合疫苗

2021 年 5 月 11 日，Novavax 公司表示，其用于抗击流感和新冠病毒的候选疫苗联合注射的临床前研究取得了积极结果。新疫苗结合了针对流感病毒的 NanoFlu 和针对新冠病毒的 NVX-CoV2373，这两种疫苗分别处于人体试验后期阶段，都尚未获得批准。研究显示，混合疫苗在雪貂和仓鼠身上产生了针对这两种病毒的强大抗体水平。与安慰剂组仓鼠相比，接种混合疫苗后的仓鼠感染新冠病毒后体重未下降，且肺部组织样本未见新冠病毒。

（五）DNA 疫苗

2021 年 10 月 11 日，美国 INOVIO 公司宣布，该公司已获得哥伦比亚食品药物管理局的授权，其全球 INNOVATE（INOVIO INO-4800 疫苗疗效试验）的三期临床试验将在哥伦比亚进行。INOVIO 公司正与艾棣维欣（苏州）生物制药有限公司合作，在多个国家开展 INNOVATE 三期临床试验研究，其重点是拉丁美洲、亚洲和非洲国家。INOVIO 公司已获得巴西、菲律宾和墨西哥的监管授权。

INNOVATE 的全球三期临床试验研究将评估 INO-4800 在两剂方案（每剂 2.0 毫克）中的疗效，间隔一个月给药，在 18 岁及以上的男性和非妊娠女性中以 2∶1 的方式随机分配。INNOVATE 的三期临床试验研究是建立在二期临床试验研究的基础上进行的。二期临床试验研究发现，INO-4800 在 18 岁及以上成年人中具有良好的耐受性和免疫原性。之前的另一项研究发现，INO-4800 能提供广泛的交叉反应性免疫反应，包括中和抗体及强大的 T 细胞反应。

INO-4800 是 INOVIO 公司针对新冠病毒的候选 DNA 疫苗，由设计的 DNA 质粒组成。该质粒通过皮内注射，然后使用专有智能设备进行电穿孔，该设备将 DNA 质粒直接输送到体内细胞中，旨在产生耐受良好的免疫反应。作为目前唯一一种常温条件下可稳定存放 1 年以上的核酸疫苗，其可以在正常冷藏温度下存放 5 年，不需要在运输或储存过程中冷冻。

三、其他国家疫苗研发

（一）灭活疫苗

1. 巴西布坦坦疫苗

2021 年 3 月 26 日，巴西圣保罗州州长多利亚曾宣布，布坦坦研究所正在研发该国首款疫苗"布坦坦疫苗"。研究所于当日向巴西卫生监督局提交了初步的实验数据。据悉，布坦坦研究所于 2020 年 3 月底开始研发此款疫苗，其生产基于病毒鸡胚培养技术。2021 年 4 月 28 日，巴西圣保罗州州长多利亚宣布，巴西权威医疗科研机构布坦坦研究所将从当日开始生产第一批由该国自主研发的新冠病毒疫苗"布坦坦疫苗"。多利亚表示，"布坦坦疫苗"首批生产数量为 100 万剂。布坦坦研究所正在向巴西卫生监督局申请疫苗临床试验的使用许可，一旦获批，所生产的疫苗将立即用于此前计划的一期和二期人体临床试验研究。

2021 年 4 月 27 日，巴西卫生监督局要求布坦坦研究所提交用于疫苗审批的附加材料，该研究所表示将与卫生部门保持沟通，以提供有助于疫苗审批进程的必要数据和说明，但同时希望巴西卫生监督局能够加快审批速度。

2. 法国 Valneva 公司新冠病毒灭活疫苗 VLA2001

2021 年 6 月 3 日，Valneva 公司宣布已完成其新冠病毒灭活佐剂疫苗 VLA2001 的三期临床试验志愿者招募工作。VLA2001 是目前欧洲唯一正在进行临床试验的新冠病毒灭活候选疫苗。Valneva 公司最近宣布，VLA2001 将参加在英国进行的全球首个新冠病毒疫苗加强试验（CoV-Boost 试验），该试验将研究 7 种不同的新冠病毒疫苗，并提供重要数据，以说明每种疫苗的加强剂在保护个人免受病毒侵害方面的效果。

VLA2001 是在 Valneva 公司已建立的 Vero-cell 平台上生产的，VLA2001 由具有高 S 蛋白密度的新冠病毒灭活全病毒颗粒与两种佐剂（明矾和 CpG1018）组成。这种佐剂组合疫苗在临床前实验中比仅含明矾的佐剂疫苗诱导的抗体水平更高，并显示免疫反应向 Th1 细胞转移。CpG1018 佐剂由 Dynavax 公司提供，是 FDA 和欧洲药品管理局批准的 HEPLISAV-B® 疫苗的组成部分。预计 VLA2001 的保存和运输符合标准冷链要求（2～8 ℃）。

三期临床试验 Cov-Compare（VLA2001-301）将在 4000 多名成年人中进行。该试验将对 Valneva 公司的新冠病毒候选疫苗 VLA2001 与阿斯利康批准的疫苗 Vaxzevria1 进行比较。主要终点是 30 岁及以上的成年人在第二次接种疫苗后两周（疫苗接种间隔 4 周，即第 43 天）其体内新冠病毒特异性中和抗体的几何平均滴度。

（二）腺病毒载体疫苗

2021 年 6 月 9 日，英国爱丁堡大学等单位的研究人员在《自然·医学》（*Nature Medicine*）杂志发表了题为 "First-dose ChAdOx1 and BNT162b2 COVID-19 Vaccines and Thrombocytopenic, Thromboembolic and Hemorrhagic Events in Scotland" 的研究论文[①]。研究团队对超过 250 万名接种过第一剂阿斯利康疫苗（ChAdOx1）或辉瑞 mRNA 疫苗（BNT162b2）的苏格兰成年人的全国性调查表明，ChAdOx1 与一种自体免疫出血性疾病——免疫性血小板减少性紫癜（ITP）的风险轻微升高有关，且该疫苗可能与其他出血及血管问题风险升高有关。该研究调查了 2020 年 12 月至 2021 年 4 月接种了第一剂新冠病毒疫苗（ChAdOx1 或 BNT162b2）的 253 万名苏格兰成年人（占 18 岁以上成年人口的 57%）与疫苗相关的出血和血管事件。研究人员发现，ChAdOx1 在注射后长达 27 天内与 ITP 风险轻微升高有关，该疾病导致某些患者出现轻微瘀青和过度出血，某

---

① SIMPSON C R, SHI T, VASILEIOU E, et al. First-dose ChAdOx1 and BNT162b2 COVID-19 vaccines and thrombocytopenic, thromboembolic and hemorrhagic events in Scotland[J]. Nature medicine, 2021, 27（7）: 1290-1297.

些患者会患上慢性病。

2021 年 7 月 22 日，*NEJM* 杂志在线发表题为 "Effectiveness of Covid-19 Vaccines Against the B.1.617.2（Delta）Variant" 的文章[①]。该研究发现 mRNA 疫苗 BNT162b2 与腺病毒载体疫苗 ChAdOx1 nCoV-19 可有效预防首先在印度发现的 Delta 变异株（又称 B.1.617.2）引起的有症状感染。该研究表明，接种两剂 BNT162b2 对 Delta 变异株的保护效力为 88%；ChAdOx1 nCoV-19 的保护效力相对较差，为 67%。2020 年 12 月发表的两种疫苗三期临床试验显示，其针对病毒野生株的效力分别是 95% 和 90%。

2021 年 10 月 18 日，《柳叶刀·欧洲地区卫生》（*The Lancet Regional Health-Europe*）杂志发表了瑞典研究人员的一项队列研究[②]。研究指出，与接种了两剂牛津－阿斯利康疫苗的人相比，第一剂接种牛津－阿斯利康疫苗、第二剂接种 mRNA 疫苗的人感染风险较低。由于牛津－阿斯利康疫苗已不再用于 65 岁以下人群，因此建议所有已接种第一剂该疫苗的人，第二剂接种 mRNA 疫苗。研究人员在接种者接种了第二剂疫苗后，对其进行了平均 2.5 个月的随访。结果表明，在考虑了疫苗接种日期、参与者年龄、社会经济状况和其他新冠病毒感染风险因素后，与未接种疫苗的个体相比，混合接种牛津－阿斯利康疫苗与辉瑞－BioNTech 疫苗，接种者的感染风险降低了 67%；混合接种牛津－阿斯利康疫苗与 Moderna 疫苗，接种者的感染风险降低了 79%。对于接种过两剂牛津－阿斯利康疫苗的人来说，其感染风险降低了 50%。重要的是，这些疫苗对 Delta 变异株有一定效果。与疫苗组合相关的不良血栓栓塞事件发生率非常低。由于新冠病毒感染住院患者较少，研究人员无法计算组合疫苗预防新冠病毒感染患者住院的效果。

（三）重组蛋白亚单位疫苗

2021 年 5 月 17 日，赛诺菲（Sanofi）公司和葛兰素史克公司开发的新冠病毒候选疫苗的二期临床试验结果积极，该试验共招募了 722 名志愿者[③]。二期临床试验的中期数

① LOPEZ BERNAL J, ANDREWS N, GOWER C, et al. Effectiveness of Covid-19 vaccines against the B.1.617.2（Delta）variant[J]. New Engl J Med, 2021, 385（7）：585-594.

② NORDSTROM P, BALLIN M, NORDSTROM A. Effectiveness of heterologous ChAdOx1 nCoV-19 and mRNA prime-boost vaccination against symptomatic Covid-19 infection in Sweden：A nationwide cohort study[J]. Lancet Reg Health Eur, 2021, 11：100249.

③ Sanofi and GSK COVID-19 vaccine candidate demonstrates strong immune responses across all adult age groups in phase 2 trial[EB/OL].（2021-05-17）[2022-02-01]. https://www.gsk.com/en-gb/media/press-releases/sanofi-and-gsk-covid-19-vaccine-candidate-demonstrates-strong-immune-responses-across-all-adult-age-groups-in-phase-2-trial/.

据显示，第二次接种后，在 18 ～ 95 岁的所有年龄组中，血清转化率为 95% ～ 100%。此外，该疫苗可诱导强大的中和抗体水平，与新冠病毒感染康复者体内的中和抗体水平相当，18 ～ 59 岁的人群体内中和抗体水平更高。两家公司希望从三期临床试验中得到结果，预计到第四季度将招募 3.5 万名志愿者参与试验。Sanofi 公司和葛兰素史克公司合作开发的新冠病毒候选疫苗是基于 Sanofi 公司提供的重组抗原蛋白和葛兰素史克公司提供的用于增强人体免疫反应的佐剂。这种基于重组蛋白的疫苗可以在普通冰箱温度下保存，便于在全球范围内分配和使用。

（四）蛋白颗粒疫苗

1. 加拿大 Medicago 公司联合佐剂疫苗

2021 年 5 月 18 日，Medicago 公司宣布了其佐剂疫苗的二期临床数据。数据显示，该佐剂疫苗通过两剂接种可诱导显著的体液免疫应答，且每名受试者都产生了显著的抗体和细胞免疫反应。该佐剂疫苗由 Medicago 和葛兰素史克两家公司自 2020 年 7 月开始合作开发，其中 Medicago 公司负责研发疫苗冠状病毒样颗粒（CoVLP）；葛兰素史克公司的佐剂技术可以增强免疫反应并减少每剂所需的抗原量，这将允许生产更多剂量的疫苗，从而有助于保护更多的人。

2021 年 12 月 7 日，葛兰素史克公司与 Medicago 公司联合公布了"植物来源的候选新冠病毒佐剂疫苗三期临床试验效果和安全性研究取得积极结果"[①]。此次公布的这项三期临床试验于 2021 年 3 月启动，采用事件驱动、随机、观察者设盲、交叉安慰剂对照设计，在加拿大、美国、英国、墨西哥、阿根廷和巴西的 24 000 多名受试者中评估候选疫苗配方相较于安慰剂的效力和安全性。结果显示，该疫苗对 SARS-CoV-2 所有变异株的总体疫苗效力为 71%；在未发生新冠病毒感染暴露的、初始血清阴性状态的人群中，相应的效力为 75.6%；该候选疫苗对 Delta 变异株所引起的所有严重程度新冠病毒感染的效力为 75.3%；对 Gamma 变异株的效力为 88.6%。该疫苗对研究中检测的所有变异株均有效，包括由 Delta 变异株引起的任何严重程度的新冠病毒感染。在接种组中没有观察到 Alpha、Lambda 和 Muon 变异株病例，在安慰剂组中观察到 12 例。

2. 古巴结合蛋白疫苗 Soberana 02 和 Abdala（CIGB-66）

2021 年 3 月 1 日，古巴疫苗研发机构宣布，该国两款新冠病毒候选疫苗 Soberana

---

① Medicago and GSK announce positive phase 3 efficacy and safety results for adjuvanted plant-based COVID-19 vaccine candidate[EB/OL]. [2022-02-01]. https://www.gsk.com/en-gb/media/press-releases/medicago-and-gsk-announce-positive-phase-3-efficacy-and-safety-results.

02 和 Abdala（CIGB-66）将于 2021 年 3 月启动三期临床试验。古巴芬利疫苗研究所称，该机构负责研发的 Soberana 02 新冠病毒候选疫苗将于 2021 年 3 月上旬启动三期临床试验，计划将有约 4.4 万名 19 ～ 80 岁的志愿者参与该试验。古巴基因工程和生物技术中心表示，该机构负责研发的 Abdala（CIGB-66）新冠病毒候选疫苗于 2021 年 3 月中旬启动三期临床试验，有约 4.2 万名志愿者参与该试验。如果这两款候选疫苗能够通过三期临床试验，将有望成为拉美地区最先投入使用的自主研发新冠病毒疫苗。

（五）mRNA 疫苗

2021 年 2 月 18 日，泰国红十字会朱拉隆功医院与泰国朱拉隆功大学医学系疫苗研究中心共同宣布，基于此前猴子实验效果良好，由泰国自主研发的 ChulaCov19 新冠病毒疫苗计划于 2021 年 4 月底或 5 月初在志愿者中进行人体试验。试验第一阶段，将在朱拉隆功医院对 36 名志愿者进行接种；第二阶段，将在朱拉隆功医院和玛希敦大学热带病医院对 300 ～ 600 名志愿者进行接种，并将接种志愿者逐渐扩大到 5000 人。ChulaCov19 新冠病毒疫苗是 mRNA 疫苗。动物实验结果显示，该疫苗可预防新冠病毒感染和减少感染新冠病毒的小鼠体内的病毒载量。该疫苗可在 2 ～ 8 ℃条件下存放至少 1 个月。此外，泰国疫苗研究机构也在着手研发针对变异新冠病毒的疫苗，预计两个月后开始动物实验。2021 年 4 月 22 日，泰国红十字会朱拉隆功医院和泰国朱拉隆功大学医学院宣布，对外招募一批健康志愿者参与 ChulaCov19 新冠病毒疫苗临床试验，受试者年龄包括 18 ～ 55 岁的成年人和 65 ～ 75 岁的老年人，旨在评估疫苗安全性等指标，该临床试验于 2021 年 6 月 14 日开始。18 ～ 55 岁年龄组的初步结果表明，疫苗增强了人体免疫力，且未发现严重不良反应。详细结果将在 2022 年发布。

（六）DNA 疫苗

2021 年 8 月 20 日，印度药品管理局批准了将 DNA 冠状病毒疫苗 ZyCoV-D 用于 12 岁以上人群。来自 2.8 万多名受试者的临床试验结果表明，接种疫苗组出现了 21 例新冠病毒感染病例，接种安慰剂组出现了 60 例新冠病毒感染病例，该疫苗的有效性为 67%。ZyCoV-D 包含环状 DNA 链（质粒）、作用新冠病毒的 S 蛋白及启动子序列。一旦质粒进入细胞核，它们就会转化为 mRNA 被转运到细胞质，并被翻译成 S 蛋白。人体的免疫系统就会对这种蛋白质产生反应，并产生专门的免疫细胞来清除感染，质粒通常在几周到几个月内降解，但免疫力仍然存在。

2021 年 9 月 2 日，《自然》（Nature）杂志发表了题为 "India's DNA COVID

Vaccine is a World First-more are Coming" 的新闻[1]，称印度成功研制出世界首个DNA冠状病毒疫苗，预示着针对各种疾病的 DNA 疫苗临床试验即将席卷全球。ZyCoV-D 由总部位于 Ahmedabad 的印度制药公司 Zydus Cadila 研发。印度 Sonipat Ashoka 大学的病毒学家 Shahid Jameel 认为，ZyCoV-D 的有效性低于某些 mRNA 疫苗，是因为其临床试验是在新冠病毒 Delta 变异株流行时进行的，而较早的 mRNA 疫苗试验是在传播性较低的变异株流行时进行的。ZyCoV-D 针对 Delta 变异株的有效性是较好的。ZyCoV-D 通过按压在皮肤上的无针装置注射至皮下组织，可相对减轻接种者痛苦，且皮肤下层富含的免疫细胞可更有效地捕捉疫苗颗粒 DNA。尽管 ZyCoV-D 较之以前的 DNA 疫苗更有效，但其至少需要三剂才能达到疗效，这可能增加了新冠疫情期间接种疫苗的压力。

（军事科学院军事医学研究院　祖　勉、尹荣岭、王　磊、张　音、李丽娟、陈　婷、
刘　伟、周　巍、马文兵、王　瑛、宋　蔷、金雅晴、苗运博）

---

[1]　MALLAPATY S. India's DNA covid vaccine is a world first-more are coming[J]. Nature，2021，597
（7875）：161-162.

第四章 2021年全球新冠病毒药物研发动态

新冠病毒引发的急性呼吸道传染病造成了全球大流行的新冠病毒感染，严重危害世界公共卫生安全，相关抗新冠病毒药物已经在临床研究中展现出很好的治疗效果，本章重点对新冠病毒抗体药物、西药及中药研发的进展进行了总结。

一、国内抗体药物研发

1. 中国科学院联合君实生物研发埃特司韦单抗

2021年3月15日，欧洲药品管理局人类用医药产品委员会允许欧盟成员国在公共卫生紧急情况下使用单克隆抗体"鸡尾酒"疗法。该疗法中的单克隆抗体药物埃特司韦单抗（*Etesevimab*）由中国科学院微生物研究所与君实生物联合研发。2021年2月9日，FDA已经批准了该抗体"鸡尾酒"疗法的药物在美国的紧急使用授权，用于治疗轻症和中症新冠病毒感染患者。

2. 清华大学等研究的 P2C-1F11 单抗

2021年6月8日，《免疫学》（*Immunity*）杂志在线发表清华大学医学院张林琦教授团队的一项研究[①]，该研究通过对南非突变株（B.1.351）三突变体（417N-484K-501Y）RBD与单克隆抗体P2C-1F11复合物的晶体结构分析，确认了变异株S蛋白多个突变位点对中和抗体逃逸及使用不同物种ACE2的影响，揭示了抗体中和及逃逸的分子基础，研究结果显示变异株对目前抗体治疗及疫苗保护构成严峻挑战。

---

① WANG R K, ZHANG Q, GE J W, et al. Analysis of SARS-CoV-2 variant mutations reveals neutralization escape mechanisms and the ability to use ACE2 receptors from additional species[J]. Immunity, 2021, 54（7）: 1611-1621.

3. 南京大学研究的托珠单抗

2021 年 7 月 10 日，南京大学医学院附属金陵医院（东部战区总医院）夏欣一教授团队在《传染病与治疗》（*Infectious Diseases and Therapy*）杂志发表了研究论文[1]。该研究分析了 190 例新冠病毒感染患者，其中 95 例患者在标准治疗的基础上接受了托珠单抗治疗，倾向评分匹配分析了 95 例仅接受标准治疗的患者，结果表明托珠单抗治疗组的病死率低于标准治疗组，但差异无统计学意义。研究还发现，在 ICU 分层分析中，托珠单抗治疗组的死亡率显著低于标准治疗组；在无继发感染亚组中，托珠单抗治疗组的死亡率显著低于标准治疗组。

4. 国药集团 2B11 单抗

国药集团中国生物杨晓明团队于 2021 年 7 月 27 日在《细胞发现》（*Cell Discovery*）杂志刊文，表明其新发现针对 Delta 变异株有效的单克隆抗体 2B11，其中和活性 IC50 高达 5 ng/mL。2B11-RBD 复合物的晶体结构表明，2B11 单抗的表位与 ACE2 结合位点高度重叠，结果表明，高效的 SARS-CoV-2 中和抗体 2B11 可用于对抗 WT SARS-CoV-2 和 B.1.1.7 变体，这意味着单抗对 Delta 等新冠病毒变异株有效，针对新冠病毒尤其是 Delta 等变异株的治疗有望迎来特效药。

5. 天境生物研发 Plonmarlimab 单抗

天境生物自主研发的 Plonmarlimab 单抗是一款抗 GM-CSF 的中和抗体，能够高效中和 GM-CSF，从炎症细胞因子网络通路的上游阻断免疫系统的过度激活，从而减轻新冠病毒感染患者的肺部及其他器官损伤等严重并发症。2021 年 8 月 11 日，天境生物宣布其旗下的 Plonmarlimab 单抗治疗重症新冠病毒感染伴发的细胞因子释放综合征（CRS）的二、三期研究（NCT04341116）取得良好的中期结果。与对照组相比，接受 Plonmarlimab 单抗治疗 30 天后患者死亡率更低，达到康复的时间和住院期更短。

6. 中国科学院微生物研究所研发 CB6 单抗

CB6 单抗是一款靶向新冠病毒 S 蛋白 RBD 的抗体，由中国科学院微生物研究所高福院士团队和严景华团队联合研发，目前已在美国、欧盟、印度等国家和地区获得紧急使用授权。

2021 年 8 月 17 日，中国科学院微生物研究所严景华团队联合华中科技大学王晨辉团队、北京大学肖俊宇团队、中国食品药品检定研究院王佑春团队、中国 CDC 谭文杰团队、君实生物等机构，在《自然·通讯》（*Nature Communications*）杂志上发表了研

---

[1] JIANG W J, LI W W, WU Q Y, et al. Efficacy and safety of tocilizumab treatment COVID-19 patients：a case-control study and meta-analysis[J]. Infect Dis Ther，2021，10（3）：1677-1698.

究论文 [①]。该论文首次报道了一种靶向多种冠状病毒入侵受体 ACE2 的阻断抗体，该抗体能够有效预防和治疗新型冠状病毒及其突变株感染宿主细胞及模式动物，并在非人灵长类动物中展现出良好安全性。

7. 国药集团中国生物研发 pH4 免疫球蛋白

2021 年 8 月 30 日，国药集团中国生物研制的"静注 COVID-19 人免疫球蛋白（pH4）"（以下简称"新冠特免"）获得中国国家药品监督管理局颁发的《药物临床试验批件》，批准开展临床试验。该药品规格为 5000 U/ 瓶（1.25 g，25 mL）、10 000 U/ 瓶（2.5 g，50 mL）。当前，全球尚无同品种上市，也尚无其他厂家基于已上市新冠病毒疫苗免疫后血浆开展静注新冠病毒感染人免疫球蛋白的临床申报。

新冠特免为治疗用生物制品一类新药，是全球首款采用新冠病毒灭活疫苗免疫后血浆制备的新冠病毒感染特异性治疗药物，也是国药集团中国生物抗击新冠病毒科研攻关团队在治疗领域的又一突破性成果。新冠特免是以经批准的中国生物新型冠状病毒灭活疫苗免疫后健康人血浆为原料，采用低温乙醇蛋白纯化分离法，并经病毒灭活及去除方法制备而成的含有高效价新冠病毒中和抗体的静脉注射特异性人免疫球蛋白。

8. 腾盛博药等研发 BRII-196/BRII-198 单抗

BRII-196/BRII-198 单抗是我国药企腾盛博药与清华大学、深圳市第三人民医院合作，从康复期的新冠病毒感染患者体内获得的非竞争性新冠病毒单克隆中和抗体，特别应用了基因工程技术以降低抗体介导依赖性增强作用的风险，并延长血浆半衰期以获得更持久的治疗效果。

2021 年 10 月 9 日，腾盛博药宣布，该公司已向 FDA 提交其在研新冠病毒联合疗法 BRII-196/BRII-198 单抗的紧急使用授权申请，支持紧急使用授权申请的数据于当日提交给 FDA。这是继再生元制药公司、礼来公司、VIR 公司之后第四家向 FDA 递交新冠病毒中和抗体紧急使用授权申请的企业，同时也是首家向 FDA 递交紧急使用授权申请的中国企业。

二、国外抗体药物研发

1. 礼来公司等联合研发巴尼韦单抗

礼来公司的巴尼韦单抗（*Bamlanivimab*）是一种中和抗体，靶向新冠病毒 S 蛋白上

---

① DU Y, SHI R., ZHANG Y, et al. A broadly neutralizing humanized ACE2-targeting antibody against SARS-CoV-2 variants[J]. Nat Commun, 2021, 12（1）：5000.

的不同位点。该抗体已于 2020 年 11 月获得 FDA 的紧急使用授权，用以治疗病毒感染轻度至中度患者。

2021 年 1 月 21 日，礼来公司宣布，该公司与 AbCellera 公司联合开发的新冠病毒中和抗体巴尼韦单抗（LY-CoV555），在名为 BLAZE-2 的三期临床试验中，显著降低了养老院居住人群和工作人员患上新冠病毒感染并出现症状的风险。尤其是对在养老院居住的老年人，该抗体能将他们的患病风险降低 80%。

2021 年 1 月 27 日，礼来公司、VIR 公司和葛兰素史克公司达成了一项三方合作协议，礼来公司扩大了正在进行的 BLAZE-4 研究，在试验中加入了 VIR 公司的单克隆抗体，以评估 VIR 公司的单克隆抗体 VIR-7831 与礼来公司的巴尼韦单抗联合治疗轻症和中症新冠病毒感染患者的有效性和安全性。双重作用单克隆抗体的结合具有治疗当前和未来新型冠状病毒毒株的潜力，这是首次将来自不同公司的单克隆抗体整合在一起，以探讨潜在的效果。

2021 年 3 月 10 日，礼来公司 BLAZE-1 的三期临床试验数据显示该公司的两种单克隆抗体巴尼韦单抗和埃特司韦单抗（从君实生物获得研发许可）的组合，可显著降低最近确诊为新冠病毒感染的高危患者的住院和死亡风险。

2021 年 4 月 16 日，FDA 撤销了礼来公司新冠抗体药物巴尼韦单抗的紧急使用授权。FDA 在声明中解释称，因为对巴尼韦单抗有抗药性的变异病毒增加，仅仅使用该药物治疗新冠病毒感染患者会使"治疗失败的风险越来越高"，使用该药物的益处已不再超过风险，已经不符合紧急使用授权条件。但 FDA 强调，再生元制药公司 REGEN-COV 抗体鸡尾酒疗法、礼来公司的巴尼韦单抗和埃特司韦单抗鸡尾酒疗法依然可用。而且礼来公司表示未来将专注于推广巴尼韦单抗和公司第二种抗体药埃特司韦单抗合用的鸡尾酒疗法。

2. 葛兰素史克公司和 VIR 公司联合研发的 Sotrovimab 单抗

Sotrovimab 单抗是一种具有双重机制的在研新冠病毒单克隆抗体。在临床前试验中，该抗体与 SARS-CoV-1 和新冠病毒共享的一个表位靶向结合，显示出中和新冠病毒的能力。该表位高度保守，与当前主要关注突变株和待观察突变株中关键突变的结合位点不重叠，因此降低了病毒产生耐药性与变体逃逸的可能性。此外，表位还具有清除被感染细胞的能力，对抗体的修饰使抗体半衰期更长，并能在肺部维持更高的浓度。Sotrovimab 单抗于 2021 年 5 月底获得 FDA 紧急使用授权。两家公司计划在 2021 年下半年向 FDA 提交该药的生物制品许可申请（BLA）。

2021 年 6 月 22 日，葛兰素史克公司和 VIR 公司联合宣布，双方合作开发的新冠病毒中和抗体 Sotrovimab（VIR-7831）三期临床试验的分析结果表明，该药将轻症和中症新冠病毒感染高危成人患者的住院与死亡风险降低 79%（*P*<0.001）。此外，美国国立卫生研究院（NIH）在最新版新冠病毒感染治疗指南中，推荐使用 Sotrovimab 单抗治疗轻症和中症新冠病毒感染非住院患者，并指出这种单克隆抗体对当前主要关注突变株（VOC）和待观察突变株（VOI）均保持中和活性。

2021 年 11 月 12 日，葛兰素史克公司和 VIR 公司公布了 COMET-TAIL 三期临床试验的结果。该试验结果表明，在轻症和中症新冠病毒感染非住院成年人和青少年（12 岁及以上）患者的早期治疗中，肌内注射（IM）单克隆抗体 Sotrovimab 与静脉注射（IV）给药的治疗效果相当。

3. 罗氏公司和再生元制药公司联合研发的 REGEN-COV 抗体药物

2020 年 8 月，罗氏公司和再生元制药公司达成合作，共同开发和生产中和抗体组合——REGEN-COV（Casirivimab 和 Imdevimab 混合物）抗体药物。该药物在美国的商品名为 REGEN-COV，在其他国家和地区为 Ronapreve。它同时在 20 多个国家和地区获得紧急使用授权或大流行暂时使用授权。作为推广方，再生元公司主要负责在美国的推广，而罗氏公司则负责美国以外其他国家和地区的推广。

2021 年 1 月 27 日，再生元制药公司和哥伦比亚大学的研究人员评估了多种新冠病毒抗体（包括已获得紧急使用授权的抗体和仍在研发中的抗体）对各种变异病毒株的体外中和能力，证实了其新冠病毒抗体药物 REGEN-COV 可以成功中和英国（B.1.1.7）和南非（B.1.351）的新冠病毒变体。

2021 年 4 月 12 日，再生元制药公司宣布，其新冠病毒中和抗体组合疗法 REGEN-COV 在预防新冠病毒感染的三期临床试验中达到主要临床终点。在接受一剂皮下注射中和抗体疗法的志愿者中，患上有症状新冠病毒感染的风险下降至 81%。值得一提的是，此前的中和抗体疗法通常使用静脉输注给药，皮下注射为治疗患者提供了便利。此外，REGEN-COV 在治疗无症状新冠病毒感染患者的三期临床试验中也达到主要终点。

2021 年 7 月 21 日，罗氏公司和再生元制药公司联合宣布，日本厚生劳动省（MHLW）已经批准新冠病毒中和抗体组合疗法 REGEN-COV 治疗轻症或中症新冠病毒感染患者。这一批准标志着首款新冠病毒中和抗体组合疗法获得监管机构的完全批准。

2021 年 8 月 5 日，*NEJM* 杂志发表了新冠病毒中和抗体组合疗法 REGEN-COV 预防新冠病毒感染的重要研究[①]。对于感染者的家庭接触者，皮下注射 REGEN-COV 可预防 81.4% 的有症状感染，预防 66.4% 的所有感染。此外，REGEN-COV 还减少了症状

---

① O'BRIEN M P, FORLEO-NETO E, MUSSER B J, et al. Subcutaneous REGEN-COV antibody combination to prevent Covid-19[J]. N Engl J Med, 2021, 385（13）：1184-1195.

和高病毒载量的持续时间。这项研究进一步在新冠病毒感染患者的家庭接触者中评估了 REGEN-COV 暴露后预防感染和治疗新冠病毒感染的效果。

2021 年 10 月 14 日，再生元制药公司宣布，FDA 已授予其新冠病毒中和抗体组合疗法 REGEN-COV 的生物制品许可申请（BLA）优先审评资格，用于治疗非住院新冠病毒感染患者，并作为高风险人群的暴露后预防疗法。该公司指出，如果获得批准，它将是 FDA 正式批准的首个同时用于治疗新冠病毒感染患者和作为暴露后预防疗法的新冠病毒中和抗体。

2021 年 11 月 11 日，欧洲药品管理局建议欧盟委员会批准两种单克隆抗体药物用于治疗新冠病毒感染症状。这两种药物分别是由美国再生元公司和罗氏公司联合研发的 Ronapreve，以及韩国药企赛尔群（Celltrion Group）公司研发的 Regdanvimab。

根据欧洲药品管理局人用药物委员会的建议，Ronapreve 可用于治疗不需要辅助供氧但病情发展成重症风险较高的成年人，以及 12 岁及以上、体重 40 公斤以上的青少年新冠病毒感染患者。Ronapreve 还可用于预防 12 岁以上、体重 40 公斤以上人群感染新冠病毒。此外，该委员会建议授权 Regkirona 用于治疗不需要辅助供氧但病情发展成重症风险较高的成年新冠病毒感染患者。

4. 瑞士提挈诺大学研究的 CoV-X2

2021 年 3 月 25 日，瑞士提挈诺大学生物医学研究所 Luca Varani 教授团队在《自然》（*Nature*）杂志发表论文[①]。研究者基于两名新冠病毒感染康复期患者体内的两种抗体 C121 和 C135，开发了一种 IgG1 样双特异性抗体（CoV-X2）。CoV-X2 可同时与新冠病毒 S 蛋白 RBD 区的两个独立位点结合，防止 S 蛋白与细胞受体 ACE2 结合。

CoV-X2 可以中和新冠病毒及其变异，包括在瑞典和欧洲流通的传播速度加快的英国突变株 B.1.1.7，还可以中和对亲代单克隆抗体产生免疫逃逸的新冠病毒变异。在感染新冠病毒同时伴有肺炎的小鼠模型中，CoV-X2 保护小鼠免受病毒感染，还可以抑制新冠病毒逃逸。与仅靶向一个病毒位点的抗体相比，这种双特异性抗体可以防止病毒变异引起的免疫逃逸。

5. Humanigen 公司研发的 Lenzilumab 单抗

2021 年 5 月 14 日，Humanigen 公司将为其单抗药物 Lenzilumab 申请治疗新冠病毒感染住院患者的紧急使用授权。

2021 年 5 月 5 日，该公司公布了 Lenzilumab 单抗针对新冠病毒感染住院患者的三

---

① DE GASPARO R, PEDOTTI M, SIMONELLI L, et al. Bispecific IgG neutralizes SARS-CoV-2 variants and prevents escape in mice[J]. Nature, 2021, 593（7859）: 424-428.

期试验数据。细胞因子风暴是新冠病毒感染致命的主要原因之一，Lenzilumab 单抗针对的是 GM-CSF（粒细胞——巨噬细胞集落刺激因子），这是一种与新冠病毒感染患者不良预后相关的细胞因子。具有统计学意义的结果及其他终点的数据可支持该公司向 FDA 提交紧急使用授权申请，以及在英国和欧盟的有条件上市授权申请。

6. 得克萨斯大学等研究的 IgM 抗体

2021 年 6 月 3 日，《自然》（*Nature*）杂志刊登了得克萨斯大学休斯敦健康科学中心和 IGM Biosciences 公司等联合发表的文章[①]。文章称，耐药性是针对新冠病毒感染基于抗体疗法的主要挑战。研究人员设计了一种免疫球蛋白 M（IgM）中和抗体 IgM-14，以克服基于 IgG 的疗法所遇到的抗性。IgM-14 中和新冠病毒的能力比其亲本 IgG-14 高出至少 239 倍。该研究结果表明，单次鼻腔给药工程化 IgM 可以提高针对新冠病毒感染的疗效，减少耐药性，简化预防和治疗过程。

7. S2H97、S2P6 等"广谱"中和抗体

2021 年 7 月 14 日，《自然》（*Nature*）杂志以快速文章预览（Accelerated Article Preview）的形式，发表了由 VIR 公司和多家合作研究机构共同发布的科学论文[②]。研究人员系统性地探讨了多种针对新冠病毒 S 蛋白受体结合域（RBD）的中和抗体对不同类型的冠状病毒的中和能力，发现了一款"广谱"中和抗体——S2H97，它可以对 Sarbe 冠状病毒亚属（Sarbecovirus）的广泛病毒种类产生中和效力。研究人员指出，这项研究有望为应对冠状病毒的演变，设计更为"广谱"的中和抗体和疫苗提供思路。

2021 年 8 月 3 日，美国华盛顿大学 David Veesler 等在《科学》（*Science*）杂志发表了研究论文[③]，论文称其发现了广谱中和冠状病毒的"超级抗体"。研究人员从新冠病毒感染康复者体内筛选出 5 株能广谱结合包括新冠病毒、非典病毒、中东呼吸热病毒及某些流感病毒（HCoV-HKU1）在内的多种 β 属冠状病毒的抗体。其中一种中和抗体（S2P6）表现出广谱的中和活性，可以通过与 β 冠状病毒保守的茎螺旋（Stem Helix）结构结合，抑制病毒 S 蛋白与宿主细胞的融合发挥功能。

8. Anivive 生命科学公司研发的 GC376

2021 年 7 月 20 日，*PNAS* 杂志刊登了研究论文[④]，详细介绍了 Anivive 生命科学公

[①] KU Z Q, XIE X P, HINTON P R, et al. Nasal delivery of an IgM offers broad protection from SARS-CoV-2 variants[J]. Nature, 2021, 595（7869）: 718-723.

[②] STARR T N, CZUDNOCHOWSKI N, LIU Z M, et al. SARS-CoV-2 RBD antibodies that maximize breadth and resistance to escape[J]. Nature, 2021, 597（7874）: 97-102.

[③] PINTO D, SAUER M M, CZUDNOCHOWSKI N, et al. Broad betacoronavirus neutralization by a stem helix-specific human antibody[J]. Science, 2021, 373（6559）: 1109-1116.

[④] DAMPALLA S C, ZHENG J, PERERA K D, et al. Post-infection treatment with a protease inhibitor increases survival of mice with a fatal SARS-CoV-2 infection[J]. Proc Natl Acad Sci U S A, 2021, 118（29）: e2101555118.

司研发的抗病毒药物 GC376 在抑制新冠病毒复制方面的有效性。研究显示，感染致命新冠病毒的小鼠在使用 GC376 氘化变体治疗时，病毒载量降低，存活率提高。Anivive 生命科学公司已经向 FDA 提交了一份研究前新药申请，以评估 GC376 作为人类感染新冠病毒后的治疗药物。

9. Inhalon 生物制药公司与赛尔群公司联合研发的 Regdanvimab 抗体

2021 年 7 月 22 日，Inhalon 生物制药公司与赛尔群公司合作开发了 IN-006，一种吸入式的 Regdanvimab 抗体（CT-P59），未来或可用于居家治疗新冠病毒感染和各种急性呼吸道感染。Regdanvimab 抗体是针对新冠病毒的第一种雾化式和吸入式抗体。Inhalon 生物制药公司的黏液捕获抗体平台直接将病毒困在呼吸道黏液中，防止病毒在局部传播，并通过人体自然清除黏液的能力快速从肺部清除病毒。吸入疗法可以很容易地由患者自行给药，还可以通过减少所需剂量将药物供应给更多患者，吸入疗法也不会像静脉注射药物那样对医护人员和输液诊所空间有过高需求。2021 年 11 月 11 日，欧洲药品管理局建议欧盟委员会批准其用于治疗新冠病毒感染症状。

10. 纳米抗体

2021 年 7 月 24 日，德国哥廷根马克斯·普朗克生物物理化学研究所的研究人员用冠状病毒 S 蛋白的部分免疫了 3 只羊驼，使其产生抗体，然后从羊驼体内提取了一小份血液样本，并基于此首次合成了具有极端稳定性，并且对新冠病毒及 Alpha、Beta、Gamma 和 Delta 变异株具有出色疗效的纳米抗体。这种微型抗体或能有效阻止新冠病毒及其新变异株侵入人体。该研究在杂志 The EMBO Journal 上发表[1]。

2021 年 9 月 22 日，英国牛津大学惠康人类遗传学中心的研究人员研究发现，4 款源自美洲驼的独特纳米抗体具有预防新冠病毒感染的潜力。在小鼠实验中，其中一款抗体不仅可注射使用，而且可以通过鼻腔吸入，同样展现出良好的预防效果。相关研究在《自然·通讯》（Nature Communications）杂志上发表[2]。

11. Edesa 生物制药公司研发的 EB05 单抗

2021 年 9 月 20 日，Edesa 生物制药公司宣布其正在进行的二期临床试验结果积极，该试验评估了其单克隆抗体 EB05 单剂量治疗新冠病毒感染住院患者的效果。EB05 单抗是一种实验性单克隆抗体，可以调节与急性呼吸窘迫综合征（ARDS）相关的过度活跃和功能失调的免疫反应，而急性呼吸窘迫综合征是新冠病毒感染患者死亡的主要原因。

---

[1] GÜTTLER T, AKSU M, DICKMANNS A, et al. Neutralization of SARS-CoV-2 by highly potent, hyperthermostable, and mutation-tolerant nanobodies[J]. EMBO J, 2021, 40（19）: e107985.

[2] GAI J W, MA L L, LI G H, et al. A potent neutralizing nanobody against SARS-CoV-2 with inhaled delivery potential[J]. MedComm（2020）, 2021, 2（1）: 101-113.

Edesa 生物制药公司计划向美国、加拿大和哥伦比亚的监管机构提交修正案，以更新三期临床试验方案。

12. 莫那比拉韦

2021 年 10 月 1 日，美国默沙东（Merck）公司公布 MOVe-OUT 的三期临床试验数据。该公司和 Ridgeback 公司开发的口服抗病毒药莫那比拉韦（Molnupiravir）能够安全有效地治疗新冠病毒感染。因为临床试验结果好于预期，该研究提前终止。

2021 年 12 月，莫那比拉韦已获得 FDA 紧急使用授权，成为全球首款针对新冠病毒的口服抗病毒药物。另外，默沙东公司也已经与多家仿制药公司签署协议，以加快莫那比拉韦在中低收入国家的供应。12 月，FDA 批准紧急使用授权的其他抗体药物还有 Tixagevimab+Cilgavimab（阿斯利康）、Nrmatrelvir+Ritonavir（辉瑞）。

三、西药

1. 小分子抑制剂

S 蛋白 RBD 区域是新冠病毒的重要靶标，相对于单克隆抗体与 ACE2 肽段，小分子抑制剂具有更好的生物相容性、溶解性，稳定性较高，生产成本也较低。美国里海大学机械工程与机械系的研究人员研究发现两种潜在的小分子化合物可阻断 RBD-ACE2 结合，并阐释了可能的作用机制。2021 年 6 月 29 日，该研究论文在《生物物理杂志》（*Biophysical Journal*）发表[1]。

2. 强心苷类

2021 年 11 月 12 日，美军医科大学等研究机构在《科学报告》（*Scientific Reports*）杂志发表了研究文章[2]。他们发现临床上常用的抗心力衰竭和心律失常药物强心苷类不仅可有效抑制 ACE2 与新冠病毒的 S 蛋白结合，还可以阻止病毒在人肺细胞中的渗透和感染。

3. 二甲双胍

二甲双胍是一种双胍类化合物，在世界范围内作为抗糖尿病药物使用。此外，二甲双胍还兼具抗癌、抗纤维化、抗炎等多种活性。近期，许多关于二甲双胍治疗的案例

---

[1]　RAZIZADEH M，NIKFAR M，LIU Y L. Small molecule therapeutics to destabilize the ACE2-RBD complex：a molecular dynamics study[J]. Biophys J. 2021，120（14）：2793-2804.

[2]　CAOHUY H，EIDELMAN O，CHEN T H，et al. Common cardiac medications potently inhibit ACE2 binding to the SARS-CoV-2 spike，and block virus penetration and infectivity in human lung cells[J]. Sci Rep，2021，11（1）：22195.

研究报告称，入院前服用二甲双胍的新冠病毒感染患者死亡率有所降低。为验证二甲双胍是否具有抗新冠病毒活性，该研究在体外细胞水平分别采用预防性给药和治疗性给药两种途径，测定细胞中的新冠病毒 RNA 水平和上清中的感染性病毒颗粒。

2021 年 11 月 18 日，印度加济阿巴德市科学与创新研究院的研究人员在 bioRxiv 平台发表了一篇研究文章[①]，称他们发现二甲双胍能够降低单细胞内的新冠病毒载量，对新冠病毒具有良好的抑制作用。

4. 抗凝药物

2021 年 11 月 12 日，维也纳医科大学的研究人员发现，抗凝药不仅可以提高新冠病毒感染患者的存活率，还可以使新冠病毒的活跃感染期缩短。

2020 年 7 月以来，医疗人员对部分新冠病毒感染患者使用了抗凝剂。抗凝药物延长了新冠病毒感染患者的存活时间，且对与凝血相关的免疫过程（免疫血栓形成）无影响。此外，在接受低分子量肝素治疗的患者中，其新冠病毒的活跃感染期比未接受低分子量肝素治疗的患者缩短 4 天。由此可见，低分子量肝素可能对新冠病毒及其感染性有直接影响。实验数据表明，肝素可抑制新冠病毒与细胞结合，从而防止细胞被感染。

5. 氟伏沙明

2021 年 10 月 27 日，《柳叶刀·全球卫生》（*The Lancet Global Health*）杂志刊发研究论文[②]，称廉价抗抑郁药氟伏沙明可以在感染初期发挥显著作用，减少新冠病毒感染高风险人群的住院风险，并降低死亡风险。

事实上，氟伏沙明用于新冠病毒感染治疗并不是一时兴起，而是有大量充足理由。最新研究认为，氟伏沙明可以通过多种机制对抗新冠病毒感染。首先，可以抑制血小板与 5 - 羟色胺结合而减缓血栓形成，降低新冠病毒造成的心脏毒性（事实上，氟伏沙明一直存在的一个不良反应是皮肤黏膜异常出血，如瘀斑和紫癜，这个不良反应正好能对抗新冠病毒引发的主要问题）。其次，氟伏沙明是 Sigma-1 受体抑制剂，具有抗炎活性。另外，它还能通过影响内皮型一氧化氮合酶（eNOS）保护血管系统，而新冠病毒侵犯血管内皮是造成众多并发症的主要原因之一。

6. 双苄四氢异喹啉类生物碱

2021 年 3 月 23 日，《信号转导与靶向治疗》（*Signal Transduction and Targeted Therapy*）

---

① PARTHASARATHY H, TANDEL D, KRISHNAN H. Harshan. Metformin suppresses SARS-CoV-2 in cell culture[J].bioRxiv 2021.11.18.469078.doi: https://doi.org/10.1101/2021.11.18.469078.

② REIS G, SILVA E A D S M, SILVA D C M, et al. Effect of early treatment with fluvoxamine on risk of emergency care and hospitalisation among patients with COVID-19: the TOGETHER randomised, platform clinical trial[J]. The Lancet Glob Health, 2022, 10（1）: e42-e51.

杂志在线发表了重庆医科大学黄爱龙教授与复旦大学谢幼华教授团队合作撰写的研究文章[①]。

研究人员通过筛选抗病毒化合物库，发现双苄四氢异喹啉生物碱（包括 Cepharanthine、Hernandezine、Tetrandrine 和 Neferine 等）可明显抑制冠状病毒入胞过程。此类抑制剂在体外有效保护 3 种细胞系（293T、Calu-3 和 A549）免受不同冠状病毒的感染。双苄四氢异喹啉生物碱对新冠病毒变异株 S-G614（D614G 突变）、英国突变株 N501Y.V1（B.1.1.7）和南非突变株 N501.V2（B.1.351）均具有抑制作用。为解析双苄四氢异喹啉生物碱的抗病毒机制，研究人员排除了化合物通过干扰 RBD-ACE2 相互作用起效的可能，进一步发现这些化合物可有效抑制 S 蛋白介导的膜融合。

四、中药

我国先后发布《新型冠状病毒感染的肺炎诊疗方案》，力荐中医药特色疗法。2021年 3 月 2 日，中国国家药品监督管理局通过特别审批程序，应急批准中国中医科学院中医临床基础医学研究所的清肺排毒颗粒、广东一方制药有限公司的化湿败毒颗粒、山东步长制药股份有限公司的宣肺败毒颗粒上市。

清肺排毒颗粒、化湿败毒颗粒、宣肺败毒颗粒是新冠疫情暴发以来，由在武汉抗疫临床一线众多院士专家筛选出的有效方药——清肺排毒汤、化湿败毒方、宣肺败毒方转化而成，也是中药注册分类改革后首次按照《中药注册分类及申报资料要求》（2020年第 68 号）"3.2 类其他来源于古代经典名方的中药复方制剂"审批的药品。

（军事科学院军事医学研究院　尹荣岭、祖　勉、王　磊、张　音、
李丽娟、陈　婷、刘　伟、周　巍、马文兵、王　瑛、
宋　蔷、金雅晴、苗运博）

---

① HE C L, HUANG L Y, WANG K, et al. Identification of bis-benzylisoquinoline alkaloids as SARS-CoV-2 entry inhibitors from a library of natural products[J]. Signal Transduct Target Ther, 2021, 6（4）: 1113-1115.

第五章　2021 年全球新冠病毒感染临床研究进展

　　新冠病毒对所有年龄组人群都具有高度传染性，可导致患者患上多系统疾病，包括呼吸、消化和神经系统疾病等。患者感染最常见的症状是发热（87.9%）、疲劳（69.6%）、干咳（67.7%）和肌痛（34.8%），伴有鼻塞、鼻出血、咽痛，少数患者也可表现为腹泻。新冠疫情暴发以来，全球关于新冠病毒的临床研究呈现爆发式增长。本章总结了新冠病毒感染干预性临床研究的特征、特殊人群的临床研究及新冠病毒感染患者的预后风险，为各类新冠病毒感染患者的全流程管理提供借鉴。

一、新冠病毒感染治疗研究

　　新冠疫情暴发以来，全球关于新冠病毒感染疗法的临床试验呈现爆发式增加。FDA 研究人员对全球新冠病毒感染疗法的临床试验进行了深入分析。他们指出，目前在全球进行的很多临床试验，由于缺乏随机化或参加试验的患者人数不足，可能无法给出具有指导性的信息。但随着时间的推移，临床试验的质量有所改善。在 2020 年 11 月之前启动的临床试验中，只有约 5% 的临床试验达到随机化要求和入组人数标准，而在 2020 年 11 月之后启动的临床试验中，这一比例接近 30%。该研究于 2021 年 2 月 25 日发表于《自然·药物发现评论》（*Nature Reviews Drug Discovery*）杂志[1]。

（一）新冠病毒感染干预性临床试验特征

　　FDA 药物评估与研究中心对美国 ClinicalTrials 和 WHO 国际

---

① BUGIN K, WOODCOCK J. Trends in COVID-19 therapeutic clinical trials[J]. Nature reviews drug discovery, 2021, 20（4）：254-255.

临床试验注册平台（WHO ICTRP）针对检验新冠病毒感染在研药物和抗体疗法的干预性临床试验进行了评估，对过去一年中新冠病毒感染干预性临床试验进行了总结。

1. 数目持续增加、类型分布有所改变

研究发现，在过去一年中，检验新冠病毒感染疗法的临床试验数目持续增加，试验组的数目从 2020 年 3 月的 443 个增加到 2020 年 11 月的 2790 个，平均每月增幅 29%。随着时间的推移及在大流行过程中获得的临床信息，临床试验检验的疗法类型分布也出现了改变。在 2020 年 3 月，大多数试验组检验的是抗病毒药物（31%）或免疫调节剂（31%）。到了 10 月，抗病毒药物（17%）和免疫调节剂（26%）的比例有所下降，而中和抗体（9%）与其他疗法类型（26%）的比例有所上升。这种转变可能是由于早期一些"老药新用"的研究并没有发现良好的效力，以及中和抗体和康复者血浆疗法进入临床评估阶段。

2. 临床试验入组存在人数不足或缺乏随机化

从监管机构的角度来说，即使在大流行期间，其决定仍然需要基于科学证据，因此 FDA 的科学家对这些临床试验是否为随机化试验，以及入组人数是否能提供具有统计学效力的信息进行了分析。结果显示，虽然阈值的标准可以有一定程度的浮动，但总体来说，对 2790 个试验组的分析显示，只有 5% 的试验组同时达到随机化且入组人数能够提供具有统计学效力信息的标准，这些临床试验包含的计划入组人数占总人数的 26%。

3. 临床试验系统需要具备两个关键性能力

文章指出，想要迅速而有效地应对一种从未见过的疾病暴发，临床试验系统需要具备两个关键性能力：一是强有力的筛选机制，让研究人员可以根据药物的机制或非临床信息，迅速发现"老药"，优先检测其治疗疾病的能力；二是临床试验系统在评估疗法的安全性、疗效和靶向人群时，应该能够迅速且有效率地生成确定性、具有高度指导性的信息。这些信息的质量应该符合监管人员和专家团体可以接受的标准。

4. 随着时间推移，研究质量有所改善

对目前临床试验数据的分析显示，临床试验系统在这两方面的能力仍然存在缺失。最主要的发现是由于随机化比例低和入组人数有限，很多试验数据可能无法在疗法安全性和有效性上提供可以被解释的结果。值得一提的是，研究人员观察到很多重复研究，多个小型临床试验在使用类似的干预手段治疗类似的患者群，这并没有最有效地利用患者资源。

（二）新冠病毒感染治疗性研究

1. 早上接种疫苗可产生效力更好的免疫应答

2021 年 8 月 2 日，中山大学的研究人员在《细胞研究》（*Cell Research*）杂志发表的论文对人类在一天中两个不同时间段接种新冠病毒灭活疫苗后的免疫应答情况进行了研究[①]。结果表明，在上午接种疫苗会诱导较之下午两倍的免疫反应。

免疫系统一般受昼夜节律、内在细胞振荡的调节，周期长度约为 24 小时。在适应性免疫系统中，研究证明了一天中的时间差异。在小鼠和人类中都观察到了定时接种疫苗产生的抗体的时间波动。研究人员调查了在早上或下午不同时间段接种新冠病毒灭活疫苗（BBIBP-CorV，国药集团）后的免疫反应。共有 63 名志愿者（24 ~ 28 岁）在上午或下午时间段接种新冠病毒灭活疫苗。第一个队列在第 0 天和第 28 天的上午 9 点到 11 点接种了疫苗或安慰剂，而第二个队列在下午 3 点到 5 点接种了疫苗或安慰剂。通过定期采集参与者的血液样本来评估上午或下午接种疫苗的效果。结果表明，早上接种疫苗较于下午接种疫苗的队列的血清学反应水平高出两倍。研究还发现，上午接种疫苗的队列具有更强的 B 细胞和滤泡辅助性 T 细胞（Tfh）反应，以及更高比例的单核细胞和树突状细胞（DC）。其中，记忆 B 细胞的差异表明上午接种疫苗可以触发比下午接种疫苗更强的长期免疫力。

2. 肺对新冠病毒感染有强烈的"免疫记忆"

2021 年 10 月 8 日，哥伦比亚大学的研究人员在《科学·免疫学》（*Science Immunology*）杂志发文称，科学家们在新冠病毒感染患者的肺部及肺周围的淋巴结中找到了对新冠病毒感染有长期免疫记忆的直接证据，确认新冠病毒感染的免疫记忆对于疫苗接种或加强免疫的设计具有重要的指导意义。

4 名曾在 2020 年感染新冠病毒后康复的患者为研究人员提供了宝贵样本。这些患者因与新冠病毒感染无关的其他原因去世，并在去世后捐献了器官。研究人员对器官组织中的免疫细胞进行了分离和功能分析，并与未感染过新冠病毒的器官捐献者进行对比。研究结果显示，直到感染新冠病毒后的 6 个月，患者的骨髓、脾、肺和多处淋巴结中依然存在大量记忆 CD4$^+$T 细胞、CD8$^+$T 细胞和 B 细胞。其中，肺和肺相关淋巴组织是新冠病毒特异性的记忆 B 细胞和记忆 T 细胞分布的最主要部位。

在肺相关淋巴结中，研究人员还发现了新冠病毒特异性生发中心 B 细胞和 Tfh 同时存在，后者可以促进 B 细胞的分化，而生发中心 B 细胞的持续存在可以确保抗体在

[①] ZHANG H, LIU Y H, LIU D Y, et al. Time of day influences immune response to an inactivated vaccine against SARS-CoV-2[J]. Cell Res, 2021, 31（11）：1215-1217.

循环系统中长期维持，以及免疫应答的持续存在。这一系列发现表明，感染新冠病毒后局部组织建立了长期保护性免疫。

在研究人员检查的这 4 名新冠病毒感染患者中，有的年龄已经超过 70 岁。这表明即使是老年人，也能针对一种从没接触过的病原体建立强大的免疫记忆。进一步来说，疫苗在老年人中产生的免疫反应或许也比过去人们以为的要更强。此外，感染后产生的免疫记忆的类型与位置还为疫苗设计带来了新的启发。研究表明，为了加强对病毒的抵抗，疫苗应该针对肺部及其相关淋巴结内的记忆免疫细胞，而鼻喷式疫苗可以实现这一点。之前研究人员在感染流感的小鼠中发现，肺部需要记忆 T 细胞才能最好地预防呼吸道感染，这项研究有力地证明了人体也是如此。

研究人员目前还在继续研究接种过疫苗的器官捐赠者，以确定疫苗引起的免疫记忆是否与自然感染引起的免疫记忆相似。这项研究或将加深我们对免疫系统的理解，为抗击新冠病毒感染提供新思路。

3. 50 岁及以上人群感染新冠病毒后的抗体水平更高

2021 年 11 月 9 日，加拿大蒙特利尔大学的研究团队在《科学报告》（*Scientific Reports*）杂志上发表题为 "Cross-reactivity of Antibodies from Non-hospitalized COVID-19 Positive Individuals Against the Native，B.1.351，B.1.617.2，and P.1 SARS-CoV-2 Spike Proteins" 的文章。研究发现，50 岁及以上人群感染新冠病毒后的抗体水平更高。

在该研究中，研究人员分析了 33 名感染了新冠病毒的未住院成年患者。结果发现，每名被感染的患者都会产生抗体，但老年人产生的抗体明显多于 50 岁以下的成年患者。而且，在确诊 16 周后，他们的血液中仍然存在抗体。感染原始新冠病毒后产生的抗体也对随后出现的变异毒株产生反应，但保护效力减少了 30% ~ 50%。研究人员表示，50 岁及以上自然感染的患者产生的抗体，与 50 岁以下自然感染的患者产生的抗体相比提供了更大限度的保护。该研究论文的通讯作者蒙特利尔大学化学系教授 Joelle Pelletier 表示，抗体的保护效力是通过测量抗体抑制 Delta 变异株的 S 蛋白与人类细胞中 ACE-2 受体相互作用的能力来确定的。尚未在其他变异株中观察到相同的现象。研究还表明，与未接种疫苗的感染者相比，轻微感染新冠病毒的患者在接种疫苗后，血液中的抗体水平会增加一倍。他们的抗体也能更好地防止 S 蛋白与 ACE-2 受体的相互作用。

50 岁以下人群在感染后没有产生抑制 S 蛋白与 ACE-2 受体相互作用的抗体，这表明接种疫苗可以更好地保护以前感染过原始毒株的人群不被 Delta 变异株感染。该团队认为，还应该进行更多的研究来确定最佳组合，以保持对所有病毒变异株具有反应性抗体的最有效的水平。

4. 新冠病毒感染产生的免疫力至少可持续 1 年

2021 年 5 月 28 日，《美国医学会杂志·内科学》（*JAMA Internal Medicine*）刊登了一篇题为 "Assessment of SARS-CoV-2 Reinfection 1 Year After Primary Infection in a Population in Lombardy，Italy" 的研究论文[①]。该研究表明，感染新冠病毒后康复的患者，体内产生的免疫力可能持续至少 1 年。

意大利研究人员对 2020 年 2 月至 2021 年 2 月意大利伦巴第（Lombardy）地区的新冠病毒核酸检测阳性患者数据进行分析。其中不仅包括首次核酸检测阳性患者的数据，还包括二次感染患者的数据。研究人员将二次感染定义为在首次核酸检测为阳性至少 90 天后再次核酸检测为阳性，旨在排除由于新冠病毒未被完全清除造成的检测阳性。

研究数据显示，在 13 496 名最初核酸检测为阴性的人群中，528 人（3.9%；95% CI，3.5% ～ 4.2%）在随访期间受到新冠病毒的感染。而在 1579 名首次核酸检测为阳性的患者中，5 名患者（0.31%；95% CI，0.03% ～ 0.58%）出现二次感染。这 5 名二次感染的患者中，只有 1 人需要接受住院治疗，而且其中 4 人在医院工作或需要经常去医院接受治疗，因此再次接触到新冠病毒的风险较高。二次感染通常在首次感染结束后很久才会发生，两次感染之间的时间间隔平均在 230 天以上。研究人员对首次感染和二次感染病例积累曲线的分析表明，二次感染是非常罕见的现象。

5. 新冠病毒疫苗只打一针部分有效但存在安全隐患

2021 年 4 月 23 日，《科学》（*Science*）杂志发文分析了新冠病毒疫苗只打一针可能产生的后果[②]。文章指出，目前开发的许多新冠病毒疫苗都需要前后打上两针，才能取得最佳的防护效果，但并非所有的国家和地区都能供应充沛的疫苗。事实上，一些地方的疫苗供不应求，打上第一针的人也不得不推迟打第二针的计划，以便把有限的疫苗让给其他还没接种的人。这样的做法显然违反了疫苗的最初设计。文章指出，关于疫苗只打一针可能产生的后果包括两个方面：这样做短期内会对感染率产生怎样的影响；长期会对疫情带来怎样的变化。为了回答这些问题，研究人员设计了一个流行病学模型，而模型本身基于一个很简单的假设：无论是接种了一针疫苗、两针疫苗，还是没有接种疫

---

① VITALE J, MUMOLI N, CLERICI P, et al. Assessment of SARS-CoV-2 reinfection 1 year after primary infection in a population in Lombardy, Italy[J]. JAMA Intern Med, 2021, 181（10）: 1407-1408.

② SAAD-ROY M C, MORRIS E S, EMETCAL J C, et al. Epidemiological and evolutionary considerations of SARS-CoV-2 vaccine dosing regimes[J]. Science, 2021, 372（6540）: 363-370.

苗（但从新冠病毒感染中康复会具有免疫力），个体的免疫力均会随着时间的推移而下降。此外，研究人员们也在模型里考虑了两针疫苗接种间隔的不同时间，第一针的接种率，以及病毒自身的变异等因素。基于这个模型，研究人员们发现与其让一部分人先接种第二针，不如把有限的疫苗用于让更多人接种第一针的做法，在短期内的确能减少新冠病毒的感染率。这是因为即便一针疫苗不能产生完全的免疫力，至少也能提供一定程度上的保护。

但研究人员们也指出，即便第一针疫苗带来的免疫保护并不完整，但倘若先让更多人打上第一针，再很快按推荐的方式补上第二针，能最大限度地避免这些长远隐患变成不幸的现实。研究人员指出，新冠病毒疫苗的部署将在极大程度上改变流行病学的特点。倘若不能及时接种完整的疫苗，病毒有可能发生变异，为全球抗疫带来危机。因此，一方面需要对已接种疫苗的人进行检测，确定没有新变异的出现；另一方面也需要尽快分配疫苗，让更多人接种上完整的两针。

6. 阿斯利康腺病毒新冠疫苗导致血栓原因

2021 年 7 月 8 日，加拿大麦克马斯特大学的研究团队在《自然》（*Nature*）杂志发表的研究阐释了导致疫苗诱导免疫血栓性血小板减少症（VITT）这一罕见症状的原因[①]。

VITT 是在接种腺病毒载体新冠疫苗后出现的一种罕见、严重的不良反应，会导致血小板计数偏低（血小板减少症）及动脉或静脉出现血凝块。VITT 有点像肝素诱导血小板减少症（HIT），之前研究显示 VITT 和 HIT 都与针对血小板因子 4（PF4）产生的抗体有关，PF4 是一种能与血小板结合的蛋白，参与凝血。但是，导致 VITT 的具体机制一直不太清楚。

研究团队分析了接种过一剂阿斯利康腺病毒新冠疫苗的 5 位 VITT 患者（平均年龄 44 岁）的血清，发现从这些患者血清中获得的抗体与 PF4 结合的位点和肝素相同。将其与 10 位 HIT 患者的血清样本进行比较后，发现 VITT 抗体与 PF4 的结合反应更强烈。研究团队认为，VITT 抗体与 PF4 结合后会形成免疫复合物，这些复合物随后通过血小板表面的 FcγRIIa 受体激活血小板，这或许会引起凝血，导致血小板减少症和血栓形成。但研究团队也指出，这或许不是导致 VITT 患者出现血栓形成事件的唯一因素，其他血清因子可能也参与了血小板活化。

7. 新冠病毒疫苗 BNT162b2 的安全性和有效性研究

2020 年 12 月 10 日，来自纽约州立大学、辉瑞疫苗研发部和安全监控与风险管

---

① HUYNH A，KELTON G J，ARNOLD M D，et al. Antibody epitopes in vaccine-induced immune thrombotic thrombocytopeniay[J].Nature，2021，596（7873）：565-569.

理部、约翰斯·霍普金斯大学公共卫生学院等多家单位的研究人员在《新英格兰医学杂志》（*The New England Journal of Medicine*）联合发表名为 "Safety and Efficacy of the BNT162b2 mRNA Covid-19 Vaccine" 的论文，研究 mRNA 疫苗 BNT162b2 的安全性和有效性[①]。

BNT162b2 是一种由脂质纳米颗粒制成、核苷修饰的 RNA 疫苗，能编码融合前稳定、膜锚定的新冠病毒全长棘突蛋白。在一项多中心、安慰剂对照、观察者单盲的试验中，以 1∶1 的比例将 16 岁及以上的受试者随机分为两组，两组分别间隔 21 天接种两次安慰剂或 BNT162b2 候选疫苗（每次剂量为 30 微克）。主要终点是疫苗预防新冠病毒感染（需经实验室证实）的有效性和安全性。共计 43 548 名参与者被随机分组，其中 43 448 名参与者接受注射：21 720 名参与者注射了 BNT162b2，21 728 名参与者注射了安慰剂。BNT162b2 组 8 名受试者和安慰剂组 162 名受试者在第二次接种至少 7 日后出现新冠病毒感染症状；BNT162b2 预防新冠病毒感染的有效率为 95%（95%CI，90.3% ~ 97.6%）。在根据年龄、性别、人种、族群、基础体格指数和是否患合并症定义的各亚组中，均可观察到相似的疫苗有效率（90% ~ 100%）。在接种第一次后发生的 10 例重症新冠病毒感染中，9 例发生于安慰剂组，1 例发生于 BNT162b2 组。BNT162b2 的安全性特征包括短期的轻度至中度注射部位疼痛、疲劳和头痛。疫苗组和安慰剂组的严重不良事件发生率均较低且相似。16 岁及以上人群接种两次 BNT162b2 后在预防新冠病毒感染方面可达到 95% 的有效率。

8. 新冠病毒疫苗 mRNA-1273 的安全性和有效性研究

2020 年 12 月 30 日，来自波士顿布里翰妇女医院、贝勒医学院、亚特兰大临床研究中心、美国国家过敏和传染病研究所等多家单位的研究人员在《新英格兰医学杂志》（*The New England Journal of Medicine*）联合发表名为 "Efficacy and Safety of the mRNA-1273 SARS-CoV-2 Vaccine" 的论文，研究 mRNA 疫苗 mRNA-1273 的安全性和有效性[②]。

mRNA-1273 是一种由脂质纳米颗粒包裹编码新冠病毒全长 S 蛋白的 mRNA 形成的 mRNA 疫苗，当前研究就 mRNA-1273 在全美国 99 个中心开展观察者单盲和安慰剂组对照的三期临床试验。受试者为 30 420 名新冠病毒感染的高风险人群志愿者，按 1∶1 的比例进行分组，一组皮内接种 mRNA-1273（100 微克）；另一组皮内接种等量

① POLACK P F, THOMAS J S, KITCHIN N, et al. Safety and efficacy of the BNT162b2 mRNA Covid-19 vaccine[J]. N Engl J Med, 2020, 383（27）: 2603-2615.

② BADEN R L, SAHLY H M E, ESSINK B, et al. Efficacy and safety of the mRNA-1273 SARS-CoV-2 vaccine[J].N Engl J Med, 2021, 384（5）: 403-416.

安慰剂。结果表明，安慰剂组中有 185 名受试者出现新冠病毒感染症状，mRNA-1273 治疗组有 11 名受试者出现新冠病毒感染症状，疫苗有效率为 94.1%（*P*<0.001）。轻度的一过性反应原性在 mRNA-1273 治疗组中的发生频率更高，未发生严重不良反应事件。

二、新冠病毒感染预后研究

新冠病毒感染患者康复后身体机能恢复一直是医疗界和学术界关注的热点话题。根据 WHO 在 2020 年 2 月 28 日发表的《WHO 与中国联合特派团报告》，在中国的 55 924 例确诊病例中，约 80% 的感染者是轻度至中度，约 13.8% 的感染者出现肺炎等严重病症，约 6.1% 的感染者病情危重，包括呼吸系统衰竭、败血性休克、多器官功能障碍 / 衰竭等，且这类患者的预后也存在不同程度的症状。

（一）新冠病毒感染患者康复后仍可能存在疲劳或肌无力

首都医科大学、北京协和医学院、武汉金银潭医院等单位合作对金银潭医院出院的 1733 名新冠病毒感染患者进行了研究，发现新冠病毒感染患者主要受到疲劳或肌无力、睡眠困难及焦虑或抑郁的困扰，部分患者在出院后出现肾脏问题。该研究成果于 2021 年 1 月 8 日发表于《柳叶刀》（*The Lancet*）杂志 [1]。

这项研究纳入了 2020 年 1 月 7 日至 5 月 29 日从武汉金银潭医院出院的 1733 名新冠病毒感染患者。研究人员通过一系列问卷评估其症状和健康相关的生活质量。患者还接受了体格检查、实验室检查和评估患者耐力水平的 6 分钟步行测试。研究发现，在急性感染 6 个月后，新冠病毒感染患者主要受到疲劳或肌无力、睡眠困难及焦虑或抑郁困扰。住院期间病情更重的患者，其肺弥散能力受损更严重，胸部影像学表现异常，是长期康复干预的主要目标人群。研究还发现，除了肺脏，新冠病毒还会影响包括肾脏在内的其他器官。实验室检查发现，住院时肾功能正常的患者中有 13%（107/822）在随访时出现肾功能异常。研究人员认为，该研究中急性期和随访时都完成抗体检测的患者数量有限，未来需要更大样本的研究来分析抗体随时间的动态变化趋势。由于武汉新冠疫情期间轻症患者均在方舱医院集中治疗，该研究未入组轻症患者，因此也十分有必要进一步开展研究，比较门诊轻症患者与住院患者之间长期结局的差异。

---

[1]　HUANG C L, HUANG L X, WANG Y M, et al. 6-month consequences of COVID-19 in patients discharged from hospital：a cohort study[J].Lancet, 2021, 397（10270）：220-232.

（二）新冠病毒感染患者康复后会产生认知障碍

英国帝国理工学院和美国芝加哥大学等机构合作研究阐述了新冠病毒感染康复患者的认知障碍问题。该研究于 2021 年 7 月 23 日发表于《柳叶刀》（ *The Lancet* ）子刊《临床医学电子刊》（ *EClinical Medicine* ）[①]。

这项研究完整收集了 81 337 名受试者的认知表现和相关数据，覆盖了英国第一波疫情暴发前后的数万名人群。受试者在 2020 年 1—12 月进行了详细的九大项认知功能评估（评估方法经过临床验证）。在认知评估后，受试者填写问卷以了解其经济、职业和生活方式等情况。此外，他们报告了疑似和确诊新冠病毒感染的情况，以及呼吸道症状，共有 12 689 人表示怀疑自己经历了新冠病毒感染或被确诊。结果显示，在调整年龄、性别、教育水平、收入、族群、既往疾病、疲倦、抑郁和焦虑状况后，从新冠病毒感染或相关症状中康复的人群，包括那些没有报告呼吸道症状的人群，都表现出了明显的认知缺陷。相较于未感染者，无论是住院患者，还是经生物学确认感染但未住院的患者，认知缺陷都更显著。随着呼吸道症状的加重，感染者认知表现不佳的程度越来越高。在未接受过医疗处理的人群中，与自我怀疑感染病例相比，经生物学检测确诊病例的这种认知异常更明显。从不同细分项目来看，认知功能的不同方面都受到了新冠病毒感染的广泛影响。在需要推理、计划和解决问题的复杂任务方面，患者表现不佳的情况尤其明显。

（三）新冠病毒感染患者对自身组织或器官产生免疫应答

自身抗体是免疫系统产生的一种抗体，可导致自身免疫疾病。早期数据表明，新冠病毒感染可引发长期的自身免疫并发症，有报道称新冠病毒感染与包括吉兰 – 巴雷综合征在内的一些自身免疫疾病相关。由英国新冠病毒免疫学联盟资助、伯明翰大学主导的一项研究发现，许多新冠病毒感染患者对自身的组织或器官产生免疫应答。该项研究于 2021 年 6 月 3 日发表在《临床与实验免疫学》（ *Clinical & Experimental Immunology* ）杂志。[②]

该研究调查了 84 名在检测时患有重症新冠病毒感染的患者、检测后转为重症新冠病毒感染患者和不需要住院的轻症新冠病毒感染患者产生常见自身抗体的频率和类型。

---

① HAMPSHIRE A，TRENDER W，CHAMBERLAIN R S，et al.Cognitive deficits in people who have recovered from COVID-19[J].EClinical Medicine，2021，39：101044.

② RICHTER G A，SHIELDS M A，KARIM A，et al.Establishing the prevalence of common tissue-specific autoantibodies following SARS CoV-2 infection[J].Clin Exp Immunol，2021，205（2）：99-105.

这些结果与对照组 32 名由于新冠病毒感染以外的其他原因接受重症监护的患者进行了比较。该项研究发现，新冠病毒感染患者体内的自身抗体数量高于对照组，且这些抗体持续时间长达 6 个月。与未感染新冠病毒的患者相比，新冠病毒感染患者的自身抗体表达不同，包括皮肤、骨骼肌和心脏抗体。研究人员还发现，新冠病毒感染危重患者更有可能在血液中具有自身抗体。该研究中发现的抗体与那些导致皮肤、肌肉和心脏多种自身免疫性疾病的抗体相似。

（四）新冠病毒感染轻症患者会出现"长期新冠"症状

来自挪威卑尔根大学的研究团队首次发现，超半数居家隔离的青壮年（16～30 岁）轻症患者，在最初感染后的 6 个月出现了长期持续的呼吸困难、味觉嗅觉丧失、疲劳或注意力不集中、记忆力下降的症状。该研究于 2021 年 6 月 24 日，发表于《自然·医学》（ *Nature Medicine* ）杂志。"长期新冠"（long COVID）出现的原因还没有明确解释。研究人员认为，感染新冠病毒后导致的炎症反应引起了爱泼斯坦–巴尔二氏病毒（EBV）再激活，这可能是引起"长期新冠"症状的原因，本项研究是首次将 EBV 再激活与"长期新冠"症状联系起来的研究。

为了评估新冠病毒感染轻症患者的长期症状，研究团队跟踪随访了 312 名患者，这些患者占挪威第一波疫情总病例的 82%。这个群体包括 247 名居家隔离患者和 65 名住院患者，中位年龄 46 岁，女性占 51%。受试者每两个月去诊所看一次医师并记录症状。第六个月时，61% 的患者出现了持续症状，并且症状与最初疾病的严重程度独立相关。61 名（52%）居家隔离的青壮年患者在第六个月时依然有症状，包括味觉嗅觉丧失（28%）、疲劳（21%）、呼吸困难（13%）、认知功能受损（13%）和记忆力下降（11%）。研究人员担心，一些未住院的年轻人会在感染后半年内出现潜在的严重症状，并指出持续疲劳在新冠病毒感染患者中的发生率非常高。考虑到数以百万计的年轻人在这场尚未结束的疫情中受到感染，研究人员认为有必要进行全方位的感染防控，全民疫苗接种，并进一步研究轻症感染的症状谱系。

三、特殊人群的新冠病毒感染临床研究

临床试验中的弱势群体包括社会性和生理性弱势人群，如儿童、孕妇、精神疾病者、认知障碍者、终末期患者、囚犯、雇员和学生。由于弱势群体可能比普通受试者面

临更多的风险或受到更严重的试验伤害，因此需要得到更多的保护，出于伦理问题的考虑，这类人群往往在临床试验中被排除。

（一）孕妇应当被纳入新冠病毒疫苗和治疗试验中

孕妇是新冠病毒感染患者中最需要安全有效治疗的人群之一，但却被大多数临床治疗试验排除在外。2021 年 12 月 16 日，《柳叶刀·全球健康》（*The Lancet Global Health*）杂志发文①，文章对国际临床试验注册的数据进行了回顾。在该文章中，作者分析了 10 个 WHO 认可的国际临床试验注册的数据，发现在 2020 年 4 月和 7 月两个时间点所查到的注册新冠病毒感染临床治疗试验中，分别有 80%（124/155）和约 75%（538/722）的试验都明确排除了孕妇。

研究发现在治疗新冠病毒感染的 6 种主要药物（洛匹那韦 / 利托那韦、氯喹和羟氯喹、瑞德西韦、干扰素 β、伊维菌素、皮质类固醇）的相关试验中，约 75%（130/176）的试验将孕妇排除在外，这些都是曾用于孕妇治疗的药物。虽然安全性数据显示，高剂量维生素（AB 复合维生素、维生素 C、维生素 D、维生素 E 和锌）不会导致不良妊娠或分娩结局，安全性风险极低，但仍有约 77%（27/35）的相关试验将孕妇排除在外。该文章作者还分析了这些试验的纳入标准，结果发现，这些试验的研究人员没有解释为什么孕妇被排除在外。该文章的作者警示，如果继续在临床试验中排除孕妇，将无法确保孕妇治疗的有效性和安全性，而孕妇患重症新冠病毒感染的风险可能还会继续上升。

（二）肥胖人口比例高的国家新冠病毒感染率更高

2021 年 3 月 4 日，世界肥胖联合会（World Obesity Federation）发布报告称，如果一个国家的肥胖率较低，就可能避免成千上万的新冠病毒感染死亡病例。该机构认为，在 50% 或更高比例人口超重的国家，新冠病毒感染死亡率要比其他国家高出 10 倍。世界肥胖联合会在报告中分析了部分国家的肥胖率及新冠病毒感染死亡率，发现因新冠病毒感染造成的死亡病例中，约 90% 发生在肥胖率很高的国家。英国就是其中之一，其新冠病毒感染死亡率居世界第 3 位，肥胖率居世界第 4 位。数字显示，英格兰近 2/3 的成年人超重或肥胖。世界肥胖联合会在报告中提到，在全球新冠病毒感染导致死亡的250 万人中，有 220 万人身处肥胖程度高的国家，而肥胖程度较低的国家却没有很高的死亡率。世界肥胖联合会高级政策顾问、悉尼大学客座教授罗布斯特说："像日本和韩国这样的国家，死亡率很低，成人肥胖率也很低。"

---

① TAYLOR M M, KOBEISSI L, KIM C, et al.Inclusion of pregnant women in COVID-19 treatment trials：a review and global call to action[J]. The Lancet Glob Health, 2021, 9（3）：e366-e371.

（三）胎儿在母亲子宫内感染新冠病毒

来自瑞典的一名接受紧急剖宫产手术的孕妇及新生儿的单病例研究显示，胎儿在母亲子宫内就已感染了新冠病毒。该研究于 2021 年 3 月 4 日发表于《英国产科与妇科学杂志》（*The British Journal of Obstetrics and Gynaecology*）[①]。文章指出，这名孕妇在 2020 年因急性腹痛被送到瑞典南部斯科讷大学医院时，已有疑似新冠病毒感染症状。医生检查发现孕妇体内的胎儿有心跳较弱等问题，随即进行了紧急剖宫产手术。在随后的新冠病毒检测中，母亲和新生儿的检测结果均呈阳性。多方面证据显示，这名婴儿还在母亲子宫中时就已被感染。对胎盘的研究表明，其中许多地方存在病毒蛋白，并且胎盘出现了大面积发炎等问题，为胎儿提供营养等功能受到了影响。环境方面的证据是，这名婴儿因为早产等问题而需要使用呼吸辅助设备，在通过剖宫产出生后立即被带离，没有与母亲待在一起，接触到婴儿的所有医护人员新冠病毒检测结果均为阴性，这些情况也说明婴儿还在子宫中时就已被感染。对母亲和婴儿体内获取的病毒样本进行基因测序的结果也显示，两者感染的病毒相同。出生几天后，研究人员发现婴儿体内的病毒出现了一个突变。研究人员说，这个突变可能与其出生后接触到与母亲子宫不同的外部环境有关。

研究人员表示，上述情况说明孕妇感染新冠病毒后，子宫内的胎儿也可能被感染，并因此面临健康风险。虽然胎儿在母亲子宫内感染新冠病毒属于罕见情况，但还是需要重新考虑如何监测疑似或确诊新冠病毒感染孕妇的健康状况。

（四）老年人体内的衰老细胞会加重新冠病毒感染病情

细胞衰老是一种由于细胞受损或细胞应激压力导致的特殊形态。研究表明，新冠病毒感染的严重程度还取决于身体内的细胞衰老状况。如果清除这些衰老细胞，就可以显著提升新冠病毒感染患者的存活率。该研究于 2021 年 7 月 17 日发表在《科学》（*Science*）杂志[②]。

研究人员让衰老细胞接触到致病的脂多糖和新冠病毒的 S1 蛋白亚基，观察到它们会分泌更多与衰老有关的分子。在年老的小鼠模型中，也观察到了类似的现象。这些结果表明，在接触到病原体后，衰老细胞会让炎症的程度变得更为严重。进一步分析表

① ZAIGHAM M, HOLMBERG A, KARLBERG M L, et al. Intrauterine vertical SARS-CoV-2 infection：a case confirming transplacental transmission followed by divergence of the viral genome[J].BJOG, 2021, 128（8）：1388-1394.

② CAMELL D C, YOUSEFZADEH J M, ZHU Y, et al. Senolytics reduce coronavirus-related mortality in old mice[J]. Science, 2021, 373（6552）：4832.

明，在这些分泌的炎症分子中，有一种叫 IL-1α 的分子会降低一些抗病毒相关蛋白的表达，还会增强 ACE2 受体在非衰老细胞上的表达。这些结果表明，人体内的衰老细胞越多，新冠病毒造成的感染就越严重，老年人的病情自然就会更危重，也更容易因新冠病毒感染而去世。研究者们在小鼠模型中做了进一步的测试，来研究去除这些衰老细胞能否减轻新冠病毒感染病情。通过一些抗衰老药物，他们让小鼠体内的衰老细胞发生凋亡。虽然都感染了小鼠冠状病毒（与新冠病毒很接近），但接受抗衰老药物的小鼠，其衰老细胞分泌的标志性分子显著减少，小鼠的生存率也明显更高。研究人员指出，这些接受抗衰老治疗的小鼠体内，针对小鼠冠状病毒的抗体反应也有所增强，这或许是因为这些小鼠充分调动起了适应性免疫力。

（五）艾滋病患者体内的新冠病毒出现快速突变

2021 年 7 月 10 日，德国马克斯·普朗克感染生物学研究所研究员 Alex Sigal 在欧洲临床微生物学和传染病大会（ECCMID）的一项报告中指出[1]，晚期艾滋病患者体内的环境可能会导致新冠病毒出现危险突变和进化。研究发现在南非首次发现的新冠 Beta 突变株会导致艾滋病患者患上更严重疾病。更重要的是，晚期艾滋病患者体内环境为新冠病毒创造了产生危险突变和进化的独特条件。如果新冠病毒在一个人体内持续存在，那么将很可能发生广泛变异，导致突变和进化。

Alex Sigal 教授表示，要确保感染艾滋病病毒的人得到及时且适当的治疗。如果没有得到及时治疗，那么这些免疫系统严重受损的晚期艾滋病患者被新冠病毒感染后，体内可能会进化出比现在更厉害的新冠病毒突变株。他指出，用抗逆转录病毒疗法控制艾滋病患者体内的 HIV 病毒，防止他们的免疫系统进一步受损，可能是防止晚期艾滋病患者感染新冠病毒并导致新冠病毒在体内进化的关键。

（军事科学院军事医学研究院　王　瑛、王　磊、张　音、李丽娟、

陈　婷、刘　伟、周　巍、马文兵、祖　勉、

尹荣岭、宋　蔷、金雅晴、苗运博）

---

[1] Highly mutated SARS-CoV-2 emerged from someone living with advanced HIV who could not clear SARS-CoV-2 until their HIV infection was suppressed with effective antiretroviral therapy[EB/OL]. [2021-07-10].https://clinicalnews.org/2021/07/09/highly-mutated-sars-cov-2-emerged-from-someone-living-with-advanced-hiv-who-could-not-clear-sars-cov-2-until-their-hiv-infection-was-suppressed-with-effective-antiretroviral-therapy/.

第六章 美军发布国防部"新冠病毒疫苗接种实施计划"备忘录

　　2021 年 5 月 6 日，美国国防卫生局发布题为"新冠病毒疫苗接种实施计划"的备忘录，规定了美军新冠病毒疫苗接种对象、疫苗的分发和储存、疫苗接种程序、安全事故报告和不良反应处理、疫苗接种工作人员的教育培训要求等[①]。该备忘录取代了 2020 年 12 月 31 日国防卫生局发布的新冠疫苗备忘录。

一、美军新冠病毒疫苗接种对象

　　美军新冠病毒疫苗接种的对象包括现役和部分预备役人员，如国民警卫队、公共卫生医官团、国家海洋和大气管理局人员，另外还包括国防部现役军人家属、退休人员、文职雇员及部分合同人员。根据美国法典 1107a 条《紧急使用产品》规定，对于获得紧急使用授权的新冠病毒疫苗，美国武装部队可以选择使用。所有符合条件的现役和预备役人员将在本人自愿的基础上接种新冠病毒疫苗。

　　在美军医疗机构工作的所有医务人员将接种 FDA 批准的新冠病毒疫苗。医务人员的范围不仅涵盖医生、护士、护工、理疗师、急救人员、药剂师、实验室检验人员、实习学生及合同雇员等，还包括营养师、干洗员工、安保人员、维修人员及行政管理人员。

二、新冠病毒疫苗的分发和储存

　　所有新冠病毒疫苗的分发由美国陆军卫生物资局分发行动中心

---

① Healthmil.Department of Defense（DoD）coronavirus disease 2019（COVID-19）vaccination program implementation[EB/OL].[2021-05-06]. https://www.health.mil/Military-Health-Topics/Combat-Support/Public-Health/Coronavirus/COVID-19-Vaccine-Efforts?page=6#pagingAnchor.

（USAMMA-DOC）负责。每个疫苗接种点需要任命一名疫苗协调官和一名后备协调官，负责接收疫苗、监测储存温度、管理和报告疫苗库存等事务。疫苗协调官的变更必须与美国国防后勤局和美国陆军卫生物资局分发行动中心提前沟通。疫苗协调官和后勤人员及接种人员将通过美国国防部医疗物资质量控制（MMQC）系统实时接收疫苗消息。

所有疫苗接种点必须制定新冠病毒疫苗储存和接种的标准操作规程。处理保温罐和干冰的人员必须接受干冰处理培训，并取得相应资质。一旦发现疫苗没有在合适的温度下保存，立即通知疫苗协调官，并填写"温度敏感医疗产品异常登记表"。过期或温度异常保存的疫苗绝不可以被使用，将被销毁。美国 CDC 在网站上公布了一个新冠病毒疫苗过期日期追踪工具，方便疫苗注射人员查询疫苗保质期。不同疫苗的有效期标示和查询方式不同，辉瑞疫苗的产品有效期在包装瓶上标示；莫德纳疫苗的产品有效期可以通过产品批号在莫德纳网站查询或通过扫描疫苗包装瓶上的快速查询码获得；强生疫苗的产品有效期可通过扫描快速查询码或输入产品批号到 https：//vaxcheck.jnj 查询。

三、新冠病毒疫苗接种程序

疫苗接种点应采取措施减少人员聚集，以降低新冠病毒传播。根据美国 CDC 要求，所有疫苗接种对象需要在接种疫苗后留观 15 分钟，有疫苗接种既往过敏史的人员应留观 30 分钟。

每个疫苗接种对象在接种前将获得一个疫苗接种者紧急使用授权情况表。表格可以以多种形式提供给接种对象，如纸质版、网络版、视频版或其他形式，确保疫苗接种对象在接种前详细阅读相关内容，了解疫苗情况及相关要求。紧急使用授权状态下的疫苗没有疫苗信息声明表（VIS）。在疫苗接种前要对所有疫苗接种对象进行标准问题筛选，填写 207 表"新冠病毒筛查和免疫表格"。

按照美国 CDC 的建议，新冠病毒疫苗应该单独注射，与其他疫苗应间隔最少 14 天。如果在其他疫苗注射 14 天内注射新冠病毒疫苗，无需重复注射新冠病毒疫苗或其他疫苗。多数新冠病毒疫苗需要两针剂。第二针注射的疫苗必须跟第一针来自同一个生产厂家。如果第二针与第一针间隔时间过长，无需再重新开始注射程序。在特殊情况下，注射第一针后，第二针没有疫苗可用时，在间隔 28 天后可以注射任意一种 mRNA 疫苗。如果 mRNA 疫苗没有可用的，最好可以推迟第二针注射时间，尽量接种同一类产品，而不是注射另一种产品。

在接种 mRNA 疫苗后注射强生腺病毒疫苗的安全性和有效性尚不明确。一种特殊情况是，一个人第一针接种了 mRNA 疫苗，但是由于有禁忌证不能完成另一针 mRNA 疫苗的接种，在间隔最少 28 天后可考虑注射一剂强生新冠病毒疫苗。这应被认为是完成了强生单针剂疫苗接种程序。

在疫苗接种前，需要核实接种对象的既往接种史，可通过查看电子健康记录、美国 CDC 的疫苗接种记录卡等方式进行核实。如果没查到第一针疫苗接种信息，在第二针注射前需将相关信息，如疫苗接种日期，接种疫苗的名称、生产厂家、接种剂次、生产批号等录入电子健康记录。接种疫苗后，所有疫苗接种对象应填写美国 CDC 的疫苗安全评估表，接种工作人员应用智能手机等工具录入关键工作人员文本健康登记记录（V-SAFE）。所有接种对象在接种疫苗后会收到美国 CDC 的新冠病毒疫苗接种卡。

疫苗接种点将制订提醒疫苗接种对象接种第二针疫苗的计划，第二针提醒对于确保按照疫苗接种间隔接种疫苗至关重要。疫苗接种仅可以在美国国防部批准的在线预约工具上预约，疫苗接种地点将在军队医疗机构和社交媒体上公布预约空余信息和程序。

四、新冠病毒疫苗接种安全事故报告

美国军队医疗机构的联合伤病员安全报告（JPSR）系统需要实时报告疫苗注射失误和事故，包括未遂事故、无伤害事故和伤害事故。所有参与疫苗接种的医务人员必须清楚了解如何及何时通过 JPSR 系统和疫苗不良事件报告系统（VAERS）报告安全事件。JPSR 系统报告描述的第一段必须以新冠病毒疫苗生产厂商开头（如辉瑞、莫德纳、强生）；VAERS 报告需要按照美国 CDC 的要求报告疫苗接种失误和事故，VAERS 报告号码必须填入 JPSR 系统报告。

伤病员安全管理人员将负责监控 JPSR 系统新冠病毒疫苗不良事件。美国国防卫生局的伤病员安全团队将监控 JPSR 系统并实时导出事件报告。如果不良事件符合美国国防部事故报告标准，医疗机构需要将报告提交给 TRICARE 市场化管理总部及相应的美国国防卫生局机构。事故类型包括严重的临时性损害、永久性伤害或死亡。医疗机构将需要提交美国国防部事故报告通报书。美国国防卫生局的伤病员安全分析中心将监控美国国防部事故报告活动。

疫苗接种失误或事故的报告时限是事故发生后的 24 小时内。如果疫苗注射点无法登录美国国防部 JPSR 系统进行安全事故报告，可以通过 VAERS 报告并通过军队的伤病员安全报告途径逐级上报。

五、新冠病毒疫苗接种不良反应处理

所有疫苗接种地点需要做好应对疫苗接种不良反应的准备。疫苗接种工作人员需要对疫苗不良反应的处置程序及设备使用进行培训。每个疫苗接种地点需要有书面的疫苗过敏和晕厥应急响应程序。

疫苗注射后要报告局部反应（注射部位疼痛、发红、肿胀）和全身反应（疲劳、头痛、肌肉痛、发热）。局部反应通常持续 1 ～ 3 天，并可在 3 天内缓解；全身反应通常持续 2 ～ 3 天，并且大部分接种者可在 2 天内缓解。在注射第一针或第二针后均可能发生局部和全身反应。一般自限性的局部和全身反应无需填报 VAERS 报告，但是医务人员需要报告影响疫苗接种对象日常活动或需要就医干预的不良反应。

所有医务人员需要向 VAERS 报告新冠病毒疫苗接种后临床严重的不良反应事件，并通过地方的伤病员安全报告系统上报。所有事故的描述以新冠病毒疫苗的生产厂家开头，如辉瑞、莫德纳、强生。

到地方接种点接种疫苗的军队人员需要向军队提供疫苗接种信息，并录入军队疫苗记录系统。由于医疗原因临时不能注射疫苗的，要在医疗战备系统中记录"医疗，临时"，不能接种的原因可能是怀孕、住院、康复等；如果个人拒绝注射疫苗，需要标注"医疗，拒绝"。按照美军规定，对于 FDA 紧急使用授权的疫苗，军队人员有权利选择拒绝。

六、疫苗接种工作人员教育和培训要求

疫苗接种工作人员应接受相应培训并取得资质。疫苗接种工作人员仅限于各军种的内科医生、骨科医生、注册护士、医师助理、执业护士、药剂师、牙科医生、兽医等人员。每种疫苗的接种标准操作规程在军队卫生系统网站公布。疫苗接种工作人员可参考标准操作规程、要求文件和其他美国国防卫生局文件指导疫苗接种，疫苗接种点将对所有管理和接种疫苗的工作人员进行培训和发放疫苗注射资质证书。

疫苗接种工作人员分为曾注射过其他疫苗的工作人员和从未参与过疫苗注射的工作人员两类，他们需要掌握的技能包括：心肺复苏，CDC 培训的疫苗储存、处理和接种要求，辉瑞、莫德纳和强生疫苗接种医务人员须知。医务人员选择性掌握的内容包括：美国国防部疫苗加强培训、美国国防部疫苗加强人员操作展示。其中，对于没有参与过疫苗注射的人员，要求其必须参加美国国防部疫苗加强培训。

（军事科学院军事医学研究院　李丽娟）

第七章　新冠病毒基因组结构及分型平台介绍

　　21 世纪，人类经历了几次冠状病毒引发的严重公共卫生事件，而新冠病毒从传播力、致死人数、波及范围及流行时间上造成的动荡局面是前所未有的。虽然人类生命科学、医疗健康、公共卫生事业达到了前所未有的高度，但是当前人类活动与生态环境的频繁交互及在经济全球化背景下人口的加速流动使得人类面临的突发公共卫生事件的局面更加复杂。

　　冠状病毒属于正义单链 RNA 病毒，由包膜包裹。目前已知的能感染人的冠状病毒有 7 种。其中 HCoV-NL63、HCoV-229E、HCoV-OC43、HCoV-HKU1 造成的症状较轻，一般仅引起类似普通感冒的轻微呼吸道症状；另外 3 种，包括 SARS-CoV、MERS-CoV 及 SARS-CoV-2（新冠病毒），则可能会引起较为严重的呼吸道疾病和并发症，甚至造成死亡。2003 年暴发的 SARS-CoV，造成了共 8096 例感染病例和 774 例死亡病例[1]。2012 年暴发的 MERS-CoV，共造成 2468 人感染，其致死率高达 34.4%[2]。新冠病毒于 2019 年 12 月集中暴发，波及全球，多国相继报道新冠病毒感染病例，2020 年 3 月 11 日，WHO 将新冠病毒感染列为全球性大流行病（Pandemic）。从感染人数、死亡病例及波及范围来看，新冠病毒远超 SARS-CoV 及 MERS-CoV。截至 2021 年 7 月 2 日，新冠病毒已造成全球 1.8 亿人次的感染和 395.4 万人死亡。

　　大规模测序技术及生物信息技术的发展，使人们能够快速解析新冠病毒基因组结构及相应的结构蛋白，为人们及时了解病毒的

---

[1]　ORGANIZATION G W H. Summary of probable SARS cases with onset of illness from 1 November 2002 to 31 July 2003[EB/OL].（2021-07-03）[2021-12-21]. https://www.who.int/publications/m/item/summary-of-probable-sars-cases-with-onset-of-illness-from-1-november-2002-to-31-july-2003.

[2]　KIM K H, TANDI T E, CHOI J W, et al. Middle East respiratory syndrome coronavirus（MERS-CoV）outbreak in South Korea, 2015：epidemiology, characteristics and public health implications[J]. J Hosp Infect, 2017, 95（2）：207-213.

病原学和流行病学特征，以及设计开发药物、疫苗等奠定了基础。新冠病毒大流行促使人们以前所未有的速度设计、研发、推广相关的医疗产品，虽然当前全球已经有多款疫苗推广上市，多个国家已经开展了规模化的接种，但是新冠病毒的持续变异和流行给前期部署的医疗对策带来了新的挑战。本文从新冠病毒基因组结构和功能蛋白、新冠病毒变异株命名方法进行总结。

一、新冠病毒基因组结构和功能蛋白

（一）基因组结构

新冠病毒感染暴发早期，中国研究人员迅速对新冠病毒展开了分离鉴定，及时向WHO 提交了早期取得的新冠病毒基因组数据，并通过 GISAID 平台向全球分享序列信息[1]。新冠病毒基因组长约 29.9 kb[2]，表达 4 个结构蛋白和 16 个非结构蛋白（Nsp1-16）。新冠病毒与 SARS-CoV 的序列相似性为 79.5%，目前已知的相似度最高的为来源于蝙蝠的冠状病毒毒株 RaTG13，序列相似度为 96%。

（二）功能蛋白

1. 非结构蛋白

在已知的 16 个非结构蛋白中，Nsp1 调节 RNA 复制和加工，参与 mRNA 的降解过程。Nsp2 能和宿主蛋白 PHB1/2 相互作用，可能参与对宿主细胞信号通路的调节[3]。Nsp3 作为蛋白酶可以将翻译的多聚蛋白水解为单独的蛋白。Nsp3 和 Nsp4 可以共同诱导细胞双层膜囊泡（Double Membrane Vesicles，DMVs）的形成，DMVs 是病毒复制的主要位点[4]。Nsp5 可以参与病毒基因组复制过程中多聚蛋白的处理[5]。Nsp6 能够促进自噬

① ZHU N，ZHANG D，WANG W，et al. A Novel coronavirus from patients with pneumonia in China，2019[J]. N Engl J Med，2020，382（8）：727-733.

② LU R J，ZHAO X，LI J，et al. Genomic characterisation and epidemiology of 2019 novel coronavirus：implications for virus origins and receptor binding[J]. Lancet，2020，395（10224）：565-574.

③ CORNILLEZ-TY C T，LIAO L，YATES J R，et al. Severe acute respiratory syndrome coronavirus nonstructural protein 2 interacts with a host protein complex involved in mitochondrial biogenesis and intracellular signaling[J]. J Virol，2009，83（19）：10314-10318.

④ OUDSHOORN D，RIJS K，LIMPENS R，et al. Expression and cleavage of Middle East Respiratory Syndrome coronavirus nsp3-4 polyprotein induce the formation of double-membrane vesicles that mimic those associated with coronaviral RNA replication[J]. mBio，2017，8（6）：e01658-17.

⑤ TOMAR S，JOHNSTON M L，ST JOHN S E，et al. Ligand-induced dimerization of Middle East Respiratory Syndrome（MERS）coronavirus nsp5 protease（3CLpro）：implications for nsp5 regulation and the development of antivirals[J]. J Biol Chem，2015，290（32）：19403-19422.

体的形成，进而促进病毒复制酶复合体的组装。Nsp7、Nsp8、Nsp12 复合体结构具有 RNA 聚合酶活性，能持续进行 RNA 链合成[1]。Nsp9 能结合 ssRNA 进而促进病毒基因组复制。Nsp10 可以激活 Nsp14 3'-5' 外切酶活性及 Nsp16 甲基转移酶活性。Nsp13 含有锌指结构域，具有 NTP 水解酶活性和解螺旋酶活性，主要在 RNA 双链解离过程中发挥作用。Nsp15 具有尿嘧啶特异性的核酸内切酶活性，能够通过处理 RNA 逃避 dsRNA 引发的宿主免疫反应。Nsp11 是一个由 13 个氨基酸组成的短链多肽，其功能未知。

2. 结构蛋白

新冠病毒包括 4 个结构蛋白：刺突蛋白（Spike Protein，S 蛋白）、核衣壳蛋白（Nucleocapsid Protein，N 蛋白）、膜蛋白（Membrane Protein，M 蛋白）、包膜蛋白（Envelope Protein，E 蛋白）。

M 蛋白是冠状病毒组装的主要调节蛋白，能与其他主要结构蛋白相互作用[2]。其可在内质网—高尔基体中间体（ERGIC）膜上发生多聚化[3]，进而促进病毒包膜的形成[4]。M 蛋白与 S 蛋白间的相互作用对于 S 蛋白募集进入 ERGIC 和高尔基体，并整合进入新的病毒颗粒非常关键[5]。M 蛋白和 N 蛋白相互作用能够稳定核糖核酸蛋白复合体[6]。此外，有研究表明，M 蛋白与其他结构蛋白的相互作用对于冠状病毒的形状、大小至关重要。

E 蛋白相对分子质量较小，但其分子功能目前并不十分清楚。当前的研究表明，不同于其他结构蛋白，E 蛋白参与病毒生活史的多个方面，如病毒颗粒组装、出芽、包膜形成和致病过程，是一个多功能蛋白。其分布特征也表明了其不只在病毒包膜表面发挥功能：在感染的细胞中，E 蛋白大量表达，其中大部分定位于内质网（ER）、高尔基体（Golgi）及内质网—高尔基体中间体（ERGIC），只有一小部分在病毒出芽过程中被整合至病毒包膜[7]。

---

[1] KIRCHDOERFER N R, WARD B A. Structure of the SARS-CoV nsp12 polymerase bound to nsp7 and nsp8 co-factors[J]. Nat Commun, 2019, 10（1）: 2342.

[2] MASTERS S P. The molecular biology of coronaviruses[J]. Adv Virus Res, 2006, 66: 193-292.

[3] STERTZ S, REICHELT M, SPIEGEL M, et al. The intracellular sites of early replication and budding of SARS-coronavirus[J]. Virology, 2007, 361（2）: 304-315.

[4] NEUMAN B W, KISS G, KUNDING A H, et al. A structural analysis of M protein in coronavirus assembly and morphology[J]. J Struct Biol, 2011, 174（1）: 11-22.

[5] FEHR A R, PERLMAN S. Coronaviruses: an overview of their replication and pathogenesis[J]. Methods Mol Biol, 2015, 1282: 1-23.

[6] ESCORS D, ORTEGO J, LAUDE H, et al. The membrane M protein carboxy terminus binds to transmissible gastroenteritis coronavirus core and contributes to core stability[J]. J Virol, 2001, 75（3）: 1312-1324.

[7] VENKATAGOPALAN P, DASKALOVA S M, LOPEZ L A, et al. Coronavirus envelope（E）protein remains at the site of assembly[J]. Virology, 2015, 478: 75-85.

　　N蛋白是唯一结合冠状病毒基因组的结构蛋白[①]，通过约140个氨基酸长的RNA结合结构域与病毒RNA基因组结合，形成"串珠状"结构。N蛋白通过与病毒基因组和M蛋白相互作用调节病毒组装。此外，有研究表明，N蛋白能够和非结构蛋白Nsp3相互作用，促进病毒RNA的转录和复制[②]。

　　S蛋白是疫苗设计的主要靶点，在病毒包膜上以同源三聚体的形式存在。其包含两个功能不同的亚单位：S1和S2。S1包含N端结构域（NTD）和受体结合结构域（RBD），其中RBD负责识别宿主细胞表面受体；S2主要负责病毒与宿主细胞的膜融合过程，包含FP、CR、HR1和HR2结构域。S蛋白在介导病毒进入宿主细胞过程中会经过与受体结合、剪切和重排的过程。新冠病毒的S蛋白有两个剪切位点：存在于S1/S2间的弗林剪切位点及大多数冠状病毒都有的S2'剪切位点。在两个位点的剪切均能导致S1亚单位的分离，进而使S2亚基构象发生变化，启动病毒与宿主细胞的膜融合[③]。

二、新冠病毒变异株命名方法

　　因与以严重急性呼吸综合征冠状病毒（SARS-CoV）为原型的同种病毒具有遗传相似性，2020年2月11日新冠病毒被国际病毒分类委员会（ICTV）冠状病毒研究小组（ICVT-CSG）命名为"严重急性呼吸综合征冠状病毒2"（SARS-CoV-2）。

　　目前，国际上尚无针对新冠病毒变异株的标准命名方法。根据ICTV发布的《国际病毒分类与命名原则》（"The International Code of Virus Classification and Nomenclature"）[④]，ICTV不负责病毒种以下的分类和命名，病毒种以下的血清型、基因型、毒力株、变异株和分离株的名称由公认的国际专家小组确定。目前针对新冠病毒变异株，国际上较为流行的命名方法有Pango命名法、Nextstrain命名法、GISAID命名法及WHO命名法。

---

① NEUMAN W B, BUCHMEIER M J. Supramolecular architecture of the coronavirus particle[J]. Adv Virus Res, 2016, 96：1-27.

② CONG Y Y, ULASLI M, SCHEPERS H, et al. Nucleocapsid protein recruitment to replication-transcription complexes plays a crucial role in coronaviral life cycle[J]. J Virol, 2020, 94（4）：01925-19.

③ DAI L, GAO G F. Viral targets for vaccines against COVID-19[J]. Nat Rev Immunol, 2021, 21（2）：73-82.

④ ICTV. The international code of virus classification and nomenclature（ICVCN）[EB/OL].[2021-05-25]. https://talk.ictvonline.org/information/w/ictv-information/383/ictv-code.

（一）Pango 命名法

Pango 命名系统由 Pybus 等设计开发。2020 年 7 月 15 日，Pybus 等在《自然·微生物学》（*Nature Micrology*）杂志上发表文章，倡议采用一种公认的动态命名系统对新冠病毒变异株进行命名，以应对新冠病毒变异快、突变株轮转率高的特点[①]。Pango 命名系统采用"世系"（Lineages）对新冠病毒变异进行分类，世系根据两条基本原则确定：①每个世系代表具有共同祖先的一组冠状病毒；②世系的指定注重与流行病学事件的关联性，如病毒出现在新的地点、造成感染病例的迅速增加，或者病毒进化产生了新的表型。

Pango 世系名称包含字母前缀及数字后缀，字母与数字间及数字与数字间由点间隔开。点代表由前面被命名的祖先进化而来，数字代表由同一祖先进化而来的不同分支。例如，B.1.1.7 代表由 B.1.1 进化而来的第七个被命名的变异株。为了避免世系名称太长而导致使用不便，数字部分最长包含 3 个层级，超过 3 个层级则按照字母表顺序由另外的字母代替。如用 C.1 代表 B.1.1.1.1，用字母"C"代表其祖先 B.1.1.1。当字母"Z"用完后，字母前缀继续按照 AA、AB、…、AZ、BA、BB、…、ZZ、AAA、…的顺序排列。其中"I""O""X"不在字母排序使用范围内，剔除"I"和"O"是为了避免与数字"1"和"0"造成混淆；"X"特别用作重组世系的命名。世系 A 和世系 B 可以不带数字后缀作为名称使用，因为它们代表着最早发现的两个世系。

Pango 世系的命名由 Pango 委员会成员按照约定的命名规则和标准进行指定。Pango 团队会在其官网（https：//cov-lineages.org/）持续更新最新版本的指定世系名单。

（二）Nextstrain 命名法

Nextstrain 平台由美国科学家 Trevor Bedford 等创立，其目的是通过集成世界各地病原体基因组数据，为病原体进化和传播提供持续更新的可视化视角，以便于科学家和卫生官员更好地了解重要病毒（如塞卡病毒、埃博拉病毒、新冠病毒等）的演变传播过程[②]。为了便于对新冠病毒的变异情况进行全球范围的追踪，Nextstrain 平台提出了针对新冠病毒主要进化枝（Clade）的"年-字母"组合的命名策略。"年"代表进化枝出现的时间，"字母"代表按照字母表排列的命名次序。主要进化枝的命名需要满足以下条件之一：①进化枝在全球的流行频率持续两个月大于 20%；②进化枝在地区的流行频

---

① RAMBAUT A, HOLMES C E, O'TOOLE Á, et al. A dynamic nomenclature proposal for SARS-CoV-2 lineages to assist genomic epidemiology[J]. Nat Microbiol, 2020, 5（11）：1403-1407.

② HADFIELD J, MEGILL C, BELL S M, et al. Nextstrain：real-time tracking of pathogen evolution[J]. Bioinformatics, 2018, 34（23）：4121-4123.

率持续两个月大于 30%；③被定义为 VOC 级的进化枝。

如果病毒进化枝属于 VOC 变异株，则采用双标签命名法，以使名称更具指向性。如 20H/501Y.V1，"501.Y" 为关键突变位点简写；"V1" 为 "Variant 1" 缩写，"1" 代表命名次序。对于主要进化枝的进化亚枝，则采用主要进化枝和特异核苷酸突变组合的策略。如 20G/1927C，代表 20G 主要进化枝中发生 1927 位碱基突变为碱基 "C" 的进化亚枝。如果突变位点位于 S 蛋白，则可以采用主要进化枝命名和特异氨基酸位点突变的命名策略，如 20B/S.484K，代表 20B 主要进化枝中发生 S 蛋白 484 位氨基酸突变为碱基 "K" 的进化亚枝。

（三）GISAID 命名法

GISAID 命名法由 Sebastian Maurer-Stroh 等提出。GISAID 平台采用 "hCoV-19/Wuhan/WIV04/2019（WIV04）" 作为官方参考序列，登录号为（EPI_ISL_402124）。基于进化树分析及主要进化枝的共有基因或氨基酸标记作为进化枝分型的标准，并将关键氨基酸突变点氨基酸简写作为进化枝命名的重要参考。如 S-D614G，代表其 S 蛋白第 614 位氨基酸由 "D" 突变为 "G"，发生该突变后，该基因标记代表的进化枝迅速增长，因此使用 "G" 对该进化枝进行命名。GISAID 命名系统将新冠病毒突变株划分为 8 个主要进化枝，每个进化枝都有共同的突变标签（表 7-1）。

表 7-1 GISAID 命名法对新冠病毒进化枝标记

进化枝	碱基标签	氨基酸标签
L	C241、C3037、A23403、C8782、G11083、G26144、T28144	和参考序列 WIV04 一致
S	C8782T、T28144C	NS8-L84S
V	G11083T、G26144T	NS3-G251V
G	C241T、C3037T、A23403G	S-D614G
GH	C241T、C3037T、A23403G、G25563T	S-D614G、NS3-Q57H
GR	C241T、C3037T、A23403G、G28882A	S-D614G、N-G204R
GV	C241T、C3037T、A23403G、C22227T	S-D614G、S-A222V
GRY	C241T、C3037T、21765-21770del、21991-21993del、A23063T、A23403G、G28882A	S-N501Y、S-D614G、N-G204R

（四）WHO 命名法

2021 年 5 月 31 日，WHO 宣布新冠病毒主要变异毒株的新命名方式，即用希腊字母（如 Alpha、Beta、Gamma 等）标记。WHO 指出，以这种方式称呼变异病毒比较简单，也方便记忆，新命名原则主要基于易于发音和防止污名化的考虑。例如，按照新规则，最早于 2020 年 9 月在英国发现的新冠变种病毒（Pango 世系命名为 B.1.1.7）被命名为 Alpha；2020 年 5 月在南非发现的新冠变种病毒（Pango 世系命名为 B.1.351）被命名为 Beta；2020 年 11 月和 4 月在巴西发现的两种新冠变种病毒（Pango 世系分别命名为 P.1、P.2）分别被命名为 Gamma、Zeta；2020 年 10 月在印度发现的两种新冠变种病毒（Pango 世系分别命名为 B.1.617.2、B.1.617.1）分别被命名为 Delta、Kappa；2021 年 11 月 26 日，WHO 指定第五种"关切变异株（VOC）"，取名 Omicron 变异株（Pango 世系命名为 B.1.1.529）。

（军事科学院军事医学研究院　马文兵、王　磊）

第八章　日本自卫队参与新冠疫情应对行动分析

2021 年，日本国内新冠疫情可谓一波多折，日本自卫队在保证自身有序应对疫情的同时，也积极参与地方疫情应对工作，严防疫情在日本蔓延。行动主要包括自卫队医院接收治疗地方新冠病毒感染患者、派遣人员物资紧急支援疫情暴发地区、在人口密集区建立大规模疫苗接种中心。

一、应对行动

日本自卫队各医院系统在此次日本新冠病毒感染患者救治中发挥了重要作用。特别是日本自卫队中央医院和防卫医科大学附属医院分别作为东京地区和埼玉县的第一类传染病（埃博拉出血热、克里米亚 – 刚果出血热、天花、南美出血热、鼠疫、马尔堡出血热、拉沙热）指定医疗机构，常备负压病房和负压床位，在救治过程中发挥了不可替代的作用。2020 年 2 月 1 日至 2021 年 3 月 31 日，以日本自卫队中央医院和防卫医科大学附属医院为主力，驻札幌、三泽、仙台、横须贺、富士、阪神、福冈、佐世保、熊本、别府、那霸等日本自卫队地区医院为辅助，共收治了 1708 名新冠病毒感染患者，其中日本自卫队中央医院收治了超过 700 名新冠病毒感染患者，并且多是需要呼吸机辅助呼吸的重症患者[①]。

2020 年 4 月至 2021 年 3 月下旬，日本自卫队根据各都道府县知事的申请，向 35 个都道府县派遣医护人员参与救灾行动，以防止各地新冠疫情向外蔓延。其中，对约 2400 名地方防疫相关人员

---

① 大規模災害などへの対応（新型コロナウイルス感染症への対応を含む。）[EB/OL]. (2021-07-13)[2021-12-24].https://www.mod.go.jp/j/publication/wp/wp2021/pdf/R03030104.pdf.

进行了防疫措施培训；保障了约 760 名地方隔离人员的食宿和医疗服务；完成了约 90
名疑似感染人员的负压转运任务；向北海道等 4 个道县派出医疗小队进行支援保障；在
1 个县建立了野外 PCR 检测帐篷，提供紧急检测支持。

为加快日本新冠病毒疫苗接种步伐，根据日本原首相菅义伟在 2021 年 4 月 27 日的
指示，日本自卫队于 2021 年 5 月 24 日至 11 月 30 日在东京都和大阪府设立了大规模疫
苗接种中心，开始面向社会开放第一针和第二针的新冠病毒疫苗接种工作。两个大规模
疫苗接种中心分别以日本自卫队中央医院和日本自卫队阪神医院为中心，由特殊武器卫
生队、中部地区卫生队、各师旅卫生队、日本自卫队医院、日本陆上自卫队卫生学校及
日本海上自卫队、日本航空自卫队和防卫医科大学附属医院等机构的相关医务人员执行
接种任务。东京大规模接种中心最高可日接种 10 000 人次，大阪大规模接种中心最高
可日接种 5000 人次。两个疫苗中心共运行了 191 天，累计接种了 1 964 442 人次，约占
日本全国总接种人次的 1.02%（截至 2021 年 11 月 30 日）。其中，东京大规模接种中心
接种 1 318 138 人次，大阪大规模接种中心接种 646 304 人次（表 8-1）[①]。

表 8-1　日本自卫队大规模疫苗接种中心接种情况统计

大规模疫苗接种中心	东京大规模接种中心		大阪大规模接种中心	
主导机构	日本自卫队中央医院		日本自卫队阪神医院	
工作展开地区	东京都千代田区		大阪市北区	
接种小组数量	4 个		2 个	
工作人员数量统计 （按身份）	日本自卫队人员	270 人	日本自卫队人员	180 人
	地方人员	400 人	地方人员	310 人
	合计	670 人	合计	490 人
日最大接种量	10 000 人次		5000 人次	
总计接种人次	1 318 138 人次		646 304 人次	
培训地方团体数量	政府机构 5 个、企业 20 个、学校 2 个、其他 5 个，合计 32 个		政府机构 6 个、企业 3 个、学校 1 个、其他 3 个，合计 13 个	

注：数据统计截至 2021 年 11 月 30 日。

日本自卫队大规模疫苗接种中心是日本目前唯一由日本自卫队医务官和护士作为
主体、具有国家性质的医疗组织。接种中心选址由日本自卫队大规模疫苗接种应对委员

---

① 防衛省 . 自衛隊大規模接種センター 191 日の足跡 [EB/OL].[2021-12-23].https://www.mod.go.jp/j/
approach/defense/covid/arcive01/pdf/kiroku_191.pdf.

会决定，防疫通道、现场设施等硬件委托地方机构建设，接种人员以日本自卫队医务官、护士和地方护士组成，充分发挥了军民合作的优势。同时，接种中心还负担着日本东西部各类团体的疫苗接种技术培训工作，两个接种中心合计培训了45个团体。2021年11月30日两个接种中心完成接种任务，进入关闭状态，日本计划于2022年3月重启这两个中心，进行新冠病毒疫苗第三针的接种工作。

二、发现的问题

日本自卫队通过一系列的行动，既提高了其在日本民众中的形象，又检验了日本自卫队卫生保障机构应对大规模传染病的能力。在参与地方疫情应对过程中，也暴露出日本自卫队卫生保障系统一些亟待改进的问题。

一是感染人员离岛转运能力不足。日本《中期防卫力整备计划》指出，为了挽救前线伤员生命，除了加强火线救治和野战外科系统的损伤控制手术（Damage Control Surgery，DCS）能力建设外，必须加强即时高效的医疗后送体系建设。通过几次支援地方感染人员转运行动发现，其大规模烈性传染病伤员海岛后送能力还不足。日本国土由6800个大小岛屿组成，岛屿作战和伤员转运工作虽然一直备受关注，但是疫情中新冠病毒感染患者的离岛转运需求和其转运能力不足的矛盾凸显出来，尤其是机载的负压转运设备在质量和数量上都不能满足后送需求。

二是核心救治能力有待提高。日本自卫队医院系统作为日本自卫队队员及其家属平战时的医疗保障机构，承担着大规模传染病暴发时收治感染人员、控制疫情蔓延的职能，也是日本自卫队基层防疫人员的培训机构。通过这次疫情应对，暴露出其辅助呼吸设备储备不足，负压病房、感染人员转运用专业救护车、防疫用设备缺乏等问题。

三是基层卫生人才流失。随着日本自卫队任务的多样化，对日本自卫队医疗保障能力的要求也在不断提升。虽然日本自卫队从多方补充人员，但医务人员的在编率仍然不足九成[1]。这是由于无法获得足够的学习和实训机会，导致日本自卫队医疗人员更替频繁，人才流失严重。此次疫情更是将日本自卫队基层医疗人员不足、烈性传染病处置能力缺乏的矛盾完全暴露出来。

---

[1]　防衛省. 衛生機能の強化 [EB/OL].（2021-07-13）[2021-12-24].https://www.mod.go.jp/j/publication/wp/wp2021/pdf/R03040103.pdf.

三、改进措施

针对感染人员离岛转运能力不足、核心救治能力有待提高、基层卫生人才流失等问题。日本自卫队着手改进，健全完善卫生机构体制，意图逐步提高其重大疫情风险应对能力。

为解决感染人员离岛转运能力不足的矛盾，日本自卫队未来计划从两个方面着手进行建设：一是继续加强西南岛屿地区的医疗中心建设，提升自身处置救治能力；二是对岛屿驻军的卫生装备进行升级，增加储备数量和种类，尤其是和传染病相关的负压设备和机载转运设备。

为提高核心救治能力，日本自卫队已两次紧急增加补充预算，批量采购了呼吸机、负压装置等应对传染病的医疗器材设备，装备了专门用于转运传染病感染者的特殊急救车、防止新冠病毒等病毒感染的防护服、能够前往疫情地区进行新冠病毒感染诊断的 CT 车、具备 PCR 检测能力的野战检测帐篷组等。日本自卫队将进一步增加预算，集中人力、物力等资源的倾斜，强化日本自卫队医院的地区医疗中心地位和多元化保障能力，尤其是提升应对大规模传染病暴发、核化生武器袭击时对批量伤员的处置能力。此外，日本自卫队将加强以防卫医科大学为中心的医疗继续教育工作，提高日本自卫队医疗人员在传染病处置、急救等方面的处置能力，提升日本自卫队医院系统应对重大疫情风险的能力。

为减少基层卫生人才流失、降低医疗人员离职率、提升基层卫生系统应对重大疫情风险的能力，日本自卫队积极参与国际行动，锻炼医疗相关人员，加强应对烈性传染病防控能力。通过持续派遣日本自卫队卫生人员援助非洲利比里亚等疫情多发国家、积极参加国际维和行动、向美国军队防疫机构派遣人员学习等方式增加医疗人员学习新知识和新业务的机会，提高人员工作积极性，减少人才流失。

（中部战区空军医院　苗运博）

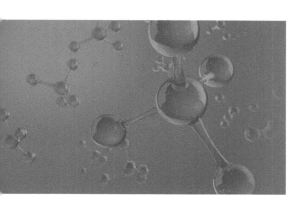

第三篇
其他专题

第一章　美国寻求替换"生物侦测计划"的新方法

2021年5月20日，美国政府审计办公室（Government Accountability Office，GAO）发布题为"国土安全部寻求替换生物侦测计划"的新方法，介绍了美国国土安全部计划用"21世纪生物侦测"（BD21）替换目前的"生物侦测计划"（BioWatch）[①]。

一、生物威胁对生物侦测的挑战

（一）多样性

与化学战剂相比，生物战剂具有多样性的特点。例如，生物战剂包括病毒、细菌或毒素，可以使用不同种类的生物战剂发起生物袭击，这些不同种类的战剂需要不同的检测和鉴定方法与仪器。另外，生物战剂在自然界中自然存在，因此很难快速判断是生物袭击还是自然发生的。

（二）多变性

自然发生疾病的不可预测性也给生物侦测带来挑战。例如，病毒的基因序列自然发生变化，2009年H1N1流感病毒与新基因组合导致全球大流行；目前正在流行的新冠病毒感染大流行也表明了病毒在不断发生自然变异。生物战剂可被设计修改，这就需要不断提高检测能力来检测未知的战剂结构。与之相反的是，化学战剂都有特定的化学结构且不会改变。这些都给生物侦测能力发展带来挑战。

---

① GAO.DHS exploring new methods to replace BioWatch and could benefit from additional guidance[EB/OL].[2021-05-20].https://www.gao.gov/products/gao-21-292.

（三）可追溯性

追溯生物袭击的来源对国家安全至关重要。调查的一个重要环节是生物法医学，生物法医学能力可以表明微生物是如何、何时、在哪里起源及如何传播的。由于生物战剂的多样性和多变性，生物战剂可能是自然存在且不断自然变异的，因此很难被溯源。

二、美国 BioWatch 简介

自 2001 年发生炭疽袭击事件后，美国国土安全部于 2003 年开始实施"生物侦测计划"（BioWatch），旨在提供生物武器气溶胶袭击的早期侦测。目前，BioWatch 在美国国内的 30 个地点布设有 600 多个气溶胶采集装置。这些气溶胶采集装置由美国政府管理，地方负责运行，主要在户外地点布设。气溶胶采集装置 24 小时全天候工作，在捕获到生物战剂后，通过 BioWatch 在 12 ~ 36 小时就可以判断是否是公共卫生威胁。具体流程包括 24 小时内完成空气采样；第 25 ~ 28 小时从气溶胶采集点接收样本并运输到实验室；第 29 ~ 36 小时完成实验室检测，包含样本分析、生成报告并通过电话或电子邮件通知决策者；36 小时内开始启动医疗响应。目前正在应用的系统被称为第二代（Gen-2）系统。

2003 年开始，美国国土安全部开始开发包含自动侦测能力的第三代（Gen-3）系统，愿景是可以每 4 ~ 6 小时自动进行空气采样，开展分析并报告生物威胁，通过网络上报公共卫生官员，完全无需人工干预。后来由于 2012 年 GAO 发布报告，建议重新评估新系统的成本效益，2014 年美国国土安全部取消了 Gen-3 系统的采购。2015 年，美国国土安全部考虑升级 Gen-2 系统为"生物侦测技术升级计划"（BTE），愿景是无需发展新技术，将已有技术融入现有的生物侦测能力中。2018 年，美国国土安全部取消了 BTE。

2007—2018 年，BioWatch 由美国国土安全部卫生事务办公室负责管理。2018 年 12 月，《应对大规模杀伤性武器法案》发布后，BioWatch 及其他生物防御活动转归美国国土安全部的大规模杀伤性武器办公室（CWMD）管理。CWMD 负责美国国土安全部的新发传染病准备和响应，并与其他联邦机构协调，制定针对美国化生放核材料的进口、保有、储存、运输、发展、使用等政策和战略。

三、"21 世纪生物侦测"计划进展

2019 年，美国国土安全部开始实施新的生物侦测技术采购计划，被称为"21 世

生物侦测"（BD21），计划替换原有的 BioWatch。BD21 是美国国土安全部为提高早期预警和侦测气溶胶生物袭击能力采取的措施。BD21 的建设理念建立在以往生物侦测能力基础上。

（一）BD21 发展愿景

BD21 目前处于采购流程的初期。2018 年 7 月至 2019 年 6 月，美国国土安全部已经完成了 BD21 计划需求论证文档提交；2019 年 6 月至 2020 年 11 月，完成采购计划和分析；计划 2022 财年完成预算提案，2025 财年可以完成部署应用。

作为 BioWatch 的替代计划，BD21 将解决现有生物侦测系统的不足，主要包括以下几个方面：①及时性，实时提供预警和响应，将事件影响降至最低；②标准化，预警响应程序和活动标准化；③异常侦测，检测已知和新的生物威胁剂；④环境覆盖，覆盖室内、半室内或户外的检测。

BD21 的响应时间缩短为：0 小时异常检测或报警，0～1.5 小时样本采集，1.5～2 小时样本筛选，2 小时初步响应，3 小时内样本运输，4～9 小时实验室核验，9 小时开始响应行动。

（二）BD21 主要技术及工具

BD21 将侦测能力聚焦于解决气溶胶生物袭击威胁，不包含广义的威胁。新的生物侦测计划将使用一些现有的技术，如基于 PCR 的实验室检测，另外还将纳入一些新技术，如生物传感器、数据分析和异常检测工具、空气采样器、现场筛查装置、实验室检测等。

1. 生物传感器

生物传感器持续检测空气，提供实时环境分析，一旦提示可能有气溶胶生物质粒成分，立即进行报警；生物传感器可以与空气采集和现场筛查技术联合应用。

2. 数据分析和异常检测工具

数据分析和异常检测工具可以使用数据分析工具和机器学习训练模型，区别潜在生物威胁剂的背景生物成分；利用训练模型可以发现异常或偏离"正常"的异常。利用已有的历史数据通过机器学习建立数学模型，对新数据做出决策。

3. 空气采样器

空气采样器从环境中采样，其中某些采样器的采集时间可调整至最多 24 小时连续采样。如果检测到空气中的相关生物成分会立刻启动采样。

4. 现场筛查装置

现场筛查装置与采样器联合在采样地点分析样本，在现场对环境样本进行预筛查，以方便实验室分析；可以采用一个装置或两个独立的系统，一个用于筛查，另一个用于实验室采样。

5. 实验室检测

PCR 技术可被用于扩增 DNA 片段，建立遗传物质库；PCR 靶向特定的 DNA 片段可被用于检测；免疫分析检测可被用于检测蛋白质等物质的量。

四、GAO 报告关于 BD21 实施的建议

美国国土安全部于 2020 年 9 月发布了技术就绪评估指南。GAO 提出了 BD21 采购的建议：①进行需求论证，2015 年 GAO 曾报告，自从 BioWatch 2003 年部署后，没有进行过效能需求评估，建议美国国土安全部提出技术能力需求，包括检测的不足、生物侦测系统的行动目标等；②评估网络安全风险，美国国土安全部需要保护网络通信不受黑客影响，2020 年 4 月召开的采购审查会议中已经考虑了网络安全风险；③明确采购要求，美国国土安全部应确保 BD21 办公室能明确采购要求，如特定的功能、信息来源、与已有功能之间的区别等；④开展技术就绪评估，2021 年 4 月 29 日，美国国土安全部提交了一份技术就绪评估指南，美国国土安全部应将技术就绪评估指南融入进去，确保 BD21 可以对所有关键技术开展高质量的技术就绪评估。

（军事科学院军事医学研究院　李丽娟）

第二章 美国《陆军生物防御战略》简介

2021 年 3 月 5 日，美国陆军发布《陆军生物防御战略》（以下简称《战略》）①。《战略》主要内容包括出台背景、实施阶段及其规定的陆军生物防御主要工作等内容。

一、《战略》出台背景

美军认为，生物威胁和危害会限制军队的行动性和机动性，降低战备等级状态，给美国陆军战斗能力带来挑战。新冠疫情的暴发表明了美国陆军所面对的生物风险不仅来自人为威胁，还可能包括自然暴发的疾病。新冠疫情使美国陆军认识到，虽然美国陆军专业的化生放核（CBRN）防御机构发挥了关键作用，但成功的生物防御仍需整个美国陆军的共同努力。要成功实施多域战（Multi-Domain Operations，MDO）和大规模作战行动，美国陆军必须保持并提高其生物防御能力。《战略》的实施将使得美国陆军能够解决生物防御领域的条令、组织、训练、装备、领导和培训、人员、设施，以及政策方面的不足，从而确保美国陆军能在有各种潜在生物威胁的情况下顺利完成任务。

二、《战略》的实施阶段

《战略》的实施将分 3 个阶段进行，目标是在 2024 财年之前全面付诸实施。

---

① Army biological defense strategy[EB/OL].[2021-03-05].https://armypubs.army.mil/ProductMaps/PubForm/Details.aspx?PUB_ID=1022256.

第一阶段：2020财年第三季度至2021财年第二季度。寻求对《战略》的G-3/5/7条批准，制定《战略》2024—2028财年项目目标备忘录，以便对任务进行整体规划，为负责计划、作战与转型的副参谋长（G-3/5/7）批准决策做准备，建立一个以任务为导向的过渡团队来指导规划的初步实施。

第二阶段：2021财年第三季度至2022财年第二季度。制定实施和资源配置的行动方针，供美国陆军高级领导人决策，在"陆军战役计划"（ACP）主要目标7-3中发布并实施初步的执行计划。由美国陆军未来司令部牵头启动生物防御支持理念的制定工作。

第三阶段：2022财年第三季度至2023财年第四季度。美国陆军生物防御主要责任办公室负责制定和实施美国陆军范围内的生物防御管理构架，并发布最终实施计划，以便为《战略》的持续发展提供过渡期指导。该办公室将在全军范围内展开项目分析和评估，以便为美国陆军高层领导决策提供信息支持，并完成生物防御支持理念的构建。

维持阶段：2024—2028财年。在《战略》全面付诸实施之后，美国陆军已建立了战略构架和流程，以协调全陆军范围内的生物防御行动，在2028财年之前实现《战略》所描述的目标。

三、《战略》规定的陆军生物防御主要工作

《战略》中确定了4条工作主线：应用知识预防生物伤亡、生物防御态势感知、战备工作和现代化。通过4条工作主线要达到：在战术到战略层面，及时做出有效决策，防范生物威胁和危害；在条令、训练、人员、设施领域开发和整合生物防御措施；开发广泛适用的诊断基础平台，可快速部署到战场环境中，尽早发现临床病例；快速鉴别新出现的病原体，促进快速检测技术发展；探索新的环境侦测和综合早期预警能力，加强物理防护，最大限度地避免在生物武器攻击中暴露。

（一）应用知识预防生物伤亡

美国陆军可应用科学和医学知识来预防生物伤亡，同时将伤亡预防措施对战备和作战的影响降至最低。没有科学知识作为坚实基础，就不可能实现生物防御态势感知并保持战备状态，也不可能达到防御新的生物威胁和危害所需的现代化水平。然而，自从美国于1969年终止其进攻性生物战计划以来，美国陆军内部对生物防御的了解大不如前，如今针对生物战和传染病暴发的准备和响应仅限于化生放核专业人员。应用知识预

防生物伤亡这一条工作主线将重申美国陆军具备世界一流的生物防御研发、测试和评估能力，推动和利用生命科学和医学的进步。美国陆军必须应用《陆军人才战略》来管理人力资本，以便维持和利用科学及医学专业知识。必须将生物防御知识融入各级专业军事教育和培训中，以提高认识，了解生物威胁和危害对作战的潜在影响，并在各层级中实现基于知识的决策。

（二）生物防御态势感知

生物防御态势感知广泛，并与其他工作主线和陆军的任务职能交叉。因此，必须在整个部队整合生物防御态势感知，并实现常态化，在各级指挥部门实施并纳入生物通用作战图（COP），并且必须及时提供来自不同来源、能力和行动的信息。如果没有全面、及时的信息，就无法有效避免或降低生物威胁和危害的不良影响。

1. 生物通用作战图

生物通用作战图纳入生物相关数据和信息的基本要素，包括天气、情报、生物监测、环境检测、疾病伤亡、医疗设施状态和部队位置；建立、维护并定期宣传卫生风险评估和部队健康保护指南；了解当前生物防御行动的最新情况，如测试、后勤库存及生物防御部队的能力和位置；了解东道国和地方民政当局的生物响应能力；了解战场信息系统在收集、报告、管理数据方面的能力和局限，并将所有数据传输至通用作战图；将所有气象报告信息、地形数据和部队位置记录并永久保存到每个连级单位，以便对生物威胁和危害情况进行及时和回顾性评估。

2. 政策、法规和法律

了解生物防御法医学能力，了解美国的盟国和合作伙伴在应对生物威胁和危害方面的法律或监管限制，了解美国陆军对美国其他机构、其他国家和其他非政府机构的职责。

3. 虚假信息

识别和分析对手如何以新的方式利用生物威胁和危害，并提出对策建议；了解对手如何利用网络、社会及其他与生物防御相关的虚假信息，并提出对策建议。

（三）战备工作

美国陆军把重建作战准备确定为其首要任务，重点是部队战备和兵力投放。生物威胁和危害可能影响陆军实现战备目标，降低战备水平。新冠疫情已经干扰了新兵招募、训练基地及部队训练和演习。战备工作这条主线将使美国陆军能够保护部队并应对生物威胁和危害，同时确保美国陆军继续专注于战备状态的保持和任务执行。

1. 保护

报告战术、战役和战略层面的生物防御战备情况；确保可用的医疗对策能发挥最大的效益；加强士兵的整体健康，作为增强疾病免疫力的一个组成部分；推进使用标准的个人卫生措施；确保生物防御 / 医疗装备生产的供应链安全，并制订应急计划，以应对供应链中断的状况；面对生物威胁和危害时保护和确保民用战略部署能力。

2. 响应

确保现场检测、物理防护、医疗预防和治疗可用，建立并维持大规模传染病伤亡的响应措施，确保各级指挥官和工作人员都能获取态势感知和响应决策所需的生物专业知识，保持美国陆军拥有快速执行生物防御法医学能力，维持美国陆军在全球范围内实施生物防御所需的库存物资。

3. 训练

根据生物防御的特定任务展开单兵和集体训练，针对生物战攻击和传染病暴发的现实场景进行行动决策演习和训练；将生物威胁和危害纳入单兵和集体训练及战略和作战演习中，以评估其在一系列竞争和危机情景中的响应能力。

4. 信息沟通

在生物攻击和疾病疫情暴发期间与联合部队、地方机构及美国盟友进行战略交流和信息沟通，以确保信息的及时性、一致性、准确性，打击虚假信息，从而防止对手从虚假报道或误导性信息中获利；确保与美国《国家生物防御战略》相辅相成。

（四）现代化

现代化涉及几个主题，从理念和理论条令的发展到装备采购。尽管美国陆军确实需要生物防御装备的现代化，但要在整个军事行动范围内取得全面成功，关键还是要吸取以往行动的经验教训，以及得到政策、理念和理论条令等方面的支持。

1. 政策

在美国各州为陆军医务人员提供全国性的认证和特权；审查美国陆军可能使用未经 FDA 批准的盟国药物的现行政策和法规，并制定药物紧急使用规定；审查现有的地方、州、国家和国际协议及政策等，消除对美国陆军执行生物防御的限制。例如，在获得 FDA 全面批准之前，提高和简化美国陆军获取和管理药物的能力。

2. 理念和理论条令

美国陆军必须扩展功能性理念，以应对生物威胁和危害，这需要整合或制定生物防御的支持性理念。支持性理念应通过现场测试或其他方式进行验证，验证后再纳入理论和条令中去。为了支持多域战和大规模作战行动，支持性理念应涉及以下内容：态势感知及相关理论条令和战术、技术、程序；各机构从新冠疫情响应中吸取的经验教训和最佳实践；对在生物威胁和危害或危险环境中需要的持续行动能够予以兵力投放和支持；快速的大规模医疗救治和生物伤亡人员的后送政策制定。

3. 能力发展

发展研发、测试和评估能力，为不断变化的生物威胁和危害提供响应方案；针对已知的生物威胁和危害发展现场部署检测能力、医学诊断和医学对策；开发和部署快速的医疗救治和后送能力；将处理自然和人为传染病暴发的生物伤亡预测流程制度化，并开发传染病预测分析工具；开发和实施标准化的通信架构，以便在隔离和限制行动的情况下能实现正常的指挥控制。

4. 部队发展

保留美国陆军对医疗研发、测试和评估能力的所有权和指挥控制权；在确定医疗部队结构时，要考虑多域战和大规模作战行动中对生物威胁和危害的风险评估；建立生物防御专业知识和其他技能（如疾病建模）的必要人员配备；评估当前的生物防御力量，并根据需要调整。

（军事科学院军事医学研究院　李丽娟）

（国防大学国际防务学院　张京晋）

第三章　美国智库发布《阿波罗生物防御计划》报告

2021 年 1 月，美国两党生物防御委员会发布了《阿波罗生物防御计划：赢得对抗生物威胁的竞赛》报告（以下简称《阿波罗生物防御计划》）。美国两党生物防御委员会是一个由前政府官员和科学家组成的智库，其宗旨是全面评估美国生物防御现状并提出改进建议。该报告以目标为导向，旨在开发并部署能够防御所有生物威胁的技术，以增强国家公共卫生能力。报告正文分为执行摘要、内容介绍、建议和结论 4 个部分，概述如下。

一、执行摘要

新冠病毒大流行进一步引发了美国严肃对待生物威胁的意识。新冠疫情已造成美国 40 万人死亡，并且给美国的经济造成了数以万亿计美元的损失。新冠病毒大流行造成的生存威胁是美国当前面临的最紧迫挑战之一。此外，生物技术的进步降低了病原体改造的门槛，增加了感染新型疾病的风险，未来疾病大流行的风险也在增加。

《阿波罗生物防御计划》和"阿波罗登月计划"一样目标明确，预计在 2030 年内完成，为美国提供动员国家并领导世界应对这些挑战的机会。该计划支持以下研究内容：从源头发现新的病原体；在几天时间内可以对国内的任一居民进行检测；掌握有效的治疗手段；数周内开发并推出疫苗。

美国两党生物防御委员会经咨询 125 位相关领域专家后，确定了《阿波罗生物防御计划》的优先核心技术，包括：病原体原始毒株的候选疫苗；广谱治疗药物；药品的灵活、可扩展大规模生产；不依赖注射的药物和疫苗给药方式；测序；微创和无创检测；多种方式的大规模检测能力；人员诊断；数字化病原体监测；国家公共卫生数据系统；全国病原监测与预报中心；下一代个人防护装备；抑制建筑环境内的病原体传播；实验室生物安全；威慑和阻止不良行为体的技术。

二、内容介绍

（一）新冠疫情是一个警示

新冠疫情肆虐，摧毁了全球的卫生系统和经济，还破坏了国家内部和国家之间的稳定，暴露了全球各国在生物防御方面的弱点。

专家认为，未来这种传染病暴发的频率更高。新冠病毒感染可能会给美国带来超过 16 万亿美元的损失。降低生物风险的支出将远远少于流行病给美国带来的损失。

美国两党生物防御委员会于 2015 年发布的《国家生物防御蓝图》报告警告说，美国对生物威胁的准备不足。5 年后暴发的新冠疫情暴露了美国应对自然疾病的脆弱性和应对生物事件能力的弱点。美国需要新的战略和防御措施，通过《阿波罗生物防御计划》，使新的无形的生物敌人现形，并在未来的十年内消除流行病威胁。

（二）未来的生物威胁

新冠病毒感染不会是人类面临的最后一个生物威胁。目前普遍认为，像新冠病毒感染这样的毁灭性的生物事件将不再是罕见的或百年一遇的事件。未来自然发生的生物威胁可能比新冠病毒感染更具有致命性和传染性。航空、旅行、粮食、气候、土地利用变化、日益严重的城市化，以及人类与野生动物的接触都增加了自然发生传染病大流行的风险和频率。目前，人类发生人畜共患病的频率正在增加，约占世界新兴传染病的 75%。

1918 年大流感夺去了 5000 多万人的生命。下一个生物威胁可能更具破坏性。天花等其他疾病的传染性和致命性比新冠病毒感染更强。生物技术的进步也使得获取或改变这些病原体变得更容易，蓄意攻击或实验室事故造成传染病大流行的可能性也存在。

生物威胁还会危及国家安全。新冠病毒感染导致美国一艘航空母舰停运两个月，参谋长联席会议成员被隔离，总统住院。这些事件表明了美国的国家安全漏洞，并动摇了其威慑能力。

此外，美国可见的弱点增加了其未来遭受生物攻击的可能性，生物技术的持续突破性发展降低了生产生物武器的技术壁垒。随着各国建立更多高等级生物安全实验室和开展更多生物医学研究，实验室意外释放病原体的可能性也在增加。

（三）未来之路：《阿波罗生物防御计划》

应对生物威胁的解决方案必须依赖于公共政策、科学、技术和创新。"曲速行动"表明，美国可以在传染病大流行期间以前所未有的速度实现雄心勃勃的目标。然而，国家需要更广泛的、先发制人的、持续的努力才能更好地防范未来的生物威胁。美国需要像把人类带到月球的"阿波罗登月计划"那样从宏大的角度考虑防御生物威胁。

美国有承担巨大技术挑战的经验，如曼哈顿计划（制造原子弹）、州际高速公路系统（创建连接整个国家的高速公路网络）和 GPS 全球定位系统（地理定位）。这些工作在规模、目标、必要性和执行难度上都有相似之处，表明了美国有能力进行系统的、大规模的行动，并以目标为导向提供资金，统一协调，实现国家所需的技术和能力。

上述计划还产生出有价值的副产品，如"阿波罗登月计划"产生了太阳能电池板和起搏器。《阿波罗生物防御计划》也可能会在精准医疗、可持续食品生产、大规模制造甚至太空旅行等领域取得突破，并增强美国的生物实力，加速美国生物经济的增长。目前，美国的生物经济规模已经超过半导体行业。如此重要的经济推动力可以为美国创造更多就业机会和经济增长，同时帮助美国避开国外经济竞争对手。

只有两党的持续支持和国家的领导才能使美国开发出防御生物威胁所需的新技术。国家部门给出战略方向，进行协调和提供资金，使《阿波罗生物防御计划》得以实施；私营部门研究和生产所需的工具和创新产品，政府在适当的时候进行加速审批和保护。

参与国际社会应对重大挑战可以成为一种有效的外交工具。中国和俄罗斯等国家在新冠疫情期间利用技术创新提高了国家的国际影响力。其他国家若参与由美国领导的《阿波罗生物防御计划》，也将加强美国与其他国家的国际关系。

（四）采取行动

以前的国家重大挑战都集中在单一的目标上，如登陆月球或制造原子弹。《阿波罗生物防御计划》不会局限于一个单一的目标，而是在一个总体目标下实现多项突破性的技术进步，从而获得防御生物威胁的整体技术优势。

在应对新冠疫情中，"曲速行动"迈出了第一步，充分利用了新技术，聚焦研究领域，产生了多项有前景的创新。"阿波罗登月计划"开始时，登月所需的技术还不存在。现在，美国已拥有实现《阿波罗生物防御计划》的科学能力，能够实现该计划。

三、建议

控制新冠疫情的需求为开发多种技术提供了动力。美国需要在此基础上，推动技术进步，以免遭受下一个类似生物威胁。这些目标可以在十年内实现，但前提是有相应的领导力和资源等。

与根除天花一样，人类有机会去做曾经看似不可能的事情。美国不应该认为生物威胁是不可避免的，因为《阿波罗生物防御计划》可以防止疾病在全球或疫源地流行。疫情暴发可能不可避免，但疾病大流行可以避免。下列建议如果得到采纳和充分执行，就有可能完全避免生物威胁。

（一）实施《国家生物防御蓝图》

美国政府和国会应该全面实施《国家生物防御蓝图》中的建议。《国家生物防御蓝图》中的第 27 ～ 33 条建议与《阿波罗生物防御计划》有关。这些建议强调了创新的必要性、激励医疗企业、发展快速即时诊断技术，以及开发现代环境检测系统。《国家生物防御蓝图》的实施与《阿波罗生物防御计划》相配合，将使美国能够抵御有意引入、意外释放和自然发生的生物威胁。

（二）制定"国家生物防御科学技术战略"

为了实现防御生物威胁的目标，美国政府应制定一项"国家生物防御科学技术战略"，重点关注《阿波罗生物防御计划》优先核心技术，并在《国家生物防御战略》的附件中提供这一战略。该战略由白宫领导，这将有利于协调美国政府部门内部及学术界和私营机构。

美国国家安全委员会内的专职总统副助理负责领导实施《阿波罗生物防御计划》，美国科学和技术政策办公室的主任负责确定和发展所需技术能力。

（三）制定统一预算

美国国会应依《国家生物防御蓝图》中的第 4 条建议，要求白宫管理与预算办公室提供一份《阿波罗生物防御计划》的跨部门预算，作为全部生物防御预算的组成部分。统一的预算编制是机构战略合作的重要组成部分，可以协调和互补整个美国政府的活动，并确保活动的有效性。

美国国会应为实施《阿波罗生物防御计划》提供多年期拨款，拨款与计划的目标及威胁的严重程度相一致。此外，还应实施多年预算授权，允许机构采购需要数年时间开发和生产的系统及医疗产品。多年期拨款可为研究、开发与生产的规划提供更稳定的投资，有助于美国政府吸引最优秀的人才和私营部门资本。

四、结论

新冠疫情证明了传染病大流行会对美国经济、政治、社会和民众生活造成巨大影响。《阿波罗生物防御计划》成本很高，但相对来说，毫无作为的代价会更加昂贵。国家为确保不再发生此类生物威胁，值得对现实可行的计划进行投资。

（军事科学院军事医学研究院　陈　婷、王　磊）

第四章 美国加强新发传染病防御项目部署

当前新冠疫情形势持续严峻，全球疫情防控阻击战异常艰难。在这一严峻形势下，美国越发重视新发传染病预防监测相关布局建设，近期投入大量资金开启新发传染病监测项目、平台等，不仅在国家公共卫生安全领域大刀阔斧地进行传染病相关研究，在美国国防建设中也投入大量精力进行新发传染病防御监测部署。

一、投资公共卫生新发传染病监测技术，提升重大传染病疫情响应能力

新冠疫情的紧张态势及日渐迫切的抵御新发传染病需求使得美国越发意识到传染病防控监测的重要性。在此基础上，美国积极开发传染病建模与预测工具、快速便携式传染病监测设备，以寻求通过科学数据准确、迅速预测未来大流行病，强化其传染病预防监测的力量部署。

2021 年 10 月 26 日，美国 CDC 投资 2600 万美元开发新一代传染病预测和分析工具，主要开展以数据分析、建模等为基础制定传染病预防战略、创建数据、建模分析工具和程序等研究，旨在提高国家利用数据、建模和分析改进大流行的准备和应对能力。

同时，开发快速、便捷的传染病监测装置也是应对新发传染病扩散的重要举措。2021 年 10 月 4 日，美国国防部和美国卫生与公众服务部同 OraSure 技术有限公司签订价值 1.09 亿美元的合同，用于维护 OraSure 技术有限公司新冠病毒快速测试 InteliSwab™ 平台，该平台开发出一种可快速检测新冠病毒感染的简便设备，其独

特设计是将内置拭子完全集成到测试棒中，用户只需擦拭鼻孔，将测试棒在预先测量的缓冲溶液中旋转，即可在 30 分钟内显示测试结果，无需仪器、电池、智能手机或实验室分析。

二、加强全球新发传染病监测部署，构建全球传染病研究网络

美国依托华盛顿大学聚拢国际组织，谋划全球传染病监测协议，在全球开展多学科调查，监测病毒和其他病原体分布，防范病毒外溢风险。2021 年 10 月 5 日，美国国际开发署宣布启动一项名为"DEEP VZN"的新兴病原体、人畜共患病探索发现全球合作协议，旨在全球监测具有潜在流行病暴发能力的未知病毒。该项目由美国国际开发署与华盛顿大学签订，由华盛顿大学牵头，美国家庭健康国际组织、国际卫生科学技术组织 PATH 等组织协同参与，计划与非洲、亚洲和拉丁美洲的 5 个国家合作。美国通过制订全球研究网络计划，试图凝集全国及全球传染病防控研究力量，构建全方位传染病防控机制，抢占未来国际生物安全竞争制高点。

三、美国国防部开展新发传染病研究项目，保障军队作战实力

近期，美国国防部启动新发传染病监测新项目，以便对传染病威胁做出迅速识别和评价，侧重强化其对新发传染病疫情的响应能力。

（一）重视传染病监测系统模式开发，从源头消灭影响军队作战的隐患

监测传染病病原体已成为美国军队抵御生物威胁、保障军队作战能力的重要一环。2021 年 9 月 30 日，美国国防威胁降低局（DTRA）宣布将投资一项由美国陆军作战能力发展司令部化学与生物中心（DEVCOM-CBC）启动的"DaT 计划"，该计划旨在开发一种全方位、稳定、具有高度适应性的生物威胁监测模型，用于监测具有潜在大流行暴发潜力的危险病原体，防范未知新发传染病。该项目通过细胞提取物、快速合成和释放试剂，结合生物分子监测和免疫检测等最新技术，利用合成生物学方法开发快速监测传染病和大流行威胁潜力病原体的基因电路，构建一种适宜性强的传染病监测模式。

（二）投资研究新发传染病病原体有效医疗对策，应对潜在军事人员健康威胁

2021 年 10 月 12 日，DTRA 投资研究以开发预防和治疗甲病毒感染的有效医疗对策，以更好地应对由蚊子、蜱和跳蚤等传播的甲病毒疾病，该病毒很可能被用作生物武器，威胁美国生物安全。DTRA 化学生物防御联合科学技术办公室科学家研究表明，HA15 抑制剂可阻断病毒在感染细胞中的生长，并可以帮助治疗新冠病毒等其他病毒感染，抑制病毒突变和阻止病毒传播到其他国家，从而使军队在对抗新冠病毒及其他病毒方面受益，具有广泛的应用前景。

当前，美国针对新发传染病实施了诸多预防监测项目，新项目新技术研发态势层出不穷，美国试图借此建立全球传染病监测网络，以进一步加强巩固美国在全球的传染病预防监测布局，由此带来的未来大流行疾病风险及生物安全新变革值得警惕。

（军事科学院军事医学研究院　马文兵、陈　婷）

第五章　WHO 发布值得关注的两用性研究报告

2021 年 10 月 22 日，WHO 发布了《新兴技术与值得关注的两用性研究：全球公共卫生地平线扫描》报告①。报告运用地平线扫描（Horizon Scan）识别社会和生命科学技术变革中带来的新机遇和风险，确定了包括新兴技术、全球治理等 15 个需关注的优先事项，详述了生命科学研究可能存在被滥用的领域，同时 WHO 呼吁成员国和相关组织为防范和应对生命科学研究可能被滥用而引发的风险和挑战做好充分准备。

一、报告的研究背景

WHO 把值得关注的两用性研究（Dual-Use Research of Concern，DURC）定义为"旨在获得利益但很容易被误用而造成伤害的生命科学研究"，此类研究在过去的 20 年中快速发展，包括脊髓灰质炎病毒的合成、鼠痘病毒的修饰、H5N1 禽流感毒株的改造及马痘病毒的从头合成等。生命科学研究的快速发展进步为改善全球健康做出了重要贡献。然而，多领域的变革性进展也可能对全球健康构成风险，因此需要谨慎评估特定技术和潜在有害技术应用所产生的不利影响。

地平线扫描是一个系统评估过程，用于从未来发展中识别可能的威胁和机遇。它已被广泛应用于包括生物安全和公共卫生在内的相关领域。为了确定生命科学研究值得进一步关注和审议的领域，WHO 组织多领域专家对未来 20 年需关注的生命科学研究进行了地

① WHO. Emerging technologies and dual-use concerns：a horizon scan for global public health[EB/OL]. [2021-10-22].https://www.who.int/publications/i/item/9789240036161.

174

平线扫描，并确定了 15 个需关注的优先事项，为决策者和研究人员的进一步审议及更广泛的公众参与提供了信息基础。

二、报告的主要结果和讨论

报告应用 Delphi 专家咨询法的调查、讨论、估计、汇总（IDEA）进行统计，将优先事项按可能实现的时间（＜5 年、5～10 年、≥ 10 年）进行了排序（表 5-1）。其中 3 个与治理和社会经济因素更密切相关的问题，分别为信息流行病、错误信息、虚假信息和 DURC，全球 DURC 治理框架缺乏和 DURC 项目中的设计安全。因不符合时间排序，报告将其与生命科学技术问题分开单独列出。

表 5-1　按照可能实现的时间排序的 DURC 问题

时间	生命科学技术问题	治理问题
＜5 年	①生物调节剂； ②云实验室； ③天花病毒的从头合成； ④新冠病毒研究； ⑤用于病毒重建的合成基因组学平台	①信息流行病、错误信息、虚假信息和 DURC； ②全球 DURC 治理框架缺乏； ③ DURC 项目中的设计安全
5～10 年	①超高通量发现系统； ②使用深度学习识别新型生物结构； ③媒介功能获得性实验； ④靶向基因驱动应用； ⑤用于化合物递送的稳定生物颗粒	
≥ 10 年	①纳米技术和纳米颗粒毒性； ②对神经生物学的恶意利用	

报告中 DURC 的定义和治理问题等受到持续关注，可能反映了研究参与者对其重要性、成本和收益、适当性、充分性和相关性的解释和意见的差异。报告主要对以下几个方面进行了讨论。

一是 DURC 的定义。报告使用了 DURC 的广义概念，但专家来自多学科领域，认为 DURC 应有多种含义，对 DURC 的理解和评估问题的具体构架也存在不同。因此，这些因素对 DURC 问题相互加权呈现出不同的诠释。虽然无法就特定定义或其应用达成共识，但 WHO 强调了应用该定义的重要性，提出在特定科学领域和不同滥用领域中使用该定义进行评估得到的问题应当予以认同和讨论。

二是 DURC 的治理问题。虽然在某些国家已采取了一些措施，并且某些科学杂志已对关于 DURC 的文章建立了评估程序，但在两用实验的资助和出版的监督机制方面仍然存在很大差距。报告研究表明，要在不过度监管的情况下促进合理科学探究，同时抑制其不当发展，需要在全球框架下协调 DURC 治理工作和安全设计协议应用工作。

三是局限性和发展方向。报告提到虽然研究证明富有成效，但存在局限性。第一，任何 Delphi 专家咨询法中专家意见最终都代表参与者的主观判断；第二，Delphi 专家咨询法及其改进方法不适合识别高影响、低概率的事件。报告通过鼓励参与者根据其合理性提出"高影响"问题来弥补部分不足。此外，尽管参与者在性别和学科方面相对平衡，但某些区域的代表性不足，如没有来自南美洲或中美洲的参与者。同时，考虑到新冠疫情期间所有阶段的延缓和个人投入时间的限制是不可避免的，因此报告中研究框架的总结和评分过程强调了技术的潜在风险。

三、报告的结论

（一）进一步提升 DURC 共识

报告中 DURC 的定义和治理问题受到持续关注，主要体现在：一是参与者对 DURC 广义定义难以达成一致；二是全球 DURC 治理框架缺乏；三是新冠疫情影响及研究方法的局限性。生命科学研究潜在的滥用在很大程度上被忽视，同时 WHO 的研究开展也受到资源制约和资金限制，成员国需要进一步提升共识，共同防范和应对生命科学研究可能被滥用而引发的风险和挑战。

（二）优先建立全球 DURC 治理框架

报告认为，全球 DURC 治理框架缺乏是首要问题，也是最突出和最迫切的问题。在 2010 年发布的"负责任的生命科学研究促进全球卫生安全"指南及之前关于 DURC 和负责任的生命科学研究工作和倡议研究的基础上，WHO 正在制定关于负责任地使用生命科学的新指导框架，囊括治理、安全、科学和技术方面的进展等内容。

（三）在复杂领域发挥指导作用

对生命科学负责任地管理和对其滥用的监管涉及从个人到国际组织的广泛利益相关方，同时还涉及多个部门，包括卫生、研究、环境、国防、海关、边境管制和农业等。WHO 能够在复杂的治理领域发挥指导作用，如召集专家组编写指南并加以指导及制定普遍的规范和标准。

（四）在重点领域发挥关键作用

报告认为本次研究确定的一些领域值得关注，WHO 能够在重点领域发挥关键作用。例如，疾病媒介的功能获得性研究存在被误用的潜在巨大风险。监测和预防媒介传播疾病是 WHO 的一个关键优先事项，研究疾病传播媒介对于减少世界大部分地区的疾病负担至关重要。

（军事科学院军事医学研究院　尹荣岭）

第六章 《美国传染病大流行防范：改造我们的能力》解读

2021 年 9 月 2 日，美国拜登政府公布了一项 653 亿美元的计划，旨在提高美国对传染病大流行的防范能力，为应对下一次大规模疫情做准备。白宫通过一份 27 页的文件发布了该计划，题为《美国传染病大流行防范：改造我们的能力》（"American Pandemic Preparedness: Transforming Our Capabilities"）。该计划呼吁在未来 7～10 年加大投资力度，用于改善疫苗、治疗药物及公共卫生基础设施，提高国家的实时监测能力，并对个人防护设备进行升级。

一、计划的基本情况

美国政府认为，未来面对的生物威胁形势可能更加严峻，严重的传染病疫情将日益频发，美国当前还不具备应对所有突发疫情的能力。尽管近 20 年来，美国政府资助的基础科学研究已经使美国掌握了丰厚的知识和技术积累，但是除冠状病毒外的其他病毒可能更难控制，而美国对这些病毒并没有充分的了解；当前对 mRNA 疫苗在内的一些新技术平台还有很多知识盲区，许多环节需要进一步优化；当前科学和技术的进步，为美国从根本上改造预防、监测和快速应对大流行病和生物威胁的能力提供了契机。

该计划主要包括 5 个方面，共 12 项工作：

①提升医学应对能力。从疫苗设计、生产、分发和接种，以及开发改良疫苗等方面进行优化，使美国有能力快速制造应对任何病毒的有效疫苗；开发一系列适用于任何病毒的疗法，确保在疫情出现前可用或在疫情期间随时可得；开发诊断平台，实现快速、高精度的检测，塑造美国在新发传染病威胁面前，短时间内大规模提

供简单、低成本、高性能的诊断检测能力。

②确保态势感知能力。开发基于临床监测、环境检测、公共信息资源和全球范围内预警网络的预警系统，使美国有能力检测新发传染病威胁，快速完成基因组测序并公开共享全基因组序列；提升对流行病威胁的实时监测能力，及时掌握病毒的传播和演变的态势。

③加强公共卫生系统。通过扩大应对突发公共卫生事件的能力，实现国内外公共卫生基础设施的现代化，以有效预防、应对和遏制生物威胁；构建全球卫生安全能力，支持传染病防范。

④打造核心防护能力。打造有效、舒适且负担得起的个人防护装备（PPE）；恢复和扩大美国生产重要物资的能力，阻止下一次传染病大规模暴发；提升生物安全、生物安保及灾难性生物事件的预防，防止实验室事故的发生并阻止生物武器的发展；提高监管能力，支持开发安全有效的疫苗、疗法和诊断方法。

⑤加强任务管理。参照"阿波罗登月计划"的目标性、投入度和问责制来管理该计划，并确保与国际科学界协调。

二、计划的主要特点

防范传染病大流行对于人类社会的存在和发展意义非凡，美国政府在新冠疫情持续肆虐的情况下发布该文件，通过推出一系列可落地的有效举措，并强调从现在开始"一以贯之"执行，以期从此次新冠疫情造成的重大损失中"亡羊补牢"，汲取经验和知识，不断改造和提升自身的生物安全能力。

（一）防范传染病大流行，反映强烈危机感

新冠疫情在美国泛滥成灾，给了美国政府一记当头棒喝，也让美国在国际社会颜面扫地，美国政府在应对新冠疫情中的表现印证了其国家系统应对此类生物事件的脆弱性。该文件反映了美国政府对自身应对未来生物威胁能力的科学评估，处处蕴含了"未雨绸缪"的强烈危机意识。美国历来十分重视对传染病大流行的防范，曾制定并发布诸多国家战略规划，如《国家生物防御战略》《生物盾牌计划》《应对生物威胁的国家战略》等。此外，美国国立卫生研究院、美国国防高级研究计划局等也围绕重大传染病的预测、预防、诊断和治疗等方面进行系统规划和整体布局，有力推动了科技能力的发

展。此文件的出台，说明美国政府更是将对传染病大流行防范的重视程度提升到了前所未有的高度，以谋求未来能够快速有效地控制传染病疫情，并在传染病防控领域保持全球优势。事实上，在人类现代社会，高科技的迅猛发展大大提升了人类的生活质量和健康保障能力，但同时全球化进程不断加速也使传染病的扩散速度和传播范围进一步扩大，疾病暴发频率不断增加。此外，近几十年来新出现的病毒种类越来越多，美国认为未来的生物威胁可能更加严重，而人类应对突发重大传染病的知识储备和技术工具仍"捉襟见肘"，导致当今人类在面对突如其来的瘟疫时仍显得脆弱无力和不知所措，必须对未来生物威胁保持高度警惕并在下一次传染病大流行之前做好准备。

（二）与"阿波罗登月计划"并重，提升计划站位高度

该计划将传染病防范计划提升到等同于美国迄今为止最庞大的月球探测计划——"阿波罗登月计划"的战略高度。"阿波罗登月计划"历时 11 年，耗资金额巨大，动用了 2 万家企业、200 多所大学和 80 多个科研机构参与计划实施，是美国在人类历史上最重要的科技成就之一。美国将《美国传染病大流行防范：改造我们的能力》与"阿波罗登月计划"相提并论，可以看出其应对传染病疫情非同一般的雄心壮志和史无前例的宏大规模，美国政府已将该计划视为美国重振雄风、重夺霸权的关键任务。计划要求美国政府建立一个强大、统一的任务控制中心，并激发全球支持和投资，建立国际科技专家组，突出了其传染病防线前移、全球行动、主动干预及力求主导国际多边进程等野心。从历史长河中看，美国在新冠疫情大流行之时，推出《美国传染病大流行防范：改造我们的能力》，符合美国主导新兴科技发展国际进程的一贯策略，坚持在发展与安全两个方面谋取战略利益，并对促进关键科学和各种边缘交叉学科的兴起与进步，进而转化为国家未来经济实力及国家安全的重要科技支撑力量起到推动作用。

（三）经费投入 653 亿美元，支持力度空前

为了实现预定目标，该计划预计总经费投入为 653 亿美元，将在 7～10 年内完成投资，与以往生物安全投入经费相比，支持力度空前之大。经费投向主要包括传染病大流行的早期预警和实时监测，诊断、治疗、疫苗等产品的研发生产，还包括公共卫生体系、重要物资生产能力、全球卫生安全能力，以及个人防护装备、生物安全和生物安保等。其中，投资力度最大的是疫苗的研发生产，达到 242 亿美元，主要资助方向为疫苗的设计、测试、大规模生产及病毒变异疫苗等；其次是传染病大流行的治疗研究，达到 118 亿美元，主要资助方向包括抗病毒药物研发和评估、单克隆抗体的大规模生产、治

疗方法和免疫调节剂等。为了确保美国能够应对未来传染病大流行和生物威胁，美国将会在未来长时间内每年持续大量投资。计划认为，相比新冠疫情造成的近 5000 亿美元损失，对传染病大流行防范的持续投资可以获得更大的收益。

（四）注重科技创新能力，有效支撑疫情防控

该计划高度重视科学和技术进步，期望通过科技手段，发现新发传染病病原体并完成基因组测序，在发生疫情后快速研发并生产疫苗、检测技术和药物，并通过监测、防护等手段有效控制疫情扩散。在研究对象方面，该计划要求"覆盖全"，计划的目标不仅是防范某次传染病大流行，而是针对所有已知的感染人类的 26 个病毒科进行早期科研储备，开发出针对病毒家族或亚家族的"通用疫苗"和广谱抑制剂等药物；在应用范围方面，该计划要求"范围广"，如态势感知，不仅要求检测临床环境中的病毒，还将废水、社区环境等纳入监测范围，同时监测全球出现的流行病威胁；在核心防护方面，该计划不仅要求打造个体防护装备，还要开发建筑环境病原体抑制技术以降低传染病在环境中的传播；在审批方面，该计划要求"速度快"，提出要在传染病大流行威胁出现后 100 天内完成疫苗的审批；在生产能力方面，该计划要求"产能足"，认为在传染病流行期间保持持续"充沛"的产能十分重要，强调发展大规模生产抗体的工艺，确保单克隆抗体的生产能力，同时要求按时满足全美国甚至全球的疫苗需求。

（军事科学院军事医学研究院　王　磊、张　音、周　巍、陈　婷、
刘　伟、马文兵、祖　勉、王　瑛）

第七章 《应对全球灾难性生物风险的技术》报告提出的15种关键技术在新冠疫情应对中发挥的作用

2018年10月9日，美国重要的生物安全智库机构约翰斯·霍普金斯卫生安全中心研究团队发布题为《应对全球灾难性生物风险的技术》的报告，在全球产生广泛影响。该报告提出应重点关注五大类共15种与公共卫生准备和应急响应密切相关的技术，加强这些技术的研发将有助于提升应对灾难性生物风险的能力。时隔一年，新冠疫情暴发，并迅速在全球范围内传播蔓延，成为百年来最严重的传染病大流行。本文将聚焦报告中提及的15种技术，深入分析它们在应对新冠病毒感染这一灾难性生物风险中的作用，以期为我国前瞻布局重大疫情防控关键技术提供参考借鉴。

一、新冠疫情应对中得到发展的关键技术

2020年新冠疫情暴发后，在上述15种技术中，有10种技术得到了不同程度的研究发展和应用。

（一）广泛基因组测序技术

技术进步和成本降低提高了基因组测序技术被广泛应用的可能性，即所谓的"广泛基因组测序"（Ubiquitous Genomic Sequencing）。随着计算和分析工具的开发和改进，大量的序列数据将被转化为一种先进的基因组传感能力，形成对病原体特征的分析判断。而实现广泛基因组测序并最终实现传感的关键之一是牛津

Nanopore 科技公司开发了名为"纳米孔定序器"的微型芯片，代表产品为该公司研发的 MinION 纳米测序仪。

2019 年底，新冠疫情暴发之时，牛津 Nanopore 科技公司开发了快速制备和测序新冠病毒全基因组的工作流程，利用快速、简化的文库制备方法、实时纳米孔测序和数据流及高度可扩展的纳米孔测序技术，在新冠病毒研究中发挥了重要作用。2020 年 1 月，中国 CDC 的研究团队使用 Nanopore 纳米孔测序技术获得新冠病毒骨架结构，结合 Illumina 二代测序数据成功获得完整的基因组并提交给全球共享流感数据倡议组织（GASAID）向全球分享，为全球快速研发疫苗争取了时间。同月，中国香港大学微生物系的研究团队首次发现新冠病毒感染无症状感染者，使用纳米孔测序技术获得无症状感染者的完整基因组序列，与阳性感染患者基因组序列比对表现出几乎完全的同一性，为全球制定科学的疫情防控策略、降低新冠疫情潜在传播风险提供了科学支持。2020 年 3 月，中国香港大学、深圳医院临床微生物学及感染控制系研究人员利用纳米孔测序技术对新冠病毒感染患者不同患病时期的唾液样本病毒载量进行了检测，发现新冠病毒感染患者在感染初期具有最高的病毒载量，之后随时间降低，为解释新冠病毒感染的传播特性提供了理论依据。

从流行病学的角度看，基于基因序列的快速检测与分析已成为应对传染病暴发的重要需求，MinION 纳米测序仪作为新一代测序机器，从样品准备到发现致病菌只需要 6 小时，而从样品放置机器到发现致病菌只需要 4 分钟，远远低于二代测序技术（NGS）所需时间。该机器还具备测序读长长（超过 150 kb）、数据能够实时监控、方便携带等优势。

（二）微流体检测技术

微流体设备作为一种"芯片实验室"诊断设备，可将多个实验室功能缩小到一张只有几毫米或几厘米见方的单个芯片上，对病原体核酸和抗体的检测可在病床边或资源受限的环境中开展，保证病原体检测兼具时效性和可行性。

在新冠病毒核酸检测方面，加州大学伯克利分校 Jennifer Doudna 等开发了一种基于微流体设备的快速集成核酸酶串联检测技术（FIND-IT），其微流体芯片含有两种不同的 CRISPR 酶 Csa13 和 Csm6，可检测从人样本中提取的病毒 RNA，微流体芯片的引入可简化 CRISPR 酶检测前需要进行的逆转录、靶点扩增和体外转录等步骤，降低检测成本，有助于即时检测的开发。在新冠病毒抗体检测方面，密歇根大学与初创公司 Optofluidic Bioassay 联合研发了新冠病毒抗体检测的微流体设备，是第一个可与抗体检测金标准"酶联免疫吸附试验（ELISA）"相匹敌的微流控方法，被称为微流控 ELISA，该设备较于普通 ELISA 更省时。

微流体设备可提供快速、准确的诊断能力，无需高级培训和昂贵设备，检测成本更低。然而，该技术的检测灵敏度仍有待提高，相对于 q-PCR 可检测低至 1 拷贝 /μL 的病毒 RNA，基于微流体设备的检测方法目前只能检测高于 30 拷贝 /μL 的病毒 RNA。

（三）无细胞诊断技术

无细胞诊断技术消除了细胞膜的限制，可以实现在无细胞的环境下启动细胞内相关功能通路，利用工程化分子遗传学手段制造诊断用的冻干蛋白组分，只需要添加水，便可激活无细胞系统，一旦环境或待测样本中存在病原体，就会得到人肉眼可见的比色响应信号。

哈佛大学威斯研究所和麻省理工学院联合研发了一种装有传感器的新冠病毒检测口罩，该传感器由病毒遗传物质 DNA 和 RNA 组成，需要水分（如黏液或唾液）才能激活，新冠病毒感染患者呼吸、咳嗽或打喷嚏时，遗传物质与病原体结合并识别出病毒后，会在 1 ~ 3 小时发出荧光信号，医生可通过一种特殊设备测量荧光信号当场鉴别出患者，无需将样本送检。

该技术可在恶劣环境中提供稳健的功能，无细胞诊断反应体系中的冻干材料稳定性强，无需像定量 PCR 那样依赖专业人士，便可在短时间内达到与 PCR 检测灵敏度相当的结果，可用于现场紧急诊断。然而，这一技术在准确度和特异性等方面仍需验证，仅用于对新冠病毒感染患者的筛查，但不能替代实验室诊断。

（四）3D 打印技术

3D 打印是指将打印材料沉积、层层叠加打印生成物体的过程，可制定个性化药物剂量和配方打印化学药品和生物制品。该技术应用范围越来越广，并且价格低廉，可以在任何地方合成关键化学品和药品，实现分布式医学防护产品制造。

斯坦福大学和北卡罗来纳大学的科学家利用 3D 打印技术打印出了新冠病毒疫苗贴片，该疫苗贴片关键技术突破在于排列在一块聚合物贴片上的 3D 打印微针。微针贴片已经研究了几十年，研究人员借助 3D 打印技术使微针可以轻松定制以适应不同类型的疫苗，开发出各种针对流感、麻疹、肝炎或新冠病毒的疫苗贴片。这种新型疫苗贴片比针头注射疼痛更轻、侵入性更小，并且可以实现自行接种。动物实验表明，疫苗贴片的免疫反应要比注射类的疫苗高 10 倍，同时还产生了高倍率的 T 细胞、抗原特异性的抗体反应。研究人员正在将辉瑞公司和莫德纳公司的 RNA 新冠病毒疫苗制成微针贴片。

3D 打印技术能够在药物和疫苗剂量方面创造更大的灵活性，但在灾难性生物事件中广泛使用这种技术还面临一些困难，如需要制定相关法规来规范制造工具、制造流程及生产对策等。此外，3D 打印的化学和生物前体并非随时可获得，打印药物或疫苗的特定技术也非随时可用，给该技术的普及带来一定困难。

（五）合成生物学技术

合成生物学是以工程化为设计思路，构建标准化的元器件和模块，改造已存在的天然系统或重新合成全新的人工生命体系。随着计算机、生物信息、基因合成与基因测序等技术的快速发展，生物工程产业化的技术瓶颈可能会被突破，推动生物产业实现工程化与设计化的产业发展。

英国剑桥大学研究团队正借助人工智能、合成生物学等技术开发可对抗新冠病毒、SARS、MERS 等多种冠状病毒的"超级疫苗"。该疫苗基于 DNA，利用全部已知冠状病毒的基因序列，用计算机生成由合成基因编码的抗原结构，试图诱发更强大的 T 细胞免疫反应，提供更持久和更安全的保护。同时，该疫苗使用一种简单的空气喷射可实现无痛接种，并且可以冷冻干燥成粉末，不需要冷藏，更容易运输和存储。另外，2020年 11 月 25 日，美国 Ginkgo Bioworks 公司获得了隶属于美国政府的美国国际开发金融公司高达 11 亿美元的贷款，该公司一直致力于利用合成生物学技术生产各类药物和疫苗中的活性成分，主要运用生物合成法和菌株工程平台大量生产 mRNA 疫苗所需的原材料酶，以大幅提升新冠病毒疫苗的生产能力。

与传统制造技术相比，利用合成生物学技术开发和生产药物及疫苗的速度更快、产量更高。合成生物学为生产医疗产品提供了新途径，也为分布式和个性化定制医疗产品提供了新方法。但由于该方法与当前的制造模式具有本质不同，未来在制药行业和农业领域可能会遇到一定的发展阻力。

（六）微阵列贴片疫苗接种技术

微阵列贴片（MAP）也被称为微针贴片，是一种用于接种疫苗的新兴技术，有可能实现大规模疫苗接种运动的现代化。微阵列贴片已被提议用于麻疹、流行性感冒和其他传染性疾病，理论上可用于大多数疫苗的开发。

2020 年 4 月，匹兹堡大学医学院研发出含有 400 支微针的新冠病毒疫苗贴片，小鼠接种两周后体内可产生新冠抗体。2020 年 10 月，澳大利亚的 Vaxxas 医疗设备公司的高密度微阵列贴片（BARDAHD-MAP）技术获得美国 2200 万美元资助，并开始进行疫苗研发；2021 年 6 月，Vaxxas 医疗设备公司发表文章称，其研发的新冠病毒疫苗在小鼠模型中表现良好，疫苗在 25 ℃下可储存 30 天，在 40 ℃下可储存一周。

微阵列贴片疫苗接种技术能够在紧急情况下开展疫苗的个体自我接种，减少人群完成免疫操作的时间。该疫苗还具备耐高温的特点，可在常温条件下储存 1 个月，有利于疫苗的储存和运输。

（七）自身扩增 mRNA 疫苗技术

自身扩增 mRNA 疫苗除普通 mRNA 疫苗所需的脂质纳米颗粒（LNP）外，还包含两种核酸：一种在体内产生抗原；另一种在体内产生用于自我扩增的复制酶，复制酶可在体内复制产生更多抗原 mRNA，从而实现疫苗在人体细胞内的自我复制。

2020 年 7 月，英国帝国理工学院的研究人员研发出一种自身扩增 mRNA 疫苗，由脂质纳米颗粒及包裹在里面的编码新冠病毒 S 蛋白和 Alpha 病毒复制酶的 mRNA 构成，该疫苗可以刺激小鼠产生高水平的特异性抗体，并能中和假病毒和野生型病毒。

与普通疫苗相比，自身扩增 mRNA 疫苗可以在体内进行自我扩增，因此只需极低的剂量，就能通过自我扩增产生高水平抗原，引起较强的免疫反应。此外，由于使用剂量低，该技术降低了疫苗的不良反应风险。

（八）便携式呼吸机技术

在重大呼吸道传染病疫情暴发时，卫生系统可能会因出现大量危重患者而不堪重负，便携式呼吸机拥有使用成本低、便携性好、界面直观和自动化程度高等特点，可在医院外使用，缓解医院医疗资源紧张状况。

很多国家在新冠疫情暴发早期，都出现了呼吸机短缺的现象，使得一些重症患者无法得到及时治疗。2020 年 3 月，美国政府授权福特、通用汽车和特斯拉公司制造呼吸机。2020 年 4 月，美敦力公司宣布公开分享其研发的 Puritan Bennett™560 的呼吸机设计规范，助力全球应对新冠疫情。2020 年 4 月，匈牙利塞梅维什大学研发高效便携式呼吸机，专门治疗由新冠病毒引起的呼吸衰竭。

报告将便携式呼吸机列为优先发展技术的主要原因：一旦暴发重大呼吸道传染病疫情，卫生系统将难以应对瞬间激增的需求压力，便携式呼吸机可以极大地提高紧急灾难条件下的医疗质量和效率，同时也可以供医疗条件不足的边远地区紧急使用。

（九）偏远地区无人机投送技术

无人机是无人驾驶的空中、陆地、水上和半水上的交通工具，可由远程操作员直接控制或自动驾驶。偏远地区无人机投送技术可通过无人机将医疗物资快速运送到普通运输方式无法接近的特殊地形区域。

新冠疫情暴发后，美国 Zipline 公司将该技术应用于新冠疫情防控物资运输。2020 年 6 月，Zipline 公司在北卡罗来纳州使用无人机运送疫情防控医疗物资。2021 年 3 月，Zipline 公司在加纳使用无人机运送阿斯利康疫苗，在数天内完成了 11 000 剂疫苗的运送，并计划于 2021 年在非洲大陆运输 250 万剂疫苗。

偏远地区无人机投送技术可以扩大医疗物资交付和运输系统的范围和有效载荷。此外，在传染病暴发期间，使用无人机具备另一个显著优势，即可以使运输人员远离疫情区域，从而减少疾病传播的风险。

（十）机器人和远程医疗技术

机器人和远程医疗技术在全球灾难性生物风险事件中有巨大的潜在应用价值，可作为"力量倍增器"。医疗机器人可收集生物特征数据和生物样本、测试样本、辅助诊断和治疗等。远程医疗机构可促进对患者进行远距离的诊断、治疗、教育、护理和随访。

新冠疫情促进了机器人和远程医疗技术的开发和应用。机器人被用于协助新冠病毒检测、消毒清洁工作、分发新冠疫情防护物资、巡逻和筛查等。2020 年 1 月 24 日，美国 CNN 报道，首例确诊感染新冠病毒的患者由机器人进行诊断和治疗。2020 年 4 月，美国加州大学伯克利分校研究人员组建机器人实验室，协助开展新冠病毒检测工作。美国军事网于 2020 年 4 月报道，美军改装军用训练机器人用于消毒杀菌作业。关于远程医疗，美国远程医疗协会和美国医学会鼓励在新冠疫情期间应用远程医疗。远程医疗成为患者达到急诊之前的一种分诊方式，成为新冠疫情期间安全、高效的医疗方式，特别是对于美国偏远地区的人群具有较强需求和实用性。美国卫生与公众服务部发布的新冠疫情应对指南，指定苹果的 Face Time、谷歌的 Hangouts、脸书的 Messenger 及 Skype 作为远程医疗工具。

在新冠疫情中，由于要保持社交距离，因此机器人和远程医疗技术在疫情的预防、诊断、治疗等领域得到广泛应用。机器人和远程医疗技术一方面助力新冠疫情防控；另一方面，疫情防控的需求牵引也加速了这些技术发展，催生了相关设备的研发。但机器人和远程医疗技术在飞速发展的同时也面临一些问题，如网络数据安全和数据隐私保护等。

二、新冠疫情应对中未发展的关键技术

约翰斯·霍普金斯卫生安全中心提出的 15 种技术中，有 5 种技术在新冠疫情应对中没有得到研究或应用，其中有些技术还不成熟，有些技术面临伦理等障碍，还有个别技术不适合重大疫情应对的应用场景，具体情况分析如下。

（一）手持质谱检测技术

质谱技术在病原体诊断中的优势在于无需事先对病原体进行培养即可检测，可以同时实现对多种病原体的"泛域检测"（Pan-Domain），特别在未知病原体的检测方面具有巨大优势，可将未知病原体从已知病原体的种群中区分出来。基于 PCR-ESI/MS 的手持式质谱仪已用于癌症诊断和非挥发性化合物分析，但目前对新冠病毒的检测研究仍基于传统的质谱仪。例如，比利时大学科研人员基于常规的串联四级杆质谱研发了新冠病毒的质谱检测方法；我国东华理工大学陈焕文团队正在研制新冠病毒感染呼气质谱快速检测技术和装备，北京大学要茂盛团队正在研发质谱检测系统。分析手持式质谱仪在新冠病毒感染应对中未得到研发或应用的原因，可能是在研发周期和检测能力方面仍有障碍。此外，目前已开发的手持 QPCR 新冠病毒检测系统也可快速同时检测多种病原体，手持式质谱检测技术在性价比方面并不具备相对优势。

（二）自传播疫苗技术

自传播疫苗可以像传染性病原体一样在人群中传播，从而为目标人群提供快速、广泛的免疫力。新冠疫情暴发后，未见新冠病毒感染自传播疫苗技术相关研究进展。分析主要原因是该疫苗在人群中进行自我传播的同时，会造成一定风险：一方面，自我传播会对患有禁忌证（如过敏）的人群造成危及生命的后果；另一方面，受种者在未获得知情同意的情况下被动接种，涉及道德和监管问题。

（三）可吸收细菌免疫胶囊技术

可吸收细菌免疫胶囊是将可在体内产生抗原的细菌作为疫苗置于温度稳定的胶囊内，是一种口服疫苗。该技术未在新冠疫情中得到应用，主要原因是技术仍不成熟。在可吸收细菌免疫胶囊研发早期，技术要求高、研发耗时长、费用昂贵，制约了该技术在新冠疫情中的应用。此外，目前市面上批准的口服疫苗数量极少，可吸收细菌免疫胶囊作为口服疫苗的一种，在技术上存在一定困难，包括如何将病毒抗原有效地穿越肠道上皮细胞等。

（四）用于环境监测的无人机网络技术

报告中提到的用于环境监测的无人机网络技术，主要通过收集空气样本和水样本来监测新出现的环境事件，如气溶胶生物攻击或环境生态系统可能发生的灾难性变化。无人机网络可配备自动样本采集和分析技术，支持机载分析，无需实验室处理样本，用于监控空气和水的质量，可以在人类难以进入的区域或污染区域内收集信息。该项技术主要用于环境因素的监测，新冠疫情不涉及气溶胶生物攻击或环境生态系统变化，应用场景不同，故未在新冠疫情中得到研究和应用。

（五）农作物病原体遥感技术

农作物病原体遥感技术，是一种基于先进的卫星成像和图像处理技术远程评估和监测植物的健康状况，进而识别可能感染害虫或病原体的植物群及表征受影响植物的疾病症状的技术。该技术主要用于持续、广泛、系统化的大规模农业监测，通过及早识别患病农作物来降低全球粮食系统遭受广泛破坏的风险及其引发的间接风险，未来将在涉及农作物的疫情应对中发挥作用。

（军事科学院军事医学研究院　王　磊、马文兵、李丽娟、刘　伟、

陈　婷、祖　勉、王　瑛、张　音、周　巍）

第八章 联合国裁军研究所专家探索科技审议机制新模式

2021 年 8 月，联合国裁军研究所（United Nations Institute For Disarmament Research）"大规模杀伤性武器及其他战略性武器"项目主管詹姆斯·雷维尔（James Revill）和该所安全与技术助理研究员艾莉莎·阿南德（Alisha Anand）在联合国裁军研究所官网发表文章《探索〈禁止生物武器公约〉的科技审议机制》。文章结合生物技术发展的现实背景，分析了当前科技审议机制存在的不足之处及各方在科技审议领域的关注重点，提出科技审议机制混合模式。

一、科技审议及其重要意义

自 1972 年《禁止生物武器公约》（以下简称《公约》）签订以来，与《公约》相关的科学技术进展日新月异，参与生物技术研发工作的机构数量和相关研究成果持续增长，生命科学与纳米技术、机器学习和高级计算等学科深度融合，深刻影响了人类生活乃至全球经济和国际安全。生物技术在极大地助力社会发展的同时，也可能被恶意行为体所用，给人类带来灾难。生命科学与纳米技术改变了人们对生物及毒素武器用途的认识，也对《公约》产生了深远影响。为避免负面效应，促进生物技术和平利用，《公约》等国际法律规约应与科技发展保持同步变化。

为评估生物技术的潜在风险，《公约》缔约国通过年度专家组会、缔约国大会等形式对科技领域进展进行审议。部分《公约》缔约国表示，应针对与《公约》相关的生物技术实施更系统的科技审议，澳大利亚、芬兰、德国、伊朗、日本、荷兰、新西兰、挪威、俄罗斯、西班牙、瑞典、瑞士、英国、美国等国家均提交了关于科技审议机制的工作文件。

目前,《公约》缔约国在科技审议流程及相关机制的形式和功能方面存在分歧。西方国家集团及不结盟运动和其他国家集团对是否建立科技审议机制的态度不一。西方国家集团普遍认为,应建立科技审议机制,保持《公约》与技术发展同步同向。而部分不结盟运动和其他国家集团成员国则表示,在缺乏"核查机制"的情况下,建立科技审议机制不具合理性。担心科技审议机制削弱《公约》第十条(涉及国际合作)相关条款的实施,是不结盟运动和其他国家集团成员国对上述机制产生不信任感的主要原因。

二、有关科技审议机制的核心问题

科技审议并非《公约》独创,欧盟、禁止化学武器组织均设有科学咨询委员会,从各自关切的角度对科技进展进行审议。以《公约》根本目的为指引,构建科技审议机制,是实现有效科技审议的必要途径。俄罗斯提议建立"科学咨询委员会",德国、荷兰和瑞典共同提出"科学和技术专家咨询论坛",均对建立科技审议机制实践做出了探索。从历史的角度来看,科技审议机制的目的、人员构成、领导选举等问题,是各方关注的重点。

(一)科技审议机制的目的

职能定位、工作范畴和目标及优先事项的确定方式是影响科技审议机制目的实现的重要因素。

各方对科技审议机制职能定位的探讨主要涉及以下 3 个方面:一是评估科技进展及潜在用途是否存在不符合《公约》条款之处,强化各国生物风险管理,为《公约》缔约国提供科学和技术建议;二是审核和评估科技发展及其对《公约》的潜在影响;三是促进合作及相关知识和技术的分享。西方国家集团普遍认为,科技审议机制的关键职能是审核科技对《公约》的潜在影响,而不结盟运动和其他国家集团成员国则坚持,加强国际合作、促进先进科技的分享是建立科技审议机制的核心目的。

职能定位决定了具体工作的范畴和目标。部分《公约》缔约国认为,科技审议机制应在客观分析科学技术问题的基础上,为各方提供合理建议。此外,科技审议机制应明确将各缔约国技术专家作为潜在目标受众,通过凝聚专家共识,向缔约国传递关键信息。

如何确定优先事项,目前仍是科技审议机制相关事务中的模糊议题。《公约》尚无常任主席或主要负责人，也无可从中提炼优先事项的战略文件，无法效仿禁止化学武器组织通过主席向科学咨询委员会提交特定问题清单的模式。部分缔约国就上述问题提出5 种模式：一是依靠缔约国年度会议，确定科技审议机制的焦点问题；二是在《公约》审议大会上确定科技审议议题；三是创建中间机构，研究各缔约国提出的特定议题；四是由年度会议主席和履约支持机构选定关键议题；五是由审议机制参与人员选定议题。

（二）人员构成

科技审议机制人员构成主要涉及参与人数、遴选标准、任职年限等问题。

关于科技审议机制的人员数量问题，目前存在 3 种提议：一是小团队模式，成员人数少于 10 人。小团队容易管理，成本低，但人数限制可能会导致代表的地域广泛性和学科多样性不足，更无法形成知识共享网络。二是开放式参与模式。仿效《联合国气候变化框架公约》下属的科学技术咨询机构，《特定常规武器公约》的"军事和技术专家会议"，对所有缔约国开放会员资格。此类模式有利于处理各种议题，能保证地域广泛性和学科多样性，但庞大的团队更难管理。再者，缔约国对参与人员的低标准要求，有可能削弱科技审议的严谨性和科学性。三是中级规模参与模式。效仿联合国秘书长可持续发展科学咨询委员会（目前已解散）及禁止化学武器组织科学咨询委员会，保持约25 名成员，既能涵盖不同的科学维度及思想流派，也可提高代表的地域广泛性。在联合国裁军研究所开展的调查中，第三种模式获得了广泛支持。

各方对科技审议机制相关人员的遴选流程和标准持不同意见，普遍认为应统筹考虑学科多样性、专业水平、地理平衡和性别平衡。对于个人能力而言，沟通交流和技术水平也是重要参考变量。科技审议机制还应明确人员任期及岗位轮换标准，规定任期时间，定时进行人员轮换，可筛除机构中不称职的工作人员。在联合国裁军研究所开展的调查访谈中，近六成受访者支持 3 ~ 5 年的任期。

人员构成和遴选标准及任职期限是影响审议机制聚焦于科技问题的重要因素，上述标准是否客观公正，是防止科技审议机制被某些缔约国挟持，达成个体政治目的关键所在。

（三）领导选举

领导层的问题主要涉及科技审议机制主席职位的人选及换届。报告认为，主席应具备相关的知识和技术储备、良好的沟通能力和组织能力，善于营造包容工作文化。俄罗斯、德国等缔约国认为，科技审议机制主席及副主席等领导层人员应由机制内部成员通过投票选出。英国在其工作文件中提议，各缔约国可商定并任命科技审议团队主席。部分缔约国认为，任职主席的轮换周期以 3～5 年为宜，且应实施交错轮换模式，确保相关人员不会同时结束任期，以保证科技审议机制的延续性。

（四）运行机制

会议、会议举行地点及如何达成共识，是科技审议机制运行和工作方式的具体实践。缔约国普遍认为，科技审议机制至少应每年举行一次现场会议，议期长短视情况而定。在联合国裁军研究所的调查回复中，超过半数受访者支持科技审议机制每年举行两次会议，接近半数受访者同意将会议地点定于瑞士日内瓦，部分缔约国提出可实施轮换会议地点的做法。对于如何达成共识，部分缔约国认为，最终文件必须明确记载各方分歧的原因、状态及所涉及的问题。俄罗斯建议，通过既定流程形成结论和建议，如果不能在结论中达成共识，报告必须视情况记载少数派观点。德国、荷兰及瑞典也持类似观点。

（五）辅助机构

大部分《公约》缔约国认为，有必要设立一个类似秘书处的机构，负责会议筹备、草案编写及联系技术专家等事务。部分缔约国认为，可适度扩增履约支持机构，增加一个与科学技术相关的岗位，或秘书处职能暂由履约支持机构代为执行。在联合国裁军研究所开展的调查中，超过半数受访者认为，辅助机构的职能应限于行政范畴，不应参与决定科技审议机制、人员遴选的标准等实质性事务。

（六）成果输出

科技审议机制工作成果将以技术报告、科学观点、研究对话、年度报告及草案决议等形式向缔约国传送。此外，也可借助代表团"午餐简报"、互动科学活动等非正式场合，实现非书面输出。

（七）经费问题

稳定的经费支持是科技审议机制正常运行的保障。《公约》缔约国提出 4 种经费筹措渠道：一是采用分摊方法支付各种成本，包括会议成本，场地租金和员工薪酬；二是自愿捐赠，建立自愿信托基金；三是各缔约国为本国参与人员提供经费；四是通过相关研究项目为参与人员提供经费。部分缔约国提出，可采取分摊会费和自愿捐赠相结合的方式解决经费来源不稳定的问题。

三、科技审议机制模式

基于历史经验和调查结果，《公约》科技审议机制模式可能会采用"有限参与"或"开放参与"模式，或综合二者优势，实行"混合模式"。

（一）有限参与模式

有限参与模式主要是对参与人数的限定，团队由 20 ～ 30 名有资质的技术专家组成。各缔约国提名参与人员，确保地域代表性，同时要求参与人员保持政治独立性。科技审议机制参与人员的任期通常是 2 ～ 3 年。科技审议机制主席职位人选通过内部投票确定，领导团队包含 1 名主席和 2 名副主席，3 人应来自不同的地区集团。此外，履约支持机构应增设 1 名全职岗位，为科技审议机制的正常运行提供行政支持。每年在日内瓦召开两次科技审议大会，第一次大会为期 1 周，旨在讨论实质性技术问题；第二次大会为期 3 天，重在结果输出，形成会议文件。审议结果将最终确定《公约》审议大会上需商讨的问题，同时通过缔约国大会主席和专家组会主席建议，借由中间机构商讨休会期间的其他议题。在有限参与模式下，大会成本主要包括参会人员的差旅费、会议室费用、文件翻译费和履约支持机构中增设岗位的费用，估算总额为 329 630 ～ 405 090 美元。

（二）开放参与模式

在开放参与模式中，任何缔约国可派遣 1 ～ 2 名专家参与，由缔约国大会主席从 3 个地区集团中任命 1 名主席和 2 名副主席，由 3 人组成的领导团队负责科技审议各项事务的安排，并由履约支持机构专设人员提供行政支持。缔约国可提交特定议题，由缔约国大会主席、履约支持机构和科技审议机制领导层共同研究决定是否集中研讨。每年将在日内瓦举行一次会议，议期 1 周，之后通过在线方式输出研讨结果。开放参与模式下的科技审议机制运行成本构成与有限参与模式类似，估算总额约为 319 030 美元。

（三）混合模式

在有限参与模式下，人数限制可能会影响参与人员的地域代表性或学科多样性，针对特定问题需要设立临时工作组；在开放参与模式下，部分成员带着政治目的参与，则有可能削弱科技审议机制的学术性。综合二者优势，采用混合模式，可能更符合实际。借鉴有限参与模式，在保持机制参与人数限制的情况下，尝试与《公约》相关的国际科学会议（International Scientific Conference）同步举行，从人员和协商内容方面在二者之间建立联系。国际科学会议对所有有资质的专家开放，专家参与可有效弥补科技审议有限参与模式在学科多样性和地域代表性方面的不足。

依托混合模式，由各缔约国提名，经缔约国大会主席筛选出 20 名专家构成科技审议委员会。该委员会负责完善技术报告，并就科技发展问题向缔约国提供参考建议。混合模式下的科技审议机制运行成本构成与有限参与模式类似，估算成本约为 188 580 美元。

四、结论

文章认为，科学技术的飞速发展给人类社会带来了深刻影响，应设立相关机制，全面监测科学技术进展，并就科技发展对《公约》产生的影响做出客观评估，这是全面履约的内在要求和必然逻辑。缔约国就如何构建科技审议机制等问题做过深入探讨，但各方在人员构成、机制运行及模式选择等方面存在较大分歧。即将于 2022 年举行的第九次审议大会将为进一步探讨科技审议机制问题提供难得的机会。建议各缔约国就共同关注的问题进行积极磋商，在"缔约国为什么需要科技审议""科技审议针对谁""将如何使用科技审议结论"等方面达成共识。

（军事科学院军事医学研究院　蒋丽勇）

第九章 联合国裁军研究所专家展望第九次审议大会议题

2021年7月，联合国裁军研究所"大规模杀伤性武器及其他战略武器项目"项目主管詹姆斯·雷维尔（James Revill）、联合国裁军研究所常驻高级研究员约翰·博里（John Borrie）等在该机构官网发表题为《第九次〈禁止生物武器公约〉审议大会议题指南》的文章。文章认为，在新冠疫情蔓延全球的背景下，《禁止生物武器公约》（以下简称《公约》）第九次审议大会或将受到媒体高度关注，进而促成缔约国之间达成高级别政治合作。作者回顾和总结了历次审议大会成果，结合《公约》履约现状，分析了第九次审议大会可能面临的障碍和可能形成的会议成果，为各国会前准备提供参考。

一、审议大会的重要性

《公约》全称《禁止发展、生产、储存细菌（生物）及毒素武器和销毁此种武器的公约》，是国际社会第一个禁止一整类武器，且是大规模杀伤性武器的国际公约，目前共有183个缔约国，囊括了全球绝大部分国家。《公约》第12条：本《公约》生效5年后，或在此之前，经多数缔约国向文本保存国政府提出建议，应在瑞士日内瓦举行缔约国大会，审查本《公约》实施情况，以保证本《公约》序言的宗旨和各项条款——包括关于就化学武器进行谈判的条款，正得以履行。本条所指的审查范围应囊括任何与本《公约》有关的科学技术进展。自1980年《公约》第一次审议大会召开以来，已经形成每5年举行一次审议大会的惯例，以审核《公约》履行情况。

《公约》审议大会是生物军控进程中的重要事件，对以《公约》为核心的全球生物军控体系的不断完善具有里程碑意义，关键作用体现在以下两个方面：一是各缔约国之间可在审议大会上达成共识或协议，以解释、定义或阐明《公约》条款的具体指向、适用范围或实施建议；二是各缔约国可借助审议大会，共同拟定《公约》未来至少 5 年内的战略路线，可就部分条款形成广泛共识，确认历届审议大会成果，并在可能的情况下寻求新的突破，逐渐完善和充实《公约》文本内容，推动生物裁军取得建设性进步。

二、影响审议大会取得建设性成果的因素

（一）国际环境

国际政治和时代背景会影响生物军控进程，也是左右审议大会议期和议题的重要因素。截至目前，已经举行了 8 次《公约》审议大会，各缔约国在不同时期的战略态势在一定程度上促成和塑造了历届《公约》审议大会的成果。主要原因如下。

一是缔约国之间的相互指控可能会影响审议大会的现状和预期。关于不履约的担忧情绪笼罩了 1980 年的第一次审议大会和 1986 年的第二次审议大会。在第一次审议大会上，关于不履约的担忧源自 1979 年苏联发生的炭疽疫情；部分《公约》缔约国认为"美国可能在开展秘密生物武器研发"。第二次审议大会上，美国指控苏联生产并在老挝、柬埔寨和阿富汗使用了单端孢霉烯族真菌毒素，即"黄雨"事件，美国和苏联之间的交锋直接影响了审议大会的整体氛围。

二是国际安全环境和突发事件可能会成为塑造审议大会成果的动力因素。1980 年前后，"欧洲安全与合作会议"成员国实施信任建设和安全建设措施，这对第二次审议大会建立信任措施（Confidence-building Measure）的制定产生了积极影响。20 世纪 90年代中期，日本世界末日邪教组织"奥姆真理教"制造生物武器失败、2001 年美国发生"炭疽邮件"袭击事件，促使第四次、第五次和第六次审议大会高度关注生物恐怖主义。在第八次审议大会前后发生的埃博拉疫情成为当时国际关注焦点，第八次审议大会也由此强调了《公约》第七条中关于提供援助的内容。

三是缔约国对《公约》条款的不同解读与诉求可能会对审议大会过程产生影响。在第七次和第八次审议大会上，因为各方对《公约》第十条解读的巨大差异，导致缔约国之间在制裁和出口控制相关细则的争论中出现紧张局势。上述分歧有其历史根源。第

三次审议大会期间，各方关于《公约》第十条"和平合作"的分歧，集中体现在谈判的最终阶段。是否及怎样对某些战略敏感性生物材料和生物技术转移实施制裁，一直是西方国家集团和某些不结盟运动国家之间分歧存在的根源。

（二）审议大会筹备情况

一是筹备委员会的工作情况。精心筹备是保证审议大会顺利进行的关键因素之一。《公约》缔约国和履约支持机构工作人员可以提供多方面筹备援助。筹备委员会主要事务聚焦于开展研讨会、制订应急计划、唤起高级别关注、确定审议大会程序事项。2016年第八次审议大会前，筹备会议分为两次会期：第一次于 2016 年 4 月举行，为期两天，聚焦于程序事项；第二次在 8 月举行，为期 5 天，聚焦于实质性事项。

二是缔约国会前研讨开展情况。第七次、第八次审议大会举行之前，举办了一系列外部筹备会议和研讨会。第七次审议大会前，在威尔顿庄园（英国）、蒙特勒（瑞士）、马尼拉（菲律宾）、克林根达尔（荷兰）、柏林（德国）和北京（中国）举行了一系列与《公约》相关的活动。第八次审议大会前，加拿大和中国共同组织研讨会，探讨了一些关键问题；欧盟在世界各地组织了 4 次地区研讨会，促进了相关地区缔约国之间的互动。会前跨地区研讨活动，有助于与会各方开展非正式对话，厘清共同关心的问题，建立信任和专业协作关系。

三是政治及社会关注度。出席《公约》审议大会的政府及相关国际组织的高级官员越多，政治关注度越高。高级别政治关注有助于克服《公约》在技术层面的障碍，形成有利形势，达成广泛目标。2006 年，联合国秘书长科菲·安南（Kofi Annan）在第六次审议大会开幕式上发言；2011 年第七次审议大会上，美国国务卿希拉里·罗德海姆·克林顿（Hillary Rodham Clinton）发表开幕式讲话。高级官员的出席可以促进其他国家对应级别高级官员关注审议大会。

高级别联合声明也可提高各国对审议大会的关注度。《公约》文本保存国家俄罗斯、英国和美国在 2017 年缔约国大会召开之前发表联合声明，敦促各方深入了解，以在未来工作中达成共识。

民间团体的积极参与有助于拓宽《公约》影响力。学界专家和非政府组织（Non-governmental Organization）在社会各界对生物裁军的技术讨论方面起到了关键作用。民间团体专家会在会议报告等公开出版的文献资料中发表独创性、建设性观点，或者参与媒体访谈，是将审议大会推向公众视野的重要渠道。

三、可能影响第九次审议大会的因素

一是新冠疫情引发的紧张国际局势。新冠疫情蔓延全球，凸显了全球化时代人类社会在传染病面前的脆弱性。对生物安全的担忧，以及因疫情导致的部分战略武器控制安排落空，各国就新冠病毒溯源问题相互指责，也促使全球对生命科学巨大进步的深刻反思。这可能会导致两种截然不同的结果，一种是紧张局势强化各方利益和立场分歧，难以达成共识，更无法形成"一揽子"可完善《公约》制度的积极成果；另一种是新冠疫情将人类置于同一战壕当中，各缔约国在紧密国际合作的基础上，充分利用生物裁军高级别政治关注和广泛的社会关注度，推动审议大会取得丰硕成果，这需要履约支持机构及各缔约国代表团的悉心筹备和深度、全面的沟通。

二是筹备委员会及各缔约国代表团的筹备情况。2016年第八次审议大会之后，多个《公约》缔约国表示将支持延续第八次审议大会的模式，即筹备会议分两次进行。按计划，筹备委员会将举行两次筹备会议。此外，部分缔约国和相关组织正在规划一系列研讨会。欧盟将再次组织4次地区或亚地区研讨会，以解决2018—2020年闭会期间的悬置议题。

三是应急计划制订情况。目前紧张的国际局势及新冠疫情在全球的蔓延状态，可能导致突发事件，影响第九次审议大会进程。履约支持机构和相关工作人员应做好应急计划，制定合理措施。现实及部分高度政治化问题都可能成为阻碍会议顺利开展的因素，如表9-1所示。

表9-1　可能影响第九次审议大会进程的问题一览

序号	问题描述
1	在"战略遗产计划"万国宫翻新期间，缺乏可用的会议设施
2	新冠疫情对现场会议的限制
3	新冠疫情期间多场会议推迟，导致会议服务供不应求
4	资金不足限制了口译和笔译等会议服务的数量和质量
5	个别国家企图阻碍会议程序，或以某个特定问题干扰会议。如果上述问题是《公约》外部问题，则无法在审议大会上讨论解决
6	非《公约》缔约国、地区组织、国际组织等观察员的地位及参会权限不明
7	非政府组织参会权限不明
8	会议延时，导致后续议程延期和计划中断

四、第九次审议大会核心议题

一些关键议题往往能主导审议大会议程和预期成果。以下 5 个议题可能会成为第九次审议大会的核心关键议题。

（一）核查议定书审议

核查议定书是生物军控进程无法绕开的话题。拟议《公约》核查议定书的目的是以"一揽子平衡措施"，从多个方面加强《公约》履约。1995 年，《公约》特设工作组（Ad Hoc Group）讨论确定了一个草案版本，在随后 7 年中先后召开 24 次会议。2001 年 4 月，特设工作组主席以"滚动案文"为基础，综合各方立场，提出了"综合案文"，以期达成协议。在第 24 次会议上，美国最终拒绝接受议定书草案，致使该议定书流产、特设工作组谈判破裂。议定书谈判失败对《公约》及其审议流程产生了长期负面影响，第五次审议大会笼罩在各缔约国相互指责、彼此怨恨的氛围当中。2006 年第六次审议大会则刻意回避了关于议定书相关问题的讨论。

时隔 20 年，各方对核查议定书的态度及立场仍存在较大分歧。部分不结盟运动国家和俄罗斯表示，支持对议定书愿景进行定期审议；部分西方国家则态度消极，甚至试图与此划清界限。这意味着《公约》缔约国仍然很难就议定书及相关议题开诚布公地展开建设性讨论，无法作为一个整体，审视和讨论《公约》强化措施的优点、缺点及实现方式。英国倡议，各方不应只关注议定书及核查问题，并指出要么全盘否定、要么全盘肯定这种是非黑白的态度只会导致不作为。

议定书无疑将是第九次审议大会的议题之一。如果各方立场仍是黑白分明，则该议题会被视为根本分歧。从历史的角度观察，各方关注的重点并非核查本身，而是如何处理和解决不履约问题。得益于生命科学的快速发展，对于生物武器的核查技术及相关手段取得了巨大进步。《公约》缔约国可针对不同的不履约问题，制定合适的方法，汇编可能案例和备选解决方案。基于对不履约复杂性的普遍认知，上述做法有助于消解《公约》各方在议定书谈判中的不同立场及意识形态分歧。

（二）国际合作

《公约》第十条涉及设备、材料和信息的和平交流，这是导致西方国家和不结盟运动国家之间产生分歧的关键点之一。部分不结盟运动国家认为，发达国家并未遵循目标，未在国际合作和能力建设中为欠发达国家提供足够的援助，相关国家对先进生物技术出口的限制违反了《公约》"避免影响缔约国经济或技术发展"的精神。

（三）科技审议

部分《公约》缔约国在往届审议大会上表示支持加强《公约》科技审议流程，在第九次审议大会筹备过程中，已有包括德国、中国、俄罗斯等在内的多个缔约国再次表达了对建立审议机制的积极立场。但各方就如何有效实施科技审议没有达成一致意见，分歧细节也涉及科技审议机制的目的和输出结果的确认等方面。

（四）财务问题

经费短缺是困扰《公约》相关事务全面展开的重要因素。很多缔约国都存在欠费情况。截至 2020 年 11 月，各缔约国的未付款项总额为 277 000 美元。第七次审议大会上，部分欧洲国家表示，因国家无法支付额外费用，不支持履约支持机构的小幅扩张（从 3 人增加到 5 人），这也直接导致履约支持机构资源配备不足。2018 年缔约国大会也因资金问题缩短会期，提前结束。预期新冠疫情及其对《公约》缔约国经济发展的负面影响，将对第九次审议大会财务问题带来更严峻的挑战。建议所有缔约国在审议大会之前，审慎地考虑所提建议对财务预算的要求和影响。

（五）不履约指控

历次《公约》审议大会都出现了不履约指控情况。不履约问题影响了第一次和第二次审议大会，在第四次审议大会上，澳大利亚、法国、英国和美国对伊拉克和苏联提出不履约指控。在第五次和第六次审议大会上，美国公开质疑部分缔约国和签字国的履约情况。2021 年 12 月，俄罗斯表示，在格鲁吉亚第比利斯的理查德·卢格公共卫生研究中心开展的研究活动违背了《公约》规定和精神。美国指控俄罗斯维持一个生物武器项目。

五、第九次审议大会筹备建议

文章在总结历史经验、充分考虑当前生物军控形势的基础上，就如何做好审议大会筹备工作提出 6 点建议。

一是提前任命候任主席。相关人员应能获得国家政府的全面支持，有足够的时间和资源完成各项任务。

二是及时制定建议和工作文件。建议各缔约国积极组织跨地区交流活动，讨论联盟构建事宜，为达成"一揽子平衡成果"奠定基础。

三是吸引高级别政治关注。强调审议大会与当前国际生物安全形势的紧密关系，呼吁各缔约国高级别官员参会。

四是预判可能阻碍审议大会顺利进行的潜在因素和突出问题，制定应对措施，随时应对可能出现的程序、财务和会议管理问题。

五是召开国际和地区性研讨会，为达成积极成果奠定基础。

六是候任主席和筹备小组应持续鼓励、支持、促进各缔约国、地区小组、科学界、产业界和民间团体之间的交流磋商。

六、第九次审议大会预期成果

前八次审议大会的成果参差不齐，第七次审议大会达成一致性最终文件，真正取得前瞻性成果的会议较少。

第一次审议大会上各方同意此后定期举办审议大会，承认"缔约国请求召开磋商会议"的权利，并号召各缔约国加强"科学和技术合作"。第二次审议大会进一步确认了《公约》适用范围，指出第一条"明确地适用于所有自然出现或人工制造的微生物或其他生物制剂或毒素"，制定了信息交流措施。各缔约国在第三次审议大会上达成共识，设立核查专家组。在第四次审议大会中，各缔约国一致认为应加强实施国内措施，"以防止生物和毒素武器被用于恐怖主义或犯罪活动"。第五次审议大会因美国反对核查议定书等原因，未能达成最终宣言。第六次审议大会提出闭会期间工作计划，涉及国家履约、生物安全、国际合作等内容，建立了履约支持机构。第七次审议大会更新了履约支持机构任期，并商定新的闭会期间议程，涵盖合作与援助、科学与技术发展及强化国家履约的待执行议程项目。第八次审议大会在补充谅解方面（与《公约》第七条有关）取得了进展，各缔约国再次更新了履约支持机构任期。

第九次审议大会成果可能涉及以下 4 个方面：一是对历届审议大会成果的确认和发扬；二是基于已有成果，商定闭会期间新的工作计划；三是在科学与技术审核机制构建方面达成积极成果，相关细节可能涉及科学家行为准则、建立信任措施、提供援助、移动生物医学设备、国际合作及与《公约》第五条相关的创造性应用；四是在探索履约核查技术或全面强化《公约》的途径选择方面达成协议。

基于当前国际安全环境，多方对第九次审议大会的成果预期持保守观点。文章倡议，各缔约国应以更积极的态度，全面细致地为第九次审议大会做好准备。如若此次大会成果不尽如人意，或将削弱国际社会对《公约》的有效支持。

（军事科学院军事医学研究院　蒋丽勇、刘　术）

第十章 基于专利的 CRISPR/ Cas 基因编辑技术全球发展态势和竞争力分析

随着 CRISPR/Cas 基因编辑技术（以下简称 "CRISPR/Cas 技术"）在全球实验室中的使用，其廉价、便捷、通用性强的特点得到了学术界和产业界的广泛关注，成为继锌指核酸酶（ZFN）和转录激活因子样效应因子核酸酶（TALEN）后的第三代基因编辑技术，并引发了持续至今的研究热潮。本章主要对 CRISPR/Cas9 专利进行分析，从全球申请趋势分析、技术生命周期、市场布局、创新能力、重点技术竞争力、申请机构竞争力、核心专利、研究主题等多个维度分析 CRISPR/Cas 技术的国际发展态势和竞争力，为相关研究提供借鉴和参考。

一、CRISPR/Cas9 概述

成簇的规律间隔的短回文重复序列（Clusteredregularly Interspaced Short Palindromic Repeats，CRISPR）发现于 1987 年，是一种细菌和古细菌用于对抗入侵病毒和外源 RNA 的天然免疫系统[1]。2012 年，加州大学伯克利分校的 Jennifer Doudna 和维也纳大学的 Emmanuelle Charpentier 在《科学》（Science）杂志上发表的论文首次揭示了 CRISPR/Cas9 技术用于基因编辑的巨大潜力，证实了 CRISPR/Cas9 技术中 tracrRNA 与成熟的 crRNA 可通过碱基互补配对形成双链 RNA，引导 Cas9 到达目标 DNA 进行定点剪切的作用机制，并通过改造后的 CRISPR/Cas9技术完成了 DNA 的精确切割，

---

[1] ISHINO Y, SHINAGAWA H, MAKINO K, et al. Nucleotidesequence of the iap gene, responsible for alkaline phosphatase isozyme conversion in Escherichia coli, andidentification of the gene product[J]. J Bacteriol, 1987, 169（12）: 5429-5433.

为之后该技术在动植物细胞和人体细胞上的应用奠定了基础[①]。2013 年，博德研究所的张锋在《科学》（Science）杂志发文，将 CRISPR/Cas9 技术用于人类细胞，首次实现了该技术在哺乳动物细胞中的基因编辑，极大地提升了该技术的适用范围[②]。

CRISPR/Cas 技术在基础研究、医药、农业、工业等领域表现出极大的应用潜力，拥有其核心专利意味着巨大的商业价值[③]。专利作为新技术知识产权最重要的保护手段，对于快速发展的 CRISPR/Cas 技术尤为重要，也是 CRISPR/Cas 技术研究的重要信息源[④]。

二、数据来源和研究方法

本研究以 CRISPR/Cas 相关技术专利为数据来源，对该领域国内外专利进行分析。选取 IncoPat 专利数据库进行专利分析，该数据库收录了全球 120 个国家超 13 亿项专利数据，信息内容准确可靠，数据质量高，并支持中英文检索，可进行同族专利合并处理，能提供权利要求数与同族数等可用于评估专利质量的指标等优点。在专利题名、摘要和权利说明中检索，确定的检索策略为 TIABC=（"clustered regularly interspaced short palindromic repeats"）OR TIABC=（"clustered regularly interspaced short palindromic repeat"）OR TIABC=（"CRISPR"）OR TIABC=（"CRISPR/Cas"）OR TIABC=（"CRISPR/Cas9"），共检索到相关专利 21 801 项，通过数据清洗、去噪，简单合并同族后为 11 600 个专利家族，以此作为专利分析的数据源。

三、结果分析

（一）全球专利申请趋势分析

通过全球专利申请趋势分析可以了解专利技术在不同国家或地区的起源和发展情况，对比各个时期内不同国家和地区的技术活跃度，以便分析专利在全球布局情况，预测未来的发展趋势，为制定全球的市场竞争或风险防御战略提供参考。全球 CRISPR/Cas 相

① JINEK M, CHYLINSKI K, FONFARA I, et al. A programmable dual-RNA-guided DNA endonuclease in adaptive bacterial immunity[J]. Science, 2012, 337（6096）：816-821.

② CONG L, RAN F A, COX D, et al. Multiplex genome engineering using CRISPR/Cas systems[J]. Science, 2013, 339（6121）：819-823.

③ BRINEGAR K, YETISEN A K, CHOI S, et al. The commercialization of genome-editing technologies[J]. Crit Rev Biotechnol, 2017, 37（7）：924-932.

④ 范月蕾，王慧媛，王恒哲，等. 国内外 CRISPR/Cas9 基因编辑专利技术发展分析 [J]. 生命科学，2018, 30（9）：1010-1018.

关技术专利申请和公开趋势都呈快速上升趋势。2005—2011 年 CRISPR/Cas 技术处于研发早期，在此期间该领域专利申请量较少，年均专利申请量在 10 项以内；2012 年以后，该领域专利申请量和公开量呈快速上升趋势，这与科学家首次证实了 CRISPR/Cas 技术对于基因编辑具有巨大的应用价值有关。2013 年，张锋又将该技术应用到哺乳动物细胞的基因编辑中，扩大了该技术的应用范围，成为继 ZFN、TALEN 技术之后的第三代基因编辑技术。随着该技术的不断突破，该技术的作用机制和方法被研究出来后，引起了科学界的研究热潮。特别是在 2019 年，专利申请量达到峰值，为 2168 项，2021 年专利公开量达到最高值，为 2811 项（图 10-1）。

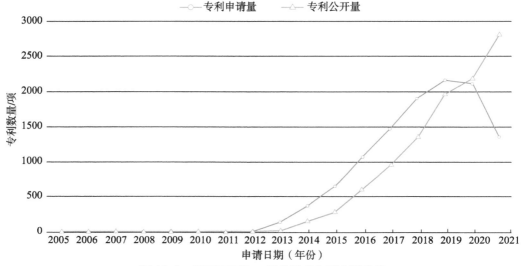

图 10-1　CRISPR/Cas 相关技术专利申请趋势

（二）技术生命周期分析

通过分析 CRISPR/Cas 相关技术专利所处的发展阶段，推测未来该技术的发展方向。技术生命周期图主要通过某年该技术专利数量和专利申请人数量来体现，专利申请人数量反映了参与某领域专利申请的机构数量；专利数量反映了该领域的科技产出情况，数量越多说明该领域的科技活动越频繁，通过观察二者之间的关系，可以初步判断某技术领域的技术成熟度。一般来说，技术专利生命周期包括萌芽期、发展期、成熟期、衰退期和复苏期 5 个阶段。CRISPR/Cas 相关技术专利生命周期如图 10-2 所示。2005—2011 年为该技术的萌芽期，在该阶段 CRISPR/Cas 技术发展缓慢。2012 年后 CRISPR/Cas 技术进入发展期，由于载体构建简便、研发周期短、成本较低等优势，其对基因编辑技术的重大意义，分别于 2012 年、2013 年和 2015 年三度入选《科学》（*Science*）杂志评选的 "世界十大科学进展"，其研究成果显著，该领域专利申请量呈爆炸式增长。

张锋等首次将 CRISPR/Cas 技术应用于哺乳动物细胞，并通过 CRIPSR 阵列的方式实现了多个基因位点的同时编辑[①]，使 CRISPR/Cas 技术的应用风靡全球。目前，CRISPR/Cas 技术已被证明在人类细胞、斑马鱼、鼠、兔、猴、羊等多种动物[②]，以及大豆、水稻、玉米、小麦、棉花、番茄等多种植物中能够有效实现基因编辑[③]，在多种疾病的基因治疗、动物模型构建、靶向药物筛选、作物和家畜遗传改良等领域具有很好的应用前景[④]。CRISPR/Cas 技术已被证实能在大型动物体内实现大规模基因编辑[⑤]，并且中国、美国、日本均已批准基于 CRISPR/Cas 技术的临床试验，为人类攻克严重疾病带来了希望。

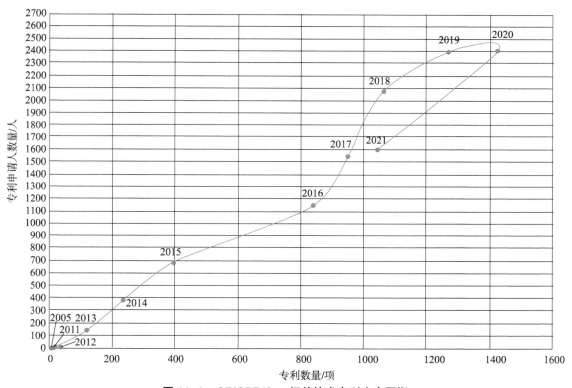

图 10-2　CRISPR/Cas 相关技术专利生命周期

①　CONG L, RAN F A, COX D, et al. Multiplex genome engineering using CRISPR/Cas systems[J]. Science, 2013, 339（6121）: 819-823.

②　LIN J C, ZHOU Y Z, LIU J Q, et al. Progress and application of CRISPR/Cas technology in biological and biomedical investigation[J]. Journal of cellular biochemistry, 2017, 118（10）: 3061-3671.

③　梁丽琴, 阎婧, 张鑫, 等.CRISPR 技术的发展及应用研究进展 [J]. 生物技术通报, 2018, 34（5）: 9-16.

④　程珂, 艾超仁 . 基于核心专利保护范围看我国 CRISPR/Cas9 技术专利风险 [J]. 中国发明与专利, 2020, 17（1）: 72-77, 112.

⑤　AMOASII L, HILDYARD J C W, LI H, et al. Gene editing restores dystrophin expression in a canine model of duchenne muscular dystrophy[J]. Science, 2018, 362（6410）: 86-91.

（三）市场布局分析

通过分析 CRISPR/Cas 相关技术在各个国家或地区的专利数量分布情况，可以了解该技术在不同国家或地区技术创新的活跃情况和市场布局情况，从而发现主要的技术创新来源国和重要的目标市场。专利申请和维护需要一定的费用，特别是国际专利维护费用较高，一般认为某个国家、某个市场环境或市场潜力较好时，专利申请人会在这个国家进行专利申请，即申请国际专利。

从 CRISPR/Cas 相关技术专利公开国情况可以看出，该领域市场主要集中在中国和美国，相关专利公开量达到 3000 多项，远远超过其他国家。其次为印度、日本、韩国、俄罗斯、加拿大、英国、澳大利亚、德国（表 10-1）。可见，全球 CRISPR/Cas 相关技术在中国、美国市场布局较多，竞争也最为激烈。

表 10-1　CRISPR/Cas 相关技术专利公开国情况

序号	布局区域	专利数量 / 项
1	中国	3598
2	美国	3358
3	印度	173
4	日本	164
5	韩国	143
6	俄罗斯	86
7	加拿大	63
8	英国	29
9	澳大利亚	12
10	德国	8

通过分析来自不同国家的申请人在各个国家的专利申请量，可以了解 CRISPR/Cas 相关技术创新主体在不同国家的布局情况（图 10-3）。从在中国申请保护的各个国家 CRISPR/Cas 相关技术专利数量可以了解各国创新主体在中国的市场布局情况、保护策略及技术实力。从图 10-4 中可以看出，在中国专利申请人国别分布中，大部分为中国申请人申请专利，其他国家在中国的市场布局情况，如美国在中国申请专利最多，高达 600 多项，可见美国很注重中国的 CRISPR/Cas 技术市场，其他在中国布局 CRISPR/Cas 技术专利的国家还有瑞士、英国、德国、日本、韩国、法国等国家。

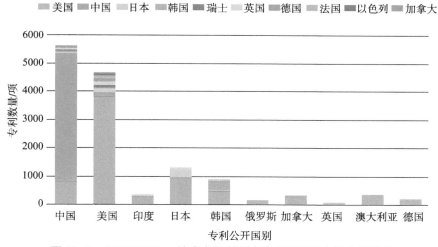

图 10-3 CRISPR/Cas 技术专利创新主体在不同国家的布局情况

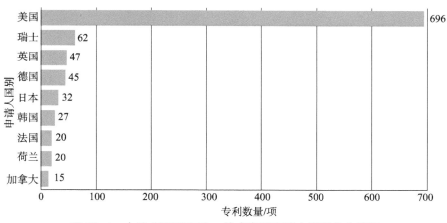

图 10-4 中国 CRISPR/Cas 技术专利申请人国别分布情况

（四）创新能力分析

专利申请人国别和专利价值度可以反映出某个国家在 CRISPR/Cas 技术领域的技术创新能力。在专利申请数量方面，从 CRISPR/Cas 技术主要专利来源国（表 10-2）可以看出，美国在该领域专利申请量最多，达到 5000 多项，说明美国在 CRISPR/Cas 技术领域创新能力最强。其次是中国，专利申请量近 4000 项，说明中国在该领域创新能力也较强。美国和中国在该领域的专利申请量远远高于其他国家，其他国家在该领域的专利申请量在 200 项左右，分别为日本、韩国、瑞士、英国、德国、法国、以色列、加拿大。可见，美国和中国是 CRISPR/Cas 技术主要专利来源国中的佼佼者。

表 10-2　CRISPR/Cas 技术主要专利来源国情况

序号	主要专利来源国	专利申请量 / 项
1	美国	5884
2	中国	3802
3	日本	272
4	韩国	234
5	瑞士	225
6	英国	224
7	德国	201
8	法国	137
9	以色列	123
10	加拿大	107

在专利质量方面，专利价值度和专利先进性是综合评价指标。专利价值度主要依赖数据库自主研发的专利价值模型来实现，该专利价值模型融合了专利分析最常见和重要的技术指标，如技术稳定性、技术先进性、保护范围层面等 20 多个技术指标，并通过设定指标权重、计算顺序等参数，对每项专利进行专利价值度评价。专利价值度分值为 1 ~ 10 分，分值越高代表价值度越高。在专利价值度方面，美国 10 分价值度专利最多，达到 3817 项，说明在该领域美国创新研发实力最强；我国 10 分价值度专利较少，为 280 项，8 ~ 9 分价值度专利较多；其他国家专利价值度都较低，可见在 CRISPR/Cas 相关技术专利质量方面，美国和中国引领了全球 CRISPR/Cas 技术发展（图 10-5）。

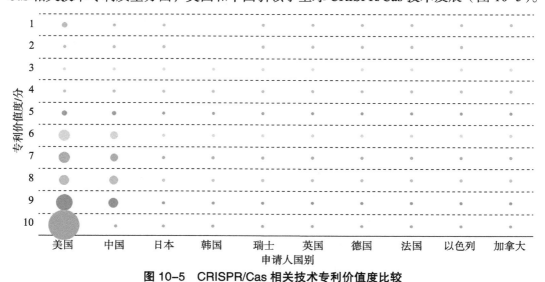

图 10-5　CRISPR/Cas 相关技术专利价值度比较

专利先进性指的是一项专利技术与其申请日前本领域的其他专利相比是否处于领

先地位，主要从专利涉及的技术领域、要解决的技术问题、技术手段和技术效果等方面进行综合衡量和评价。技术先进性虽然难以量化，但却是高质量专利的一个重要指标，追求高质量专利和追求创新相辅相成，技术先进性越高说明创新能力越强。专利技术先进性分值是 1～10 分，分值越高代表先进性越高。在 CRISPR/Cas 技术领域，美国 10 分先进性专利最多，达到 4003 项，说明在该领域美国创新研发实力最强；我国 10 分先进性专利较少，9 分和 4 分先进性专利较多；其他国家专利先进性都较低（图 10-6）。

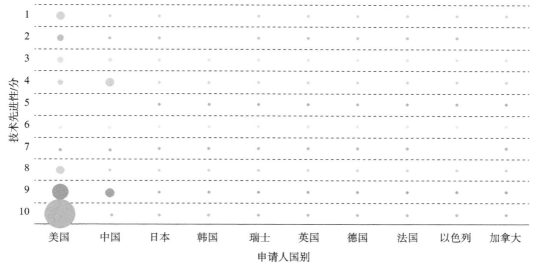

图 10-6　CRISPR/Cas 相关技术专利先进性比较

（五）重点技术竞争力分析

对 CRISPR/Cas 相关技术专利的国际专利分类号（IPC）进行技术分类统计分析，可以更深入地了解该领域专利的研发重点，主要选取专利技术所在的 IPC 大组进行分析。

1. 按 IPC 分类的技术专利构成

通过该分析可以了解分析对象覆盖的技术类别，以及各技术分支的创新热度。CRISPR/Cas 相关技术专利主要分布在 C12N15〔突变或遗传工程；遗传工程涉及的 DNA 或 RNA，载体（如质粒）或其分离、制备或纯化〕、C12N9（酶，如连接酶；酶原；制备、活化、抑制、分离或纯化酶的方法）、C12Q1（包含酶、核酸或微生物的测定或检验方法；其组合物）、C12N5（C12N5/00 未分化的人类、动物或植物细胞，如细胞系；组织；它们的培养或维持）、C07K14（具有多于 20 个氨基酸的肽；促胃液素；生长激素释放抑制因子）等技术方向（图 10-7 和表 10-3）。综上所述，本技术领域的研究主要聚焦在突变或遗传工程、酶、核酸或微生物的测定或检验方法、基因治疗等方向。

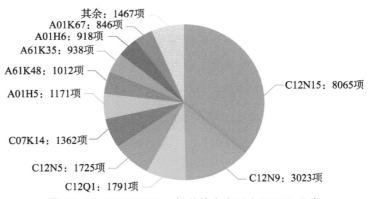

图 10-7　CRISPR/Cas 相关技术专利主要 IPC 分类

表 10-3　CRISPR/Cas 相关技术专利 IPC 分类情况

序号	IPC 分类号	专利数量 / 项	技术领域
1	C12N15	8065	突变或遗传工程；遗传工程涉及的 DNA 或 RNA，载体（如质粒）或其分离、制备或纯化
2	C12N9	3023	酶，如连接酶；酶原；制备、活化、抑制、分离或纯化酶的方法
3	C12Q1	1791	包含酶、核酸或微生物的测定或检验方法；其组合物
4	C12N5	1725	C12N5/00 未分化的人类、动物或植物细胞，如细胞系；组织；它们的培养或维持
5	C07K14	1362	具有多于 20 个氨基酸的肽；促胃液素；生长激素释放抑制因子
6	A01H5	1171	特征在于其植物部分的被子植物，即有花植物；特征在于除其植物学分类外的特征的被子植物
7	A61K48	1012	含有插入到活体细胞中的遗传物质以治疗遗传病的医药配制品；基因治疗
8	A61K35	938	含有其有不明结构的原材料或其反应产物的医用配制品
9	A01H6	918	特征在于其植物学分类的被子植物，即有花植物
10	A01K67	846	饲养或养殖其他类不包含的动物；动物新品种

2. 按 IPC 分类的技术专利申请趋势

分析 CRISPR/Cas 技术各阶段的专利分布情况（按 IPC 分类），可以了解特定时期的重要技术分布，有助于挖掘近期的 CRISPR/Cas 技术发展方向和未来的发展动向，可以对研发重点和研发路线进行适应性的调整。在分析 CRISPR/Cas 相关技术专利申请的重点领域后，对 2005—2021 年 CRISPR/Cas 技术的逐年专利申请量（按 IPC 分类）进行了统计分析（图 10-8）。研究发现 C12N15［突变或遗传工程；遗传工程涉及的 DNA 或 RNA，载体（如质粒）或其分离、制备或纯化］技术方向从 2014 年开始申请专利增多，在 2018 年、2019 年达到高潮，该技术方向为 CRISPR/Cas 相关技术专利申请的重点方向，相关专利申请量达到 8000 多项。其他技术方向专利申请量增加较快的是 C12N9（酶，如连接酶；酶原；制备、活化、抑制、分离或纯化酶的方法）。

图 10-8　CRISPR/Cas 相关技术专利各领域专利申请趋势（按 IPC 分类）

3. 技术研发重点

通过分析相关国家 CRISPR/Cas 相关技术专利（按 IPC 分类）研发重点，可以了解和判断该国的 CRISPR/Cas 技术研发重点和技术布局，反映出该国的技术优势方向。从图 10-9 可以看出，美国 CRISPR/Cas 技术主要研发优势技术方向为 C12N15［突变或遗传工程；遗传工程涉及的 DNA 或 RNA，载体（如质粒）或其分离、制备或纯化］，在该技术方向专利达到 8000 多项，中国优势领域也是该技术方向，申请相关专利 4000 多项；美国在 C12N9（酶，如连接酶；酶原；制备、活化、抑制、分离或纯化酶的方法）技术方向也占据优势，申请相关专利达到 4000 多项，中国在该技术方向不太占优势，申请相关专利 900 多项。

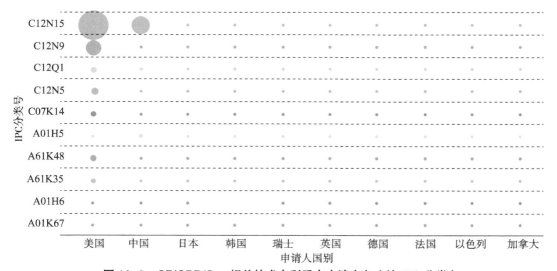

图 10-9　CRISPR/Cas 相关技术专利重点申请方向（按 IPC 分类）

（六）申请机构竞争力分析

对全球 CRISPR/Cas 相关技术专利机构申请量进行统计分析（TOP 10），可以反映该领域各机构的技术竞争力及活跃程度，还可以反映出该技术领域的技术集中程度。

1. 申请机构竞争情况

按照所属第一申请人的专利数量统计的申请人排名前十情况分析，可以发现创新成果积累较多的专利申请人，并据此进一步分析该领域机构的竞争实力。从申请机构类型来看，CRISPR/Cas 相关技术的重要研发力量集中在知名的科研院所和大学。在全球排名前十的机构中，有 8 家为美国机构，2 家为中国机构。CRISPR/Cas 相关技术专利数量排名前十的机构是博德研究所、加利福尼亚大学、麻省理工学院、埃迪塔斯医药公司、麻省总医院、再生元制药公司、华中农业大学、哈佛大学、先锋国际公司、浙江大学（表 10-4）。其中，博德研究所研发了 479 项相关专利，该研究所是全球 CRISPR/Cas 技术研发实力最强的机构，首次实现了 CRISPR/Cas 技术在哺乳动物细胞中的应用[①]，主要创始人为张锋，其还创办了埃迪塔斯医药公司（Editas Medicine）。中国有两家机构进入全球前十，分别为华中农业大学和浙江大学，申请专利数量分别为 101 项和 84 项。

表 10-4　CRISPR/Cas 相关技术专利优势机构排名（TOP 10）

序号	第一申请机构	专利数量 / 项	国家
1	博德研究所	479	美国
2	加利福尼亚大学	298	美国
3	麻省理工学院	134	美国
4	埃迪塔斯医药公司	105	美国
5	麻省总医院	105	美国
6	再生元制药公司	103	美国
7	华中农业大学	101	中国
8	哈佛大学	93	美国
9	先锋国际公司	90	美国
10	浙江大学	84	中国

2. 第一申请机构研发重点

从第一申请机构申请专利的 IPC 分类情况可以看出机构研发重点，博德研究所申请专利的主要 IPC 分类为 C12N15［突变或遗传工程；遗传工程涉及的 DNA 或 RNA，载体（如质粒）或其分离、制备或纯化］和 C12N9（酶，如连接酶；酶原；制备、活化、抑制、分离或纯化酶的方法）；加利福尼亚大学 CRISPR/Cas 优势技术方向为 C12N15［突变或遗传工程；遗传工程涉及的 DNA 或 RNA，载体（如质粒）或其分离、制备或纯化］、C12N9

① 刘伟, 王磊. 基于专利视角的全球基因编辑技术竞争态势分析 [J]. 军事医学, 2020, 44（9）: 649-656.

（酶，如连接酶；酶原；制备、活化、抑制、分离或纯化酶的方法）、C12N5（C12N5/00 未分化的人类、动物或植物细胞，如细胞系；组织）等。中国两家机构华中农业大学和浙江大学优势技术方向均包括 C12N15［突变或遗传工程；遗传工程涉及的 DNA 或 RNA，载体（如质粒）或其分离、制备或纯化］，华中农业大学在 A01H5（特征在于其植物部分的被子植物，即有花植物；特征在于除其植物学分类外的特征的被子植物）和 A01H6（特征在于其植物学分类的被子植物，即有花植物）技术方向也具有一定优势（图 10-10）。

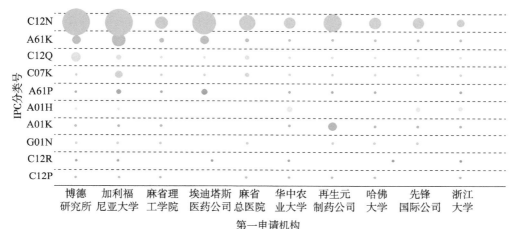

图 10-10 CRISPR/Cas 相关技术专利第一申请机构专利的 IPC 分类情况

3. 第一申请机构专利价值度

在专利质量方面，主要用专利价值度进行评价。在 CRISPR/Cas 相关技术专利中，美国的博德研究所、麻省总医院、埃迪塔斯医药公司、再生元制药公司专利价值度 10 分的专利较多，我国的华中农业大学和浙江大学专利价值度较低，可见我国机构专利申请数量较多，但专利价值度还有待提高（图 10-11）。

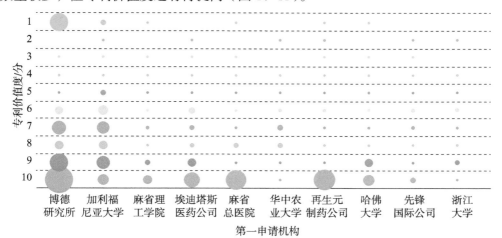

图 10-11 CRISPR/Cas 相关技术专利第一申请机构专利价值度比较

4. 发明人排名

通过对专利第一发明人进行分析，可以进一步理清该技术或申请人的核心技术人才，进一步挖掘该领域的人才竞争情况。表 10-5 展示的是 CRISPR/Cas 相关技术专利第一发明人情况，排名第一的是华裔科学家张锋，在 CRISPR/Cas 技术领域共申请相关专利 315 项，遥遥领先于其他发明人。在全球 CRISPR/Cas 相关技术专利第一发明人前十排名中，有 6 位发明人来自美国，1 位发明人来自英国；3 位发明人来自中国，分别是深圳市博奥康生物科技有限公司的毛吉炎、南京启真基因工程有限公司的牛冬、北京鼎成肽源生物技术有限公司的焦顺昌（表 10-5）。

表 10-5　CRISPR/Cas 相关技术专利第一发明人（TOP 10）

序号	第一发明人	专利数量 / 项	国家
1	张锋	315	美国
2	毛吉炎	49	中国
3	J Keith Joung	44	美国
4	Paul Daniel Donohoue	28	美国
5	牛冬	27	中国
6	Joseph E. Kovarik	26	美国
7	Khalili Kamel	26	美国
8	David A. Scott	25	英国
9	Pedro Gonzalez Portilla	24	美国
10	焦顺昌	22	中国

（七）核心专利分析

根据专利引证情况，筛选出 CRISPR/Cas 相关技术领域主要核心专利。从 CRISPR/Cas 相关技术专利被引次数排名（表 10-6）可以看出，被引次数排名前五的专利均来自美国，其中，被引次数最多的专利来自博德研究所和麻省理工学院的张锋等发明的专利，该专利主要用于改变基因产品表达的 CRISPR/Cas 系统和方法，被引次数为 1001 次，合享价值度为 10 分，该专利主要提供了用于改变靶基因序列和相关基因产物表达的系统、方法和组合物。提供了载体和载体系统，其中一些编码 CRISPR/Cas 复合物的一个或多个分量，以及用于设计和使用这种载体的方法，还提供了指导在真核细胞中形成 CRISPR/Cas 复合物的方法和利用 CRISPR/Cas 系统的方法。被引次数排名前五的 CRISPR/Cas 相关技术专利中，3 项专利的发明人为张锋，主要研究主题为可诱导的 DNA 结合蛋白和基因组干扰工具及其应用、用于序列操作 CRISPR/Cas 组件系统、方法和组合物等。

表 10-6　CRISPR/Cas 相关技术专利被引次数排名（TOP 5）

公开号	专利名称	合享价值度 / 分	被引次数 / 次	同族专利 / 个	申请机构	发明人	国家
US8697359B1	Crispr-Cas Systems and Methods for Altering Expression of Gene Products	10	1001	1	博德研究所、麻省理工学院	张锋等	美国
WO2013142578A1	Rna-directed DNA Cleavage by the Cas9-Crrna Complex	10	429	26	Vilnius University	Siksnys Virginijus 等	美国
WO2014089290A1	Crispr-based Genome Modification and Regulation	10	413	97	西格玛奥	CHEN Fu-qiang 等	美国
WO2014018423A2	Inducible DNA Binding Proteins and Genome Perturbation Tools and Applications Thereof	10	399	23	博德研究所、麻省理工学院	张锋等	美国
US20140179006A1	Crispr-Cas Component Systems，Methods and Compositions for Sequence Manipulation	10	258	2	麻省理工学院、博德研究所	张锋	美国

（八）研究主题分析

对全球 CRISPR/Cas 相关技术研究热点主题进行聚类分析（图 10-12）可以看出，国内外学者研究主要集中于 T 细胞、免疫细胞、基因工程菌、大肠杆菌、基因敲除、大片段敲除和调控基因表达基因检测、动植物的基因敲除、外源基因插入、基因靶向修复编辑等领域[1]。CRISPR/Cas 技术的重点发展领域分为基础科学、农业应用、医药应用和其他 4 个领域。其中，基础科学领域主要是指 CRISPR/Cas 技术机理的研究与系统优化等基础共性技术方面；农业应用领域主要包括抗病、抗旱等抗逆性状改良和营养品质改良农作

---

[1]　王友华，邹婉侬，张熠，等 . 基于专利文献的全球 CRISPR 技术研发进展分析与展望 [J]. 生物技术通报，2018，34（12）：186-194.

物，抗病、品质改良家畜禽等方面；医药应用领域主要指遗传病治疗、新药开发等医学或药物研发方面；其他领域主要指食品、工业等产业领域。目前，CRISPR/Cas 技术的研究主要集中在基础科学领域，说明 CRISPR/Cas 技术正处于新技术的研发起始阶段，围绕编辑系统的改良、新的编辑蛋白的不断挖掘开展研究；医药应用和农业应用领域是目前比较集中的产业应用领域，体现了医药和农业两大领域目前仍是一些新生物技术重点关注和攻关的领域。

图 10-12　CRISPR/Cas 相关技术研究热点主题聚类

四、结语

通过对全球 CRISPR/Cas 相关技术专利进行分析可以看出，该领域专利申请量呈不断上升趋势，特别是 2012 年后随着相关技术方向的不断突破，专利申请量出现突增现象。从市场布局上来看，全球 CRISPR/Cas 相关技术在中国公开专利量最多，其次是美国，中国和美国是该技术的重要竞争市场；从创新能力方面来看，美国在该领域专利申请量最多，其次是中国，美国和中国是 CRISPR/Cas 相关技术主要创新国；从研发机构来看，美国机构研发实力最强，前十机构排名中 8 个机构为美国机构，其中包括著名的博德研究所、加利福尼亚大学、麻省理工学院、埃迪塔斯医药公司等机构，我国进入前十的机构为华中农业大学和浙江大学；从 CRISPR/Cas 技术研究核心专利来看，被引频次最多的 5 项专利都来自美国，其中 3 项高被引专利发明人为华裔科学家张锋。美国非常注重该领域专利的全球技术布局，在中国、英国、韩国、瑞士、日本、德国、法国、以色列、加拿大等国都有相关专利布局，在我国布局相关专利近 700 项，是国外在中国布局该技术领域专利最多的国家。而我国在国外布局的相关专利较少，多为本土专利，且主要研发机构为大学。综上所述,中国在 CRISPR/Cas 相关技术领域专利市场活跃度领先全球,但专利技术先进性、技术影响力、运用经验值质量、专利成果转化、应用推广等方面有待进一步提高。

(军事科学院军事医学研究院 刘 伟)